安全管理讲义

谢 宏 编著

应急管理出版社

·北 京·

图书在版编目（CIP）数据

安全管理讲义／谢宏编著．--北京：应急管理出版社，2022

ISBN 978-7-5020-9661-8

Ⅰ．①安…　Ⅱ．①谢…　Ⅲ．①安全管理—研究　Ⅳ.①X92

中国版本图书馆 CIP 数据核字（2022）第 215329 号

安全管理讲义

编　著	谢　宏
责任编辑	成联君　尹燕华
责任校对	孔青青
封面设计	于春颖

出版发行　应急管理出版社（北京市朝阳区芍药居 35 号　100029）

电　话　010-84657898（总编室）　010-84657880（读者服务部）

网　址　www.cciph.com.cn

印　刷　廊坊市印艺阁数字科技有限公司

经　销　全国新华书店

开　本　787mm×1092mm¹/₁₆　印张　16¹/₂　字数　391 千字

版　次　2023 年 1 月第 1 版　2023 年 1 月第 1 次印刷

社内编号　20221515　　　　定价　65.00 元

写 在 前 面 的 话

2021 年接了研究生一门课——"现代安全管理学"。让我来开这门课的理由是,"你有安全管理经验"。客套话,姑妄听之。其实挺难的,经验和学问之间,隔着十万八千里,何况要把自己的认识装到别人脑袋里。虽然难,但这件事做起来有意义。行业界异彩纷呈的安全管理观点和方法需要梳理,需要辨析,需要批判地接受,需要在继承的基础上发展。

曾经沧海难为水,除却巫山不是云。大学一毕业,就在企业搞安全,干了17 年整;离开企业到高校,没想过要转行,干到今天又近 17 年。说我有安全管理经验,大概是指我在这个行当里晃荡的时间长,其实好些时候是在虚度光阴。

"老天爷饿不死瞎家雀。"社会赏我这口饭吃,自当知恩图报。在安全工程、安全管理、安全教育、安全科技、安全传媒这几个行当中,沉浸了 34 年,一些事印象很深:隆尧石膏矿大面积垮塌,从技术上提供支持,营救出被堵在迎头 31 天的 7 名矿工;显德汪矿火灾,5 人中毒昏迷,亲自率救护队赴现场,救活 4 人;邢台矿自然发火,矿井一翼停产,从提出方案、组织队伍到亲自下井实施,无一人伤亡;2006 年,担纲执行主编,完成国内第一本正式出版的矿山救护教材。

事非经过不知难。2021 年上学期,研究生课程"现代安全管理学"开讲,由于疫情,前半部分线上授课,后半部分线下授课,在躬行实践后,更体会其难处。总体来说,难在三点:一难难在沟通交流。给刚从大学出来的研究生讲安全管理,他们大多连感性认识都没有,引导学生实现从工程能力到研究能力、从单一学科到跨学科、从自然科学到社会科学、从认识观到方法论的跨越,"一桥飞架南北,天堑变通途",谈何容易?二难难在"现代"二字。历史分古代、近代、现代、当代,安全管理是在工业化进程中衍生出来、发展起来的新行当,但它的根可以回溯到人类起源,它的魂必将徜徉在新时代,纵观古今,要给"现代安全管理学"的"现代"二字定位谈何容易?三难难在

"学"字。学科门类，现在是 13+1，原有 13 个学科门类加上交叉学科。安全管理学是在西方发达国家发展起来，话语权被其垄断的学科。没有中国传统文化的滋养，不可能形成有中国特色的安全管理学，"学贯中西"，准确把握"现代安全管理学"的学科定位，谈何容易？

为有牺牲多壮志，敢教日月换新天。毛主席的话，用在这里挺合适。我借这句话，鼓起把这本书写出来的勇气。首先，给书起个名——《安全管理讲义》。之所以不叫《安全管理学》，我怕人家说，这个老不正经的，水平不咋的，还想跑马圈地。我只是想把我的认识告诉学生，希望他们活得了、活得好、活得有滋味、活得有意义、活得有格局。之所以不加"现代"二字，是因为我认为"现代"太含混，还是面向新时代吧！然后，规划这本书的框架和内容。第一章，谈一谈安全管理的前世今生，题名"安全管理纵论"；第二章，谈一谈安全管理的家族血脉，题名"安全管理横论"；第三章，谈一谈安全管理的"三观"，题名"安全管理哲学基础"；第四章，谈一谈安全管理的系统思维和体系方法，题名"安全管理的系统理论和方法"；第五章，谈一谈安全管理的立法、守法、执法，题名"安全管理法学基础"；第六章，谈一谈安全管理的知识图谱和知识管理，题名"安全管理的教育学支撑"；第七章，谈一谈安全管理的三件事、九个本子，题名"现代安全管理的模式与方法"。最后，明确一下课程讲授的目标：一不混淆视听，二不敷衍塞责，三不空话连篇。总之，不能误人子弟。

开学之前初稿得弄出来，要不都是扯闲篇。2022 年 1 月 24 日，完成了本书初稿。2022 年上学期的课，基本上是按照这个讲义来讲授的，感觉比上一轮有比较大的进步。所以结集成册、付梓出版，以便下一届学生使用，以便同行交流，以便安全从业人员参考。

本书在编著过程中，参阅和利用了大量相关资料，在此谨对原作者表示衷心感谢。

由于编著者水平有限，书中错误和疏漏在所难免，敬请广大读者批评指正。

谢　宏

2022 年 1 月 24 日于燕郊

目　　　　次

1 安全管理纵论

本章提示：

纵论是按时间轴线展开课程，谈古论今。先谈世界安全史，再谈中国安全生产史；谈发展脉络、历史事件以及历史人物，结合起来进行论述。安全科学是新兴科学，安全管理学自然也是新兴学科，但安全和安全管理并不是新生事物。安全问题与生俱来，无时不在，无处不在；安全管理与安全问题如影相随，而后有安全管理学，再之后才有安全科学。特别提醒：清醒认识当前安全生产所处的历史方位，理性看待安全管理的代级延迟。

本章知识框架：

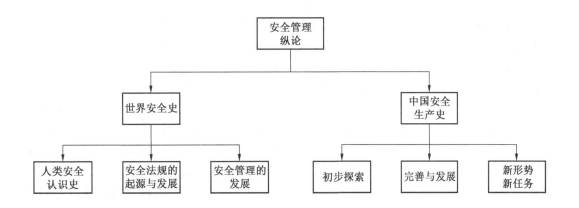

1.1 世界安全生产史

1.1.1 人类安全认识史

人类对安全的认识大致分为 4 个阶段，分别是：①自发认识阶段；②局部认识阶段；③系统安全认识阶段；④安全系统认识阶段。各个阶段的具体内涵如下：

第 1 阶段：自发认识阶段。这个阶段包括人类的原始时期，工业文明之前的农耕文明、游牧文明、海洋文明时期，以及人类安全认识发展的初期。在这个阶段，人类对科学的认识是蒙昧和无知的，为了消灾祛病和维持生计，使用零散的和伪科学的手段（祈求神灵）趋吉避凶。

第 2 阶段：局部认识阶段。此阶段人类对在机械工业、电气工业等领域出现的突发事

1

件采用技术措施进行局部应对和重点防控。在局部认识阶段，经过无数次事故伤害的积累和安全技术的发展，逐渐形成了专门针对设备故障、物质破坏和员工伤害的技术措施，包括设备安全防护措施、人员防护装备和其他技术。此阶段人类还没有形成系统安全观念，只是采取局部的零散的安全措施。

第3阶段：系统安全认识阶段。19世纪末20世纪初出现了必须从整体考虑安全的问题。对安全的认识历经经验主义安全和局部认识安全两个阶段后逐步进入新的发展阶段。这一阶段的目标就是通过安全管理手段实现系统全周期、全寿命、全过程、全天候、全方位的系统化安全状态。从认识上说，人类的特点就是研究复杂系统的安全问题并把系统作为研究对象。

第4阶段：安全系统认识阶段。新时代下需要解决更多更深层次、具有系统思维的安全系统问题。复杂多变的社会给安全问题的解决设置了更多的新门槛，在协调、决策、控制、实施和管理多方面采取不同的方式加以组合解决是该阶段乃至以后的认识路径。在此阶段人类要实现真正的安全，必须改变认识结构和方式，只有在系统思维下建立起属于个体的安全系统知识，才能进而在复杂联系的社会中达到安全的目的。

1.1.2　安全法规的起源与发展

1. 人类最早的工业安全健康法规

18世纪后期，英国正处于工业革命蓬勃发展之际，工厂学徒制盛行。在当时的背景下，工厂主通过买卖穷苦儿童、雇佣童工在工厂工作，以此满足工厂对劳动力的需求。为了掩人耳目，工厂主借鉴中世纪在手工业实行的学徒制，以工厂学徒的名义招募儿童，役使他们长期从事繁重的工作。学徒沦为工厂主获取利润的工具。

1802年，英国制定了最早的工厂法，称为《学徒健康与道德法》。当时，世界工业强国、海上霸主——英国，劳动者工作日竟延长到每昼夜14小时、16小时，甚至18小时。18世纪末期至19世纪初期，无产阶级反对资产阶级的斗争由自发性的运动发展到了有组织和自觉的运动，工人群众强烈要求颁布缩短工作时间的法律。1802年英国政府终于通过了一项规范纺织工厂童工工作时间的法律，即《学徒健康与道德法》。这一法律规定，禁止纺织工厂使用9岁以下学徒，并且规定18岁以下的学徒其劳动时间每日不得超过12小时和禁止学徒在晚9时至次日凌晨5时之间从事夜间工作。该法被认为是资本主义工业革命后，资本主义国家为了巩固资本主义生产关系而颁布的一系列有关调整劳动关系的法律，是资产阶级"工厂立法"的开端，是一部最早的关于工作时间的立法，从此揭开了劳动立法史新的一页。

《学徒健康与道德法》同时规定了室温、照明、通风换气等标准。这一法规虽然不是以安全专门命名的，但实质上是一个以工厂安全为主的法规。后来，工厂所用的动力由水力逐渐为蒸汽机所代替，该法为了适应实际生产的要求而不断修改完善。1844年，英国制定了对机械上的飞轮和传动轴进行防护的安全法。

今天，安全法制手段已成为世界各国管理职业安全健康、生活安全和社会安全的主要手段措施。因而，安全法规体系建设成为人类安全活动的重要一环。当前我国进入安全法制建设的新时期，追析古今中外安全法规的发展及历史演变，从中吸取其精华，具有重要的现实意义。

2. 世界工业安全法的发展

世界大部分工业发达国家的职业安全健康法始建于 19 世纪工业革命初期。最早的劳动保护法是英国 1802 年通过的《学徒健康与道德法》；1845 年德国批准了《普鲁士工业经营的活动命令》，该法规定，禁止无许可证下的危险工业活动；比利时于 1888 年通过了《有害与危险企业法令》，该法规将各种生产类型分为 2 个危险等级。

到了 20 世纪，安全生产法形成的进程迅速加快，不管是在各国的还是国际性的法令中，都对生产中的安全问题给予高度的重视。1919 年国际劳工组织成立，该组织将安全生产问题视为活动方针的重点。1929 年，国际劳工组织通过了《生产事故预防公约》，1937 年通过了《建筑工程安全技术》，1929 年和 1932 年通过了《码头工人不幸事件中的赔偿》等文件。

第二次世界大战之后，随着一些大型工伤事故的出现，迫使政治家和工业发达国家开始重新审查自身对工业安全问题的态度，特别是欧美工业发达国家，从 20 世纪 70 年代起，陆续颁布了工业安全或职业安全健康方面的法律。世界各国工业安全或职业安全健康方面的法律见表 1-1（据不完全统计）。

表 1-1 世界各国工业安全或职业安全健康方面的法律

国家	时间	法律/制度
美国	1952 年	《煤矿安全法》
	1970 年	《职业安全健康法》
	1977 年	《矿山安全健康修正法》
日本	1949 年	《矿山保安法》
	1977 年	《日本尘肺法》
	1972—1988 年	《日本劳动安全健康法》
西德	1885 年	《事故保险法》
	1968 年	《矿山管理条例》
		《职业病法》
英国	1833 年	《工厂法》
	1954 年	《矿山与采石场安全健康法》
	1974 年	《劳动卫生安全法》
加拿大	1979—1990 年	《职业安全健康法规》
欧共体	1989 年	《工作场所最低安全健康要求》
法国	1922 年	《农业事故法》
	1947 年	《工业事故与职业病法》
	1948 年	《工业事故法》

表1-1(续)

国家	时间	法律/制度
意大利	1904 年	《职业事故法》
	1926 年	《工业事故法令》
摩洛哥	1927—1947 年	《工业事故法令》
苏联	1918—1970 年	《苏俄劳动法典》
	1986 年	《劳动保护检查条例》
印度	1948 年	《工厂法》
	1952 年	《矿山法》
	1986 年	《职业安全健康法》
中国	1993 年	《矿山安全法》
	2001 年	《安全生产法》
	2013 年	《特种设备安全法》

3. 国际劳工组织的发展

1919 年,国际劳工组织(ILO)创建,其创始的主要目的就是制定并采用国际标准来应对包括不公正、艰难、困苦的劳工条件问题。国际劳工公约和建议书是国际劳工标准的基本表现形式。1919—2002 年,国际劳工大会已通过 185 个公约和 194 个建议书,其中绝大多数涉及职业安全健康方面,包括以下三类。

(1)第一类公约。用来指导成员国为了达到安全健康的工作环境,保证工人的福利与尊严制定的方针和措施,包括对危险机械设备安全使用程序的正确监督。主要包括:①职业安全健康公约,1981,(No. 155);②职业卫生设施公约,1985,(No. 161);③重大工业事故预防公约,1993,(No. 174)等。

(2)第二类公约。该类公约针对特殊试剂(白铅、辐射、苯、石棉和化学品)、职业癌症、机械搬运、工作环境中的特殊危险而提供保护。主要包括:①石棉公约,1986,(No. 162);②苯公约,1971,(No. 136);③职业癌症公约,1974,(No. 139);④辐射保护公约,1960,(No. 115);⑤化学品公约,1990,(No. 170);⑥机械防护公约,1963,(No. 119);⑦(航运包装)标识重量公约,1929,(No. 27);⑧最大重量公约,1967,(No. 127);⑨工作环境(空气污染、噪声、振动)公约,1977,(No. 148)等。

(3)第三类公约。本类公约是针对某些经济活动部门,如建筑工业、商业和办公室及码头等提供保护。主要包括:①卫生(商业和办公室)公约,1964,(No. 120);②职业安全健康(码头工作)公约,1979,(No. 152);③建筑安全卫生公约,1988,(No. 167);④矿山安全卫生公约,1995,(No. 176)等。

2001 年 4 月,国际劳工组织召开专家会议审核、修订并一致通过了职业安全健康管理体系导则。2001 年 5 月,中国政府、工会和企业家协会代表在吉隆坡参加了国际劳工组织举办的促进亚太地区推广应用 OSHMS 导则的地区会议。会后，中国政府向国际劳工局提交了在该领域的技术合作建设书。

1.1.3 安全管理的发展

安全管理的发展具体表现为管理理论、管理模式和管理方法的发展。

1. 安全管理理论的发展

安全管理的理论经历了以下四个发展阶段：

（1）第一阶段。在人类工业发展初期，发展了事故学理论，该理论建立在事故致因分析理论基础上，是经验型的管理方式。这一阶段常常被称为传统安全管理阶段。

（2）第二阶段。在电气化时代，发展了危险理论，该理论建立在危险分析理论基础上，具有超前预防的管理特征。这一阶段提出了规范化、标准化管理，常常被称为科学管理的初级阶段。

（3）第三阶段。在信息化时代，发展了风险理论，该理论建立在风险控制理论基础上，具有系统化管理的特征。这一阶段提出了风险管理，是科学管理的高级阶段。

（4）第四阶段。随着人类对未来的不断追求，需要解决更多更深层次、具有系统思维的安全系统问题，发展了系统安全理论。

针对上述四个阶段管理理论，相应地具有四种管理方式：

（1）经验事故型管理方式。以事故为管理对象。管理的程式是事故发生—现场调查—分析原因—找出主要原因—理出整改措施—实施整改—效果评价和反馈。这种管理模型的特点是经验型，缺点是事后整改，成本高，不符合预防的原则。

（2）要素型管理方式。以缺陷或隐患为管理的要素对象，管理的程式是查找隐患要素—分析成因—关键问题—提出整改方案—实施整改—效果评价，其特点是超前管理、预防型、标本兼治，缺点是系统全面有限、被动式、实时性差、从上而下，缺乏现场参与、无合理分级、复杂动态风险失控等。

（3）流程风险型管理方式。以风险为管理对象，管理的流程是进行风险全面辨识—风险科学分级评价—制定风险防范方案—风险实时预报—风险适时预警—风险及时预控—风险消除或削减—风险控制在可接受水平，其特点是风险管理类型全面、过程系统、现场主动参与、防范动态实时、科学分级、有效预警预控，其缺点是专业化程度高、应用难度大，需要不断改进。

（4）系统安全管理方式。以安全系统为管理对象，全面的安全管理目标，管理程式是制定安全目标—分解目标—管理方案设计—管理方案实施—适时评审—管理目标实现—管理目标优化，管理的特点是全面性、预防性、系统性、科学性的综合策略，缺点是成本高、技术性强，还处于探索发展阶段。

2. 安全管理模式的发展

安全管理模式的发展可分为以下五个层次：

（1）经验安全管理模式。经验安全管理是从已发生事故中吸取经验教训，加强安全管理，防止同类事故再次发生的管理模式。其以事故为研究对象和认识的目标，在认识论上主要是经验论与事后型的安全观，是建立在事故与灾难的经历上来认识安全，是一种逆式思路（从事故后果到原因事件），因而这种解决安全问题的模式亦称为事故型。其根本特征在于被动与滞后，是"亡羊补牢"的模式，突出表现为"头痛医头、脚痛医脚，就事论事"的对策方式，其管理方式的突出特征是事后型、凭感性、靠直觉。

（2）要素安全管理模式。要素安全管理是对单一要素进行管理的模式，例如："以人为中心"的管理模式——以纠正人的不安全行为作为安全管理工作的重点；"以设备为中心"的管理模式——以控制设备的不安全状态作为安全管理工作的重点；"以管理为中心"的管理模式——把完善作业过程中的管理缺陷作为管理工作的重点。

（3）流程安全管理模式。流程安全管理是降低和控制事故风险的一系列流程，前期进行风险识别，中期进行风险评价和风险控制，后期进行风险控制效果评估。例如：NOSA模式：以系统工程的理论综合管理安全、健康和环保，将安全、健康、环保3个方面的风险管理理论科学地融入安全管理单元和要素中，对每一个单元进行风险管理，并评选出管理水平所对应的等级。

（4）系统安全管理模式。系统安全管理是以人—机—环境—信息等要素构成的安全系统为研究对象，基于系统科学理论方法而形成的现代安全管理模式。其以安全系统为研究对象和认识的目标，在认识论上主要是预防型的安全观。随着人们对安全问题认识的加深，意识到必须建立一门专门的理论体系——安全科学，并基于此开展安全管理活动，才能更好地实现安全目标。科学安全管理的主要特征是预防型，其管理方式的主要特征是规范化、标准化、程序化，但是也存在重物轻人、重形式缺灵活性等问题。

（5）安全的文化管理模式。文化安全管理是以人为核心，激发人的主观能动性，树立良好的安全观念，培养优异的安全行为素养，形成自主学习、良性循环、不断完善、追求卓越的安全体制机制的管理模式。文化安全管理是在科学安全管理基础上提出的新的管理模式，是现代安全管理发展的方向。文化安全管理具有五个特点：一切依靠人的人本观点，安全核心价值理念获得一致高度认同；安全第一的原则得到普遍、自觉践行；管理的重点从行为层转到观念层；领导的方式从监督型和指挥型转为育才型；体现出硬管理与软管理的巧妙结合。

3. 安全管理技术的发展

管理也是一门技术。安全管理的技术方法科学、合理，是保证安全管理效能的重要前提和决定性因素。

从管理对象的角度：安全管理由近代的事故管理，发展到现代的隐患管理。早期，人们把安全管理等同于事故管理，显然仅围绕事故本身做文章，安全管理的效果是有限的，只有强化了隐患的控制，消除危险，事故的预防才高效。因此，20世纪60年代发展起来的安全系统工程强调了系统的危险控制，揭示了隐患管理的机理。21世纪，隐患管理得到推行和普及。

从管理过程的角度：早期是事故后管理，发展到20世纪60年代强化超前和预防型管理（以安全系统工程为标志）。随着安全管理科学的发展，人们逐步认识到，安全管理是人类预防事故的三大对策之一，科学的管理要协调安全系统中的人—机—环诸因素，管理不仅是技术的一种补充，更是对生产人员、生产技术和生产过程的控制与协调。21世纪，人们逐步完成了这种认识和过程。

从管理技法的角度：从传统的行政手段、经济手段，以及常规的监督检查发展到现代的法治手段、科学手段和文化手段；从基本的标准化、规范化管理，发展到以人为本、科学管理的技巧与方法。21 世纪，安全管理系统工程、安全评价、风险管理、预期型管理、目标管理、无隐患管理、行为抽样技术、重大危险源评估与监控等现代安全管理方法，已经大显身手，未来安全文化管理的手段将成为重要而有效的安全管理方法。

企业安全管理的技术方法首先涉及的是基础或日常安全管理，有时也称为传统安全管理方法，如安全责任制、安全监察、安全设备检验制、劳动环境及卫生条件管理、事故管理等。随着现代企业制度的建立和安全科学技术的发展，现代企业更需要发展科学、合理、有效的现代安全管理方法和技术。现代安全管理是现代社会和现代企业实现现代安全生产和安全生活的必由之路。一个具有现代技术的生产企业必然需要与之相适应的现代安全管理科学。目前，现代安全管理是安全管理工程中最活跃、最前沿的研究和发展领域。

现代安全管理的方法主要有：安全科学决策、安全规划、安全系统管理、事故致因管理、安全法制管理、安全目标管理、安全标准化管理、无隐患管理、安全行为抽样技术、安全技术经济可行性论证、HSE 管理体系、OHSMS、NOSA 等综合性的管理理论和方法，以及危险源辨识、风险分级评价、危险预知活动、事故判定技术、系统安全分析、PDCA、SCL、PHA、LEC、JHA、亲情参与制、轮流监督制、名誉员工制、"四不伤害"活动、"三能四标五化六新"、"三法三卡"、班组安全"三基"建设等现场安全管理方法。

只有不断创新和进步，现代安全管理才能满足现代企业安全生产现代管理的需要，才能降低人类在利用技术或工业生产过程中所付出的生命、健康、经济、环境的风险代价。

1.2 中国安全生产史

1.2.1 中国安全生产史的初步探索

生产活动中的人身安全问题自古有之。人们在获取生产和生活资料的过程中，时常会受到来自自然界、作业场所、劳动工具以及人自身不安全行为的伤害。在农业社会这种伤害的范围、规模和社会影响程度都极其有限。进入机器生产和工业化社会之后，事故伤亡日益严重，安全生产才逐步成为一个需要严肃对待的重大问题。

历史是一面镜子、一盏明灯，也是一位老师，使人有所发现、受到启迪。中华民族是一个历史悠久的民族，对总结、借鉴、运用历史经验的价值和意义，有着深刻的认识。

19 世纪末和 20 世纪初，我国社会"风气渐开，各商纷纷请办矿务"，现代矿山开采、铁路运输、机械制造和纺织工业等步入发端。但因技术落后、设施简陋，加之安全意识薄弱，造成事故多发、伤亡惨重，民情舆论反映强烈。面对这些问题，统治者不得不学习借鉴国际社会一些通行的做法，采取措施以图安抚。光绪二十八年（1902 年），清廷派员"购取英、美、德、法、奥、比、西等国矿章，详加译录"，"又采取日本矿章，加以参校"，着手起草矿业法规。光绪三十年（1904 年）清政府颁布的《奏定矿务章程》，第二十五条规定办矿人"设立合宜防备之法，以免矿师及矿工有意外之虞"，也即建立切实有效的制度和办法以防范事故，且要求厚待矿山事故伤亡者，规定"若有伤毙矿工人等，须妥为抚恤。其恤银多寡，应衡情从优酌断"。光绪三十三年（1907 年）清政府正式颁布的《大清矿务章程》对矿主的安全责任进一步做出规定，"因工程不善以致有险害等事，该矿商承任责成，应速讲求预防之法"；同时规定了地方政府和相关人员在矿山安全方面的监察职责，要求矿务警察、矿务委员对"坑内及矿地所施设之工程有无危险事""矿工之生命及其他卫生事"进行监督检查，发现危险和隐患要及时处理，"如事迫不及禀请总局者，该委员亦可命其暂行停工"。

1914年3月11日，袁世凯以总统教令第三十四号公布《矿业条例》，规定凡打算开办煤矿的，应向矿务监督部门提出申请并呈报农商总长核准；"矿业工程如有危险或损害公益时，矿业权者应预为防范，或暂行停止"。1922年8月，北洋政府召开研究"国体国是"会议，所拟定的宪法草案第九十五条规定："国家对于劳动应颁法律保护之"，并载明要制定劳动法、矿法等法律。在上述法律的指定出台需要假以时日的情况下，1923年北洋政府相继颁布了《暂行工厂规则》《矿业保安规程》《煤矿爆发预防规则》《矿场钩虫病预防规则》《矿工待遇规则》五部涉及安全生产和劳工保护的法规。特别是《煤矿爆发预防规则》，从矿工培训、矿井通风、瓦斯监测监控、矿灯和火药管理，到事故应对、抢险救援、救护队建设等，都有比较具体的要求。

国民政府1927年定都南京之后，组建了劳工局并成立了劳动法起草委员会，1929年12月颁布《工厂法》，翌年12月颁布《工厂法实施条例》，随后又出台《工厂检查法》，建立了工厂检查制度，把厂矿企业安全及卫生设备、工厂灾变（事故）、工人死亡伤害等纳入检查的内容，规定检查员由中央劳工行政机构和省市主管机构派出。1930年颁布的《中华民国矿业法》建立了政府对矿业安全等的监督制度，规定采矿权人须将矿井内部实测图等交由地方政府矿业事务所建档备查，并呈报省府主管备案；政府部门发现有危险时，"应令矿业权者设法预防或暂行停止工作"。

以上这些，事实上多为应时应景之举或者表面文章，统治者既没有把保护劳动者安全与健康问题真正放在心上，作为当权者必须履行的崇高职责；也没有雷厉风行、一抓到底的决策与执行能力。仅靠几纸空文，根本无法改变旧中国工矿企业安全状况恶化、劳动者生命与健康得不到保障的残酷现实。

1.2.2 中国安全生产史的完善与发展

1. 中国共产党在劳工保护方面的初步探索和根据地革命政权的积极实践

1921年7月中国共产党第一次全国代表大会通过的《中国共产党第一个决议》，就提出要建立产业工会，维护劳工权益。1922年5月毛泽东在湖南《大公报》上发表了《更宜注意的问题》一文，指出"大家注意，就请注意到劳工的三件事：一、劳工的生存权，二、劳工的劳动权，三、劳工的劳动全收权"。当年7月召开的中国共产党第2次全国代表大会把制定保护工人劳动的法令、维护工人权益作为斗争目标，并提出废除包工制，实行八小时工作制，工厂设立工人医院及其他卫生设备，制定工厂保险法，保护女工和童工，保护失业工人等政治主张。8月，中国共产党领导下的中国劳动组合书记部利用北洋军阀宣布恢复国会、制定宪法的机会，发出了《关于劳动立法的请愿书》，要求国会在宪法中规定保护劳工的条文。请愿书说："同人等素从事劳工运动，连年来亲睹国内劳工饱受暴力摧残之惨状，深知国内劳工无法律保护之痛苦，加以感受操政柄者之巧于舞文玩法，益觉得劳动法案法规诸宪法之重要。为全国劳工请命计，为国家立法前途计，理合拟具劳动法案大纲"。中国劳动组合书记部拟定的《劳动法案大纲》共19条，与安全生产、劳动保护相关的如：每日劳动时间不超过8个小时，剧烈（繁重）劳动时间不超过6小时，每周要有一天休息时间；保护童工和女工，禁止雇用童工，禁止 18 岁以下工人从事繁重高危体力劳动，给予女工 5~8 周的产假；建立保险制度，使劳动者在发生工伤事故、丧失劳动能力的情况下能够得到补偿，其保险费完全由雇主或国家支付；通过国家立法，保障工人能够得到文化、职业技能方面的教育培训；国家设立劳动检查局，对公私企业进行监督，以保护劳动者权益。法案大纲的"附白"（即起草说明）指出："这是本部斟酌各国劳动法拟定的，我们认为是最低的限度，并不过高，我们是非要国会都要通过不可的"；"这是我们劳动阶级切身的利害，我们不可忽视呀！"为迫使政府表态，劳动组合书记部还举行了国会议员和新闻记者招待会，在唐山、郑州、长沙等地召开大会，组织游行示威和通电请愿，营造舆论声势。

　　1924 年临时国民政府建立之后，中国共产党把劳动者的安全健康作为"最低限度的要求"，向临时国民政府和国民议会提出了实行 8 小时工作制，工厂改良卫生，实施工人伤亡保险等建议和主张，并立场鲜明地指出："本党认为拥护这些要求，是一切人民及其代表之责任，尤其是国民党之责任"。1925 年 5 月 1 日，在中国共产党主导下召开的第 2 次全国劳动大会通过的《经济斗争的决议案》，分析了国内安全生产、劳动保护现状，指出现在的劳动条件已经坏到了极点，各类工厂缺乏必要的安全卫生设施设备，因而危险之事常常发生。如去年上海祥经丝厂的火灾，工人被烧死者数百人。平时因工厂之不洁，而得肺旁疫症以死者，更不可计数；又在工人工作受伤或死亡失业后，亦无相当的保障。决议案为此提出：一切企业应设法消除或减少对工人身体有害的工作及生产方法，并当预防不幸事情的发生；极力注意工厂卫生与防疫事宜；对于从事有危害健康工作的工人，工厂须供给他们以种种抵抗危害的服装、用器、消毒材料等。1927 年 6 月召开的第 4 次全国劳动大会通过的《产业工人经济斗争决议案》指出，为保护工人身体健康，特别是繁重和危险的产业工作部门，如冶炼业、矿山、有害的化学工业等，工作时间要减至 8 小时以内；禁止使用女工和 16 岁以下的童工从事有害健康的化学工业、坑下劳动及繁重的劳动；一切有危险性的工作岗位，应有充分的防护设施，并注意卫生工作，各种机器均须有安全设备；各工厂必须有通风除尘等设备，以畅通空气，防止尘埃；各种污秽有毒害的工厂，须供给工人工作服，并建立其他预防设施。1929 年 11 月召开的第 5 次全国劳动大会通过的《中华全国工人斗争纲领》，要求"工厂应有最完善的卫生、防险等设备；应由国会监督工厂此项设施，尽力保持工人康健，减少伤害不幸事件"。

　　土地革命时期，中央苏维埃政权和各个革命根据地在保护劳动者安全和健康方面付出了积极努力。1934 年 1 月第 2 次全国苏维埃代表大会通过的《中华苏维埃共和国宪法大纲》，第五条规定"中华苏维埃政权以彻底改善工人阶级的生活状况为目的，制定劳动法，宣布八小时工作制，规定最低限度的工资标准，创立社会保险制度与国家的失业津贴，并宣布工人有监督生产之权"。1931 年 11 月，中华苏维埃临时中央政府在江西瑞金宣告成立，同时组建了劳动人民委员部（简称劳动部），由苏维埃中央人民委员会副总书记项英兼任劳动部部长。刘少奇同志曾经担任副部长。劳动部下设劳动保护局（内设劳动检查科、技术检查科和卫生检查科）、失业工人介绍局，后又增设社会保险局，主要负责工人安全健康、劳动力使用调剂、社会保险等工作。相继制定和公布了《劳动法草案》和《中华苏维埃共和国劳动法》《中华苏维埃共和国劳动法（修正）》。在这部由中国共产党建立的革命政权所颁布实施的首部安全生产、劳动保护法律中，设立了"安全与卫生"专章，规定工作条件与工作过程特别危害工人身体健康的企业（温度、湿度异常与毒气等），企业管理人须供给工人特别保护衣服与其他保护物，如护眼器、面具、呼吸器、肥皂、特殊食品（油类与牛奶）。在有毒的企业内，要供给消毒药品或器具。这些设置的费用不得由工人负担，并须按期对工人进行健康检查，以保护他们的安全和健康。到1932年底，中央苏区大多数县政府都建立了劳动部，并配置了劳动、技术、卫生三类检查员。劳动检查员负责监督检查劳动保护方面的情况，技术检查员负责监督检查厂房、机器设备等安全状况，卫生检查员负责监督检查卫生状况。当发现某个企业存在危害工人身体健康和生命安全的情况时，劳动检查员有封闭该企业的权力。

其他根据地也为此付出了努力。1930年3月闽西根据地通过的《闽西第一次工农兵代表大会劳动法》，规定工厂房屋要注意卫生，"东家"（工厂作坊的主人）要设法改良工场作坊内的卫生等。1932年8月湘赣省第2次苏维埃代表大会通过《关于劳动法执行条例的决议》，对劳动保护问题做了专门说明，规定：凡有危害工人身体健康的工作，雇主应供给工人特别保护衣服及其他保护物；无论何种企业，必须由雇主发给工人便利于该项工作的专门衣服；所有被雇用后在工作过程中所得的职业病或遭受任何危险，须由雇主全部抚恤之。1933年4月闽浙赣省第2次工农兵代表大会通过的《实行劳动法令决议案》，对根据地内忽视工人安全和卫生的情况予以严肃批评："有些苏维埃政府对于劳动法令的执行，对于工人阶级利益的保护，仍表现出不容许的消极"，并有针对性地提出了改进工作的意见。

抗日战争和解放战争时期，各根据地、解放区在组织人民群众开展武装斗争的同时，高度重视生产过程中的安全问题。1941年8月晋西北行政公署下发文件，要求区域内各个煤矿应切实"注意保障矿工生命之安全，如发生水火或崩毁情事时，应立即停止工作，从速修理"。1941年11月晋冀鲁豫边区政府做出规定，井下矿工工作时间不得超过9小时，要求"工厂、矿场应切实注意清洁卫生，如工作有碍工人健康及安全者，须有必要之卫生防护设备"。1942年4月陕甘宁边区政府颁布《边区劳动保护条例草案》，第35条规定"各企业各机关必须采用适当的设备，以消灭或减轻工人之危险，及防御危险之事件发生，并保持工作内之卫生"；第36条规定"当地主管机关应对各企业时常检查，凡发现其建筑设备损坏，致有立即危害工人身体健康或生命之可能的程度，得命令该企业即停工修理"。1945年7月颁布的《晋冀鲁豫边区政府太行区采矿暂行条例》，既鼓励积极开矿、发展生产，又对矿山安全生产做出了严格的规定。强调"本区有关劳工保护之法令，一切矿业均须遵行，不得违犯"；赋予矿工安全生产建议权、危险场所作业的拒绝权和对安全生产不称职工程技术人员的要求撤换权，"矿窑各种安全保险设备，工人有权随时要求厂方进行修补，如危及工人生命时，工人有权拒绝在危险场所作业"；"矿窑技师不得保证工人安全时，工人有权要求撤换"。从1948年3月起，东北解放区煤矿管理局所属各矿务局相继建立了内部安全生产工作机构，负责企业的安全管理；举办多期"保安训练班"，培训煤矿通风、瓦斯监测、防灭火等安全生产专门人才。1948年8月在哈尔滨召开的第六次全国劳动大会制定了《中华全国总工会章程》，规定全国总工会的宗旨是团结全国职工，保护职工利益，争取中国工人阶级的解放；通过了《关于中国职工运动当前任务的决议》，强调实行八小时至十小时工作制度，改善工厂健康设备和安全设备。根据该决议精神，哈尔滨市制定了《工厂机械安全改进暂行办法》，规定工厂机械皮带须装设皮带盒，明齿轮须装齿轮盒，动力砂轮须装设砂轮盒，轮锯须装设锯罩；机床及其他机器与墙壁，互相之间须有一米以上的距离；工人须佩戴胶皮鞋、紧口套袖、水龙布围裙、电焊镜等劳动防护物品。同时规定了安全改进工作的期限，"凡哈市各公私营工厂务须于限期内遵照执行，凡因缺乏生产条件及其他原因不能实行者，须到劳动局呈请批准备案"。1949年4月晋绥解放区朔县政府召开全县煤窑工人代表大会，会议决定吸取事故教训，改进煤矿安全管理。要求全县凡用工20人以上的煤窑都要成立由窑主和窑工参加的三到五人的生产委员会，以领导和管理本单位的安全生产。生产委员的重要职责之一，就是要商定本矿安全生产纪律与大家的职责，强调井下作业人员要服从生产委员会和"把总"（工头及作业现场负责人）的指挥："安在哪里哪里砍，指到哪里哪里背，不准随便乱砍，禁止半路放炭""娃娃不允许下窑，不会背的也不允许下窑"。1949年10月，陕甘宁边区政府通令废除一些煤矿长期实行的让工人昼夜或连续数天在井下作业的"大班制"，严格实行10~12小时工作制，以保护煤矿工人的安全与健康，并要求煤矿所在地政府主管机关加强督导并经常执行检查，对不遵守通令、未能及时废除大班制的煤矿，要分别予以劝告、警告、罚金、停止开采等处分。

以上措施，对于做好新中国建立之后以及大规模工业建设时期的安全生产工作，都有着积极的探索意义和重要的借鉴作用。

2. 新中国成立初期党和政府在恢复经济、发展生产过程中高度重视安全生产

建立在战争废墟和旧社会遗址上的新中国，安全隐患丛生，伤亡事故多发。1950年第一季度，各地煤矿相继发生10起大的事故，特别是河南省新豫煤矿公司宜洛煤矿老李沟井"2·27"瓦斯爆炸事故，造成严重的生命和财产损失。伤亡213人，其中174人死亡，39人受伤。直接经济损失折合小麦90余万千克，少生产煤炭4000吨（以日产100吨停工40天计算）。该矿为省营煤矿，共有职工300余人，半手工、半机械开采，设计日产能力百吨左右。在矿上组织开展的生产竞赛中，日产量最高达到300吨以上。超能力生产造成矿井通风不足，加之现场管理混乱、工人在井下抽烟等原因，导致事故发生。

新中国成立不到半年发生的这起严重事故，引起党和政府的高度重视。中南区军政委员会重工业部当即派人前往该矿调查事故发生原因。中央人民政府燃料工业部、劳动部、中华全国总工会联合组成事故检查组赶赴现场。中央人民监察委员会也派出三人小组，前往该矿核查事故原因并负责提出事故责任的追究处理意见。1950年2月，中南区军政委员会副主席邓子恢主持召开第五次行政例会，专题检讨宜洛煤矿瓦斯爆炸问题。会上中南区重工业部负责人检讨说：该矿早经中央决定由本区重工业部接管，但迟迟未予接受；在暂由河南省政府管理期间，又没有切实加强对该矿的领导，因此对事故的发生，本部须负主要责任，请求予以处分。区财经委员会、监察委员会负责人也了检讨。会上邓子恢副主席严肃指出：旧时代反动政府草菅人命，对劳动人民的死伤漠不关心；新时代"人民政府应该对人民生命财产负责，首先对人民生命负责，特别对劳动人民的生命负责。我们应当坚决反对，对劳动人民生命开玩笑的态度"。会议决定通令中南各地的工矿企业，并且由区重工业部派员前往，切实检查安全设备，不合安全标准者要立即改进甚至停工停产，确保

不再发生类似事故，务必保证工人的生命安全；责成全区各省、各县政府及其军事机关，对当地受到土匪特务威胁的厂矿，要立即派武装保护，并加紧肃清土匪特务，以保证工矿安全；建议"中央人民政府给河南省府及中南区重工业部以应有处分。中南军政委员会对此事事前检查不严，事后重视不够，亦应严格地进行自我检讨"。与会人员全体起立，为该矿死难工友静默三分钟，以示哀悼。

6月2日政务院总理周恩来主持召开第35次政务会议专题听取汇报，研究提出事故处理办法和加强煤矿安全生产的对策措施。这是新中国成立以来中央人民政府召开的第一次专题研究安全生产工作的会议。会上周恩来特别说明：之所以把宜洛煤矿的事故提到政务会议上讨论，因为这不只是一省一地的事，也不只是煤矿方面的事，而是带有全国性的问题；1949年以来东北、华北、山东等地矿区共有16.9万人死于各类生产安全事故，工人生命和国家财产遭受重大损失。周恩来对一些地方和单位在生产竞赛运动中不顾安全的做法提出了严肃批评，认为宜洛煤矿开展的劳动竞赛运动，事实上成为争抢矿产资源的运动。他强调指出："工人的积极性一定要和技术性相结合，否则就很容易出乱子，有了积极性之后还必须加强对工人的教育，光有积极性没有技术性，效果是不大的"。周恩来要求今后对煤矿发生的事故，不能只是消极地对失职人员给予处罚，同时还应积极地想出改进办法，改善企业管理，加强安全生产宣传教育；强调要通过这次事故的查处，与官僚主义做斗争，与一切坏的作风做斗争。政务院第35次会议决定对官僚主义严重、不顾安全、盲目发动竞赛的新豫煤矿公司经理予以撤职处分，并移送司法机关依法惩办；对河南省工业指导委员会副主任和河南省工会副主任各记大过一次；给予河南省政府主席、副主席警告处分；事故的其他责任者也予以严肃处理。经司法机关审判，宜洛煤矿这次爆炸事故的直接责任者，分别被判处死刑或一年半至五年有期徒刑。政务院人民监察委员会发出事故通报，财经委员会发出通令，要求各地区各行业深刻吸取事故教训，坚决纠正只重视生产、不重视工人安全的错误思想，改进安全管理，防止事故发生。《人民日报》发表署名文章指出：宜洛煤矿事件告诉我们，虽然国营公营煤矿具有一切发展生产、改进经营管理的必要条件，但是我们的矿山领导干部，如果对人民的煤矿事业缺乏热情，沾染了官僚主义的恶劣习气，对安全问题采取马虎潦草，不负责任的态度，那就不仅不能达到增加生产，创造国家财富的目的，而且一定会使国家财产和生产力蒙受不必要的损失，断送国营公营矿山的前途。"宜洛煤矿事件的教训是惨痛的，为了国家与工人阶级的利益，一切国营公营矿山的领导干部，都应该从这里学得教训"；"为了防止类似宜洛煤矿事件的发生，各国营公营煤矿在管理方面，必须建立起真正的责任制度"，必须在"思想上明确树立起经过主观的积极努力，改善技术条件，建立安全制度和办法，就可以保障工矿安全的观点"，采取一系列安全措施，以使事故减少直至完全消灭事故的发生。

经党中央、政务院同意，1950年3月7—20日召开了全国劳动厅局长会议。劳动部部长李立三在会议报告中提出，要批判"只重视机器不重视人"的观点，废除长期压迫工人的封建把头制度和侮辱工人的搜身制，改善劳动条件，做好劳动保护工作。中央人民政府主席毛泽东、副主席朱德参加了闭幕会。朱德副主席代表中央人民政府做简短致辞，表示完全赞同李立三同志的讲话精神，要求各级干部一定要重视劳动保护工作。此后政务院颁发了《关于废除各地搬运事业中封建把持制度暂行处理办法》，政务院财政经济委员会、劳动部等集中制定发布了一批关于劳动保护、安全生产的法规规章和行政命令。

中央政府和中央军委还严肃查处了北京市辅华合记矿药制造厂于1950年6月4日发生的爆炸事故。这个矿药制造厂由解放军华北野战军某师生产委员会与民间商人合股经营，位于北京市朝外大街的繁华地段。事故发生的原因是：该厂存放有一批待销毁的地雷，打算从中提取制造雷管的药料。因管理不善，导致爆炸，当场炸死企业员工和附近居民20人，受伤住院152人，震塌厂房和民房千余间。事故发生后，北京市委书记彭真、市长聂荣臻等立即组织力量投入抢险救灾，并到医院慰问受伤人员。政务院人民监察委员会派员巡视了事故现场并参加了事故善后处置紧急会议。6月15日北京市政府向中央人民政府做出深刻检讨并请求处分。市政府在检讨中表示：发生爆炸的这种制造矿用火药的高危企业，本不应该在城区居民密集之处开设，该火药厂虽为旧时代所遗留，但新中国成立以后没有及时令其迁移；市政府之前虽然发出过布告，要求此类危险工厂、作坊要进行登记并采取防范措施，但没有得到严格的贯彻执行，导致此次惨祸发生，使人民生命财产受到重大损失。为防范此类事故再度发生，北京市政府明令市内各制造爆炸、易燃、毒臭等危险物品的工厂，在规定的限期之内，一律迁往南郊的指定地区。时任北京市公安局局长的罗瑞卿虽已请病假休养半年，但仍代表公安局做出了深刻检讨，指出这次爆炸事故的发生，反映出"我们认真负责精神不够，工作不深入与不彻底，工作中存在着严重的形式主义与官僚主义"等问题，并表示今后一定要努力工作、改进防范，避免再度发生此类事故。6月20日的《人民日报》全文刊登了罗瑞卿的检讨。随后由北京市政府与华北军区联合进行调查，并呈报中央人民政府政务院和中央革命军事委员会批准，对负有联合办厂领导责任的军队有关人员分别予以撤职、交由军法制裁和通令警告等处分；对负有直接管理责任的辅华矿药厂经理、副经理、总技师等人依法追究刑事责任；对负有爆炸物品监管责任的北京市公安系统人员分别予以撤职、记大过、严重警告、警告处分；对负有政府监管责任的北京市第十三区区长以记过处分。政务院和中央军委的批复还指出：市长聂荣臻和副市长张友渔、吴晗"有失职责、致肇事故"，但考虑到事故发生后能够积极进行各项善后救济工作并自请处分，所以免予处分。

全国劳动厅局长会议的召开和对宜洛煤矿瓦斯爆炸、辅华矿药厂爆炸事故的严肃查处，昭示了中国共产党和新成立的人民政府维护人民生命财产安全的坚定立场与鲜明态度，使各级干部受到深刻教育，全国安全生产、劳动保护工作由此得到有力推动。

为迅速扭转旧社会遗留下来的隐患严重、事故多发的现状，按照中央人民政府的统一部署和要求，各行业、各地区广泛深入地开展了安全教育、安全管理和技术革新、安全大检查等活动。

重工业部1950年5月发出"关于大力开展安全教育的指示"，指出在上年冬季的大检查后，各厂矿对安全工作均已提起很大注意；但安全工作仍处在极端薄弱的状态中；为此要在各企业单位、各个厂矿中广泛地开展安全教育，树立积极防范的安全思想，对员工进行安全思想教育、安全技术知识教育、遵守工作制度和劳动纪律的教育。东北多数工厂建立了安全教育制度，新工人入厂由技术保安科讲解安全规程，使工人了解和掌握安全生产的知识和技术，经考试合格发给证书才分配工作。燃料工业部1951年4月召开的第2次全国煤矿会议指出，过去一年里煤炭系统各级领导干部基本上正确认识了安全生产的意义，纠正了过去"下井三分灾""要出煤免不了会死人"等错误认识；强调要进一步加强思想教育，坚决纠正把生产与安全对立起来的错误观点，要求煤矿干部特别是直接领导生产的干部必须树立对安全负责的思想，坚定消灭事故的信心。

东北地区政府财政经济委员会1952年3月发出"为消灭事故、提高质量、进行均衡的有节奏的生产而奋斗"的号召，指出导致事故发生的一条重要原因，就是管理不科学，生产不均衡，存在着"前松后紧，突击生产"的现象。如"有色金属局从1950年到1952年的3年中，每月事故的比重，上旬占24%，中旬占36%，下旬占40%"；"1952年煤矿伤亡事故发生在下旬的次数比上、中两旬还多，由此可见事故增多与突击生产有直接的关系"。为此要求各厂矿必须克服生产上月初松、月末紧和年初松、年终紧的现象，健全安全设备，严格执行保安制度，加强设备检查和检修，保证生产均衡和安全进行。华北行政委员会爱国增产节约竞赛运动委员会于1952年8月发出《关于加强厂矿安全卫生工作的紧急指示》，要求企业建立安全卫生管理机构，"各厂矿应立即加强或设立安全生产的主管机构，指派有能力的专职人员负责安全卫生工作，较小厂矿也应指定专人管理此项工作，贯彻安全责任制"。上海市国有企业和公私合营企业发动职工开展合理化建议运动，1952年下半年征求到安全生产、劳动保护方面的意见建议78万余条。这些意见和建议所涉及的问题，都能通过发动群众、依靠群众，处理和解决其中60%~70%的问题，其余的也都由企业拨出专款、制定解决问题、改进工作的计划，并着手进行了整改。

从1950年到1952年底，在全国范围内开展了群众性的工矿安全卫生大检查。轻工业部与中华全国总工会于1952年9月联合发出《关于在全国盐场开展群众性的安全生产检查紧急指示》，就认真查找和治理盐业生产中存在的事故隐患、保障职工安全提出了具体要求。华东军政委员会《关于进行安全卫生大检查的指示》要求各地将大检查与正在开展或即将开展的工矿企业生产改革、劳动竞赛等密切结合起来，充分发动群众搞好大检查。检查的内容主要是工矿建筑、消防、机器、电力、锅炉、通风、照明等设施设备安全状况，企业安全技术规程、生产卫生规则、安全卫生专责制、交接班制、检修制度等的建立与贯彻情况。并要求通过检查，"建立与健全各种安全卫生机构与制度，使安全卫生工作经常化。各工矿企业应根据规模大小，在行政上分别设立安全卫生处、科、股，选拔专人负责，并建立定期的会议、报告、检查等制度，以巩固检查的成果"。东北地区在三年期间对全区工矿企业普遍检查了5次；"各矿务局已经组织了技术检查，把各坑口以瓦斯量分类，对有瓦斯和煤尘的坑口，用洒水法讲求对策"。华东、中南、西南、西北地区共计有18694个厂矿接受了检查，华北地区检查了主要厂矿。煤矿等行业组织开展群众性安全生产竞赛运动，涌现出一批安全生产先进模范。

经过上下各方的共同努力，全国国营以及县属以上集体企业事故导致的死亡以及重伤事件有了明显的改善，1951年比1950年减少10.7%，重伤减少了9.6%；1952年又比1951年分别减少39.1%和38.3%。厂矿企业安全状况的明显改善，为国民经济恢复任务的顺利完成提供了保障。1952年9月中央人民政府政务院人民监察委员会下发的一份通报指出："许多厂矿企业的安全问题，确实已有改进，或正在大力改进。如北京各厂矿已增加安全设备和防护用具3049件；上海华东工业部已批准所属46个厂改进设备的费用，就有320亿余元"。1953年1月30日《人民日报》社论指出：新中国成立以来由于共产党、人民政府和各方面的共同努力，厂矿企业安全生产、劳动保护工作取得了成绩。只重生产、忽视安全的片面观点和官僚主义作风受到了批判和纠正；在恢复与发展生产的同时，安全卫生设备已有不少改善；有关安全卫生的规程制度已经基本建立起来；各地进行了多次安全卫生大检查或重点检查，使干部和群众受到切实的安全生产教育，厂矿企业的安全卫生状况大为改观，伤亡事故大大减少。

1953 年国民经济恢复时期结束，国家开始实行第一个五年计划。大规模经济建设时期的来临，使安全生产问题进一步凸显。1953 年 2 月毛泽东主席到华中钢铁公司视察时，向公司党委书记提问的第一句话就是"今年的伤亡事故有多少？"。党委书记一时无言以对，只好让安全科长来做简要汇报。1953 年 1—5 月，重工业部所属企业发生重大伤亡事故 80 起，特别是鞍山钢铁公司燃气厂第二煤气管理室瓦斯中毒事故和华中钢铁公司八卦嘴工地工棚倒塌事故，都造成严重伤亡。重工业部下发文件指出：造成事故多发的主要原因是生产计划不能均衡执行，突击生产违反技术操作规程；缺乏安全教育，不能严格贯彻安全规程；厂矿安全技术组织机构不健全；对粉尘、高温、有毒气体、容易发生危险的地区和设备等，没有采取必要的可行的改进办决。为改变事故多发情况，重工业部要求普遍展开反对无人负责现象的斗争，建立各生产厂矿的责任制度，如技术责任制、生产调度责任制等，尤其要建立行政领导方面的安全技术责任制，厂矿长、工程公司经理、车间主任、坑长、工地主任、工长、班组长都要对安全负责；要制定与修正安全技术规程，使安全技术规程成为企业的法规；要加强安全教育，建立安全教育责任制度，推广安全作业证制度；要建立健全技术组织机构，由专门人员来监督检查企业安全工作。文件要求"各企业领导干部根据这种精神，来切实检查自己的安全工作，并制定出本单位切实可行的安全技术措施计划、制度、规章，并经常检查其执行程度和执行情形"。

为扭转企业安全生产基础薄弱状况，从 1953 年起国家建立了安全技术措施计划制度。要求各产业部门所属企业在编制生产发展规划时，必须同时编制以改善企业劳动条件、防止伤亡事故和职业病为内容的安全技术措施计划。从 1953 年到 1957 年，重工业（冶金）、煤炭、化工、第一机械、铁道、交通、纺织、林业八个产业部门所属企业累计投入近 5 亿元用于实施安全生产技术措施。

这一时期，煤炭工业部认真总结、大力推广了河南省焦作矿务局安全"四化"（计划化、群众化、制度化、纪律化）经验。该局把安全生产工作纳入企业工作计划，建立了群众性的安全网，建立了包括半年一次的"安全思想鉴定制度"、保安规程考试制度等在内的一套规章制度，严肃处理那些违反安全规程的行为。煤炭工业部认为"四化"是"加强安全管理，不断地改善安全情况，做到人人保安的最好经验之一"，要求全国各个煤矿认真学习借鉴。劳动部等部门在总结各地经验的基础上，提出了企业安全工作"五同时"原则，即企业领导在计划、布置、检查、总结和评比生产工作时，必须同时对安全生产进行计划、布置、检查、总结和评比，把安全工作落实到企业生产经营的所有环节。

经过努力，"一五"时期安全生产取得了显著成效。旧中国遗留的工矿企业不安全、不卫生的情况有了很大改变，伤亡事故下降。全国工矿企业事故死亡人数由 1953 年的 6872 人降为 1957 年的 3704 人，下降 45.1%，年均下降幅度超过 11%。是我国历史上第一个安全生产形势相对稳定时期。

3. "大跃进"对安全生产的冲击和国民经济调整时期安全生产工作的恢复发展

"大跃进"运动严重违背经济建设客观规律，盲目追求高速度、高指标，给安全生产造成极大的冲击。从1958年开始，在"赶英超美""一年等于二十年"等不切实际的口号鼓舞下，各地掀起全民大炼钢铁、全民办矿、全民办铁路等高潮。全国基本建设规模、厂矿企业数量和工业战线职工队伍迅猛扩大，各类工业产品的产量指标一再拔高。河南省从1958年3月初到5月中旬，建成机械、钢铁、化肥、煤炭、电力、水泥等小型厂矿164560个。登封县一个月内建成"土高炉"100座。云南省个旧市无视建设项目应遵循的规程标准，"解决了'标准'思想"，"冲破一切陈旧的规章"，大胆设想、土法上马，用两个半月建成一座年产万吨粗铅的大型炼铅厂。河北省平谷县发动5000农民"放下锄头，拿起锤头"，上山找矿开矿，"短短十几天里，在长达百里的238个山头上，开拓了500多个掌洞进行采矿"。为贯彻"以钢为纲、以煤保钢"，煤炭工业部1958年10月在河南省宝丰县召开现场会，总结推广该县"全党全民办煤矿"，使小煤矿"星罗棋布、遍地开花"的经验。到当年10月底，全国各地上报建成小煤矿达10万多处，仅四川省就达34000多处。湖南省醴陵县100天里开办了96座小煤矿。仓促上马的这些小厂小矿特别是小煤矿，绝大多数都不具备最起码的安全生产条件，埋下了严重的安全隐患。建筑施工由于单纯图快、严重违反操作规程和管理混乱，导致事故大量发生。1958年全国建筑系统万人因工死亡率为5.60，是1957年的3.35倍。在因事故"死亡的435人中，由于工程结构倒塌而死亡的有117人，而1957年只死亡3人；高空作业跌落死亡的有78人，而1957年只有38人。在因结构倒塌而死亡的117人中，属于钢筋混凝土结构倒塌的46人，木结构倒塌的50人，砖结构倒塌的21人"。这些数字说明了基本建设领域工程质量下降、事故多发的严重情况。

当时中央政府也注意到了安全生产方面存在的严重问题。1958年3月31日，中共中央发出《在生产高潮中应当控制劳动强度的通知》。《通知》指出：广大工人、农民自觉自愿地提高劳动强度是好的，但要有适当控制，要教育工人、农民注意改进技术，改进工具，改进操作方法，不要单纯过分地依靠提高劳动强度来达到目的；要认真地注意安全生产，采取加强各项必要安全措施，力求避免一切可以避免的伤亡事故。1958年4月6日深夜，周恩来总理在首都钢厂视察后离开。周恩来走后两个多小时，又让秘书给钢厂负责人打电话说，刚才有几句话忘记跟你们讲了，现写在纸上，派人送去："请北京钢厂注意：组织力量，掌握技术，加强协作，消灭事故"。1958年10月党的八届六中全会做出的《人民公社若干问题》决议指出：必须着重注意安全生产，尽可能改善劳动条件，力求减少和避免工伤事故。1958年11月13日杭州钢铁厂合金钢车间正在建造的8间屋架全部倒塌，造成死亡18人，伤19人。正在平湖调研的陈云同志随后来到该厂，详细了解了事故发生、抢救和善后处理相关工作，并于12月22—26日，在杭州主持召开了全国各省区市负责人和基建部门负责人参加的全国基本建设工程质量现场会议，在讲话中强调要纠正"基本建设中片面图快图省而不顾工程质量的倾向，对那些质量不好的工程采取补救措施"。1959年6月17日《人民日报》发表社论指出："必须把安全生产看作是保证生产大跃进的一个重要条件"；"该检修的设备，一定按计划检修；该采取安全措施的地方，一定加强安全措施；保证安全生产的规章制度，一定要严格遵守"。1959年8月中国共产党八届八中全会通过的《关于开展增产节约运动的决议》，也要求"所有企业都要加强安全管理，加强设备维修，保证安全生产"。

但在当时的环境和条件下，地方政府和企业各级干部普遍头脑发热，广大群众的积极性空前高涨，违背经济建设客观规律、瞎指挥和冒险蛮干成风，中央政府关于安全生产的要求难以得到贯彻落实。导致事故大量发生，安全生产形势严重恶化。1958—1961 年出现了新中国成立以来第一次事故高峰期，国营以及县属以上集体企业事故死亡年均 16190 人，比"一五"时期增长了 3.9 倍。发生了新中国煤矿史上死亡人数最多的事故——山西省大同矿务局老白洞煤矿煤尘爆炸事故。老白洞煤矿 1955 年恢复生产，设计年产能力 90 万吨，1957 年产煤 50 万吨，1959 年产量猛增到 120 万吨，1960 年计划产煤 152 万吨。职工人数也由恢复生产时的 1978 人猛增到 6994 人。1960 年 5 月 9 日，该矿由于盲目高产超产、通风能力不足、瓦斯煤尘聚集、现场管理混乱等原因导致爆炸事故发生，死亡 684 人。事故发生后中央及地方政府迅速组织力量进行了抢险救援。但随后开展的事故调查，则演变成了"反事故抓敌人运动"，把井下区队的工程师、技术员和当班轮休、请假人员，以及受事故惊吓跑回乡的矿工等，都列入重点怀疑对象进行追查，有的还抓了起来。事故的真正原因被回避和掩盖，惨痛教训也没有得到认真吸取。"5·9"矿难的发生既没有改变大同矿区各级领导继续大跃进、夺取煤炭高产的决心，也没有起到警示全国的作用。

1961 年 1 月党的八届九中全会决定对国民经济实行"调整、巩固、充实、提高"八字方针。国家调整了经济发展速度和主要工业产品指标，压缩基本建设和工业规模，致力于提高经济发展质量。当年 9 月中共中央发出《关于讨论和试行〈国营工业企业工作条例（草案）〉的指示》，要求"企业必须实行安全生产制度，认真做好劳动保护工作，改善劳动防护设施，教育工人严格执行安全操作规程，切实避免工伤事故"，并要求企业建立"有关技术管理、质量检查、安全生产和事故分析报告的制度"。安全生产工作也由此进入了一个调整适应、重新加强的阶段。煤炭工业部修订颁布了新的保安规程，要求各煤矿恢复正规循环作业，搞好采掘接替，加强通风、顶板和电气安全管理。冶金部整顿规章制度，制定实施了安全技术要点和安全工作条例。铁道部突出抓客运安全正点。厂矿企业八小时工作制和必要的安全生产规章制度逐步恢复。"大跃进"中消耗过度、损害严重的设施设备得到维修更换，安全状况得到改善。

1963 年 3 月国务院下发了《关于加强企业生产中安全工作的几项规定》（简称企业安全生产"五项规定"），把搞好安全生产提到了政治任务的高度，指出安全不仅是企业正常生产活动的必需，"而且也是一项重要的政治任务"；要求各级领导干部充分重视，把做好安全生产工作作为整顿企业、建立正常生产秩序的重要内容之一，真正做到安全工作有制度、有措施、有布置、有检查。

1965 年 5 月中共中央在《关于加强工业生产建设高潮领导的通知》中指出：企业应"保持良好的生产秩序，保证安全生产和劳逸结合；不许违章作业，不经上级批准不得加班加点"。劳动部也下发文件，要求各地区在组织开展生产和劳动竞赛高潮中，一定要牢牢记取 1958 年到 1960 年间发生的重大工伤事故的沉痛教训，坚决反对冒险作业，反对以工人生命作儿戏的官僚主义，反对拼人、拼设备等错误做法。1962—1965 年国营以及县属以上集体企业事故死亡年均 4330 人，比前期（1958—1961 年）减少 73.3%。这是我国历史上第二个安全生产形势相对稳定的时期。

4. "文化大革命"的干扰破坏和党的十一届三中全会后安全生产工作的拨乱反正

1966—1976年"左"倾思潮和无政府主义泛滥,党和国家安全生产方针政策受到怀疑、抵制、否定甚至批判,"安全第一"被攻击为修正主义的"活命哲学",安全生产法规标准、规章制度被攻击为"走资派"的"管、卡、压"和束缚广大革命群众的"条条框框",把冒险蛮干、违规违章甚至非法违法行为奉为革命造反精神。生产活动陷入无序和混乱,煤矿瓦斯煤尘爆炸和冒顶透水、火药厂爆炸、轮船碰撞沉没、旅客列车颠覆、车间仓库火灾等重特大事故频频发生。纺织企业普遍拼设备、拼体力,采取"加班加点、扩大看台、提高转速、吃饭不关车"的办法来提高产量,"文化大革命"后期"因工死亡率比1957年增加了三倍,火灾事故也很严重"。天津第二棉纺厂1973年1—10月发生火警167次,大约两天一次。铁道部1973年"平均每天发生两次重大事故"。宁夏回族自治区石炭井矿务局一个采煤队,1970年曾经在40天内发生两起严重事故,死亡14人。其上级非但没有对事故责任进行追究处理,反而将该采煤队的队长提拔为矿革委负责指挥生产的副主任。由于各级政府濒于瘫痪,劳动保护、安全生产监管机构被撤销或者被迫停止运转,导致事故上报统计制度形同虚设。各地、各单位发生的伤亡事故大量的被忽略、漏报或者被故意隐匿。有的事故则改头换面,把丧事当喜事办,作为英雄事迹在媒体上予以报道,大力宣传遇难、受困人员临危不惧,面对死亡仍唱着语录歌、喊着"万岁"的"革命大无畏"精神。1966—1969年全国事故伤亡没有确切、可靠的统计数据。与1965年相比,1970年全国县属以上企业事故死亡人数为其2.85倍,1971年为其4.24倍,1972年为其4.31倍。成为我国历史上第二个事故高峰期。

为扭转当时安全生产严重混乱状况,1970年12月毛泽东主席批示"照发",发出了《中共中央关于加强安全生产的通知》。这是新中国成立后党中央下发的关于安全生产工作的首个指导性文件。《通知》指出,有些地方不断发生重大事故,给人民生命财产造成严重损失,在政治上带来不良影响,这是一个必须引起各级领导十分重视的政治问题。《通知》分析了造成这些事故的原因,强调"关键的问题是,有些领导干部,怕字当头,不敢抓安全生产";有些领导干部漫不经心,"对人民的生命财产采取不负责任的官僚主义态度",事故发生前不进行安全生产教育,事故发生后又不认真检查原因,以致事故不断发生。《通知》强调要以对革命对人民高度负责的精神,教育群众把革命的冲天干劲和科学态度结合起来。群众的干劲越大,越要关心群众生活,注意劳逸结合,加强安全生产。《通知》要求各级党组织、革命委员会和国务院有关部门要把安全生产摆在重要日程上,结合斗、批、改运动发展情况,对安全生产进行一次深入的思想教育和认真的检查,查思想、查纪律、查态度、查领导,总结经验教训;要充分发动群众,彻底批判无政府主义倾向,克服忽视安全生产和违反安全制度的现象;要坚持原有的行之有效的安全制度和质量检查制度,总结推广安全生产先进经验;要严格组织纪律,对一切违反安全生产制度,不遵守劳动纪律,工作不负责任,以致造成的重大事故,必须分别情况、追究责任,情节严重者以党纪国法论处。中共中央《通知》下发后,国务院组织力量对各地贯彻执行情况进行了监督检查,一些企业安全生产管理机构和安全生产规章制度逐步恢复,开展了设备检修和安全检查等工作。

　　"十年动乱"后期特别是 1975 年邓小平同志主持国务院和中央军委日常工作后，以整顿铁路秩序、确保铁路运输安全正点等为突破口，全面开展了经济领域的整顿工作。当年 2 月 23 日国家计划经济委员会在北京召开了全国首次安全生产会议。国务院副总理王震、余秋里、谷牧出席会议并发表讲话。会议总结和通报了各地贯彻落实《中共中央关于加强安全生产的通知》的情况，指出了存在的问题和差距，要求重新认识安全生产的重要性和必要性，切实加强领导，各地区、各部门和企业必须有一位领导人分管安全生产工作，各级政府都要有机构负责安全生产工作的计划、布置、检查和总结。会议结束时，与会领导和代表合唱《三大纪律八项注意》歌，以增强大家贯彻执行党中央、国务院安全生产指示精神的纪律意识。随后国务院批转了全国安全生产会议的纪要，要求各地区、各部门切实注意和做好安全生产工作。3 月 5 日，邓小平在全国各省、市、自治区主管工业的书记会议上发表讲话指出："现在铁路事故惊人，去年一年发生行车重大事故和大事故 755 件，比事故最少的 1964 年的 88 件增加好多倍。这中间有许多是责任事故，包括机车车辆维修方面的责任事故。这说明没有章程了，也没有纪律了。这个问题不光是铁道部门存在，其他地方和部门也同样存在"；"所以必要的规章制度一定要恢复和健全，组织性纪律性一定要加强"。所有这些，都表明了党和政府在保护人民生命财产安全、重视安全生产方面的一贯立场和不懈努力，也在一定程度上遏制了当时全国安全生产状况的进一步恶化。

　　粉碎"四人帮"，并对安全生产领域拨乱反正后，违背经济建设和工业生产客观规律，不顾人身安全，冒险蛮干等"左"的思潮和错误倾向得到纠正。1977 年 3 月 2 日国家劳动总局召开了由各省（区市）劳动部门分管劳动保护、锅炉压力容器安全工作的负责人参加的会议，王震、余秋里、谷牧三位副总理再次一起出席会议并讲话，强调安全生产必须讲制度、讲纪律、讲规程，必须把受"四人帮"干扰破坏的、行之有效的规章制度恢复起来，改变安全生产无人负责的现象，做到生产大上，事故大降。学大庆工作会议，余秋里副总理在会议报告中指出：这些年在"四人帮"干扰破坏下，不少企业，把思想搞乱了，把组织搞乱了，把管理搞乱了，造成了严重的后果。"当前要发动群众，大家出主意、想办法，重点抓好扭转亏损、提高质量、降低消耗、维修设备、安全生产这几件事情"。1978 年 10 月中共中央发出《关于认真做好劳动保护工作的通知》，明确指出"加强劳动保护工作，搞好安全生产，保护职工的安全和健康，是我们党的一贯方针，是社会主义企业管理的一项基本原则"。针对"十年动乱"对安全生产在思想上、组织上、制度上所造成的混乱，通知要求立即对安全生产情况进行一次大检查，发现问题，立即采取有效措施，并及时解决；"企业单位发生了重大伤亡责任事故，首先要追查厂长、党委书记的责任，根据事故情节轻重，严肃处理，不能姑息迁就。一个部门、一个地区事故多，伤亡严重，要追查部门和地区领导人的责任"。《人民日报》发表社论，要求各级领导破除思想障碍，旗帜鲜明、态度坚定抓好安全生产，指出安全生产"绝不是软任务，而是硬任务，是我们社会主义国家的一项重要的政治任务"；必须"把安全生产摆在重要日程上，纳入工业学大庆、普及大庆式企业的规划。凡是安全生产搞不好，事故经常发生，尘毒危害严重的企业，不能评为大庆式企业"。煤炭工业部部长高扬文针对当时存在的一些"左"的思想认识，旗帜鲜明地讲道："煤矿工作不能讲一不怕苦、二不怕死。生产建设不同于对敌斗争，生产过程中发生事故，死了人，一点意义也没有"。1979 年 5 月国务院批转了国家计委、国家经委、国家劳动总局联合拟定的通知，重申要继续认真贯彻执行国务院 1956年颁布的"三大规程"和 1963 年颁布的"五项规定"，尤其要强化和落实安全生产责任制，严格事故查处和责任追究，建立正常的安全生产秩序。1979 年底"渤海 2 号"钻井船翻沉事故发生后，国务院决定提请全国人大常委会批准、解除石油部部长的职务，并给予国务院分管石油工业的副总理记大过处分。国务院《关于"渤海 2 号"事故的处理决定》指出："渤海二号"事故不仅是对石油部门的一个严重警告，也是对全国其他各部门和各企业事业单位的一个严重警告；安全生产是全国一切经济部门和生产企业的头等大事；一切重大责任事故，必须严肃处理，追究行政和法律责任，不得姑息宽容。1981 年 6月国家经委、国家劳动总局和全国总工会在北京召开全国安全生产工作会议。会议深入查摆了"左"的思潮在安全生产上造成的影响与危害，讨论了补还安全欠账、推动安全生产的政策措施，研究了安全生产五年规划。会议首次评选表彰了全国安全生产先进集体和先进个人。随着党的工作重心转移到经济建设上来和改革开放的逐步深入，安全生产工作也步入不断加强、持续改进的新阶段。1980—1992 年，国营和县属以上集体企业事故死亡人数呈现逐年下降趋势，是我国历史上第三个安全生产形势相对稳定的时期。

5. 事故易发期的来临及党和国家采取的应对措施

从 20 世纪 90 年代开始我国进入工业化快速发展阶段，国内生产总值连续翻番，能源原材料和交通运输市场需求持续旺盛，煤炭、冶金、化工等行业纷纷扩大规模增加产量。同时煤矿等高危行业与社会公共安全基础仍然薄弱，安全法制尚不健全，政府安全监管机制还不完善，安全科技和教育培训相对滞后。经济体制改革也使安全生产面临新情况、新问题。1993 年劳动部组织进行的一项在全国范围内的抽样调查表明，在深化企业改革、转化经营机制的过程中，全国有 50%左右的国有企业放松了安全管理；"一些地方对乡镇企业、三资企业以及个体经营企业忽视了安全生产基本条件的要求"，致使这些企业作业环境恶劣，安全保障能力低下，伤亡事故大幅度增加。从 1993 年起，全国事故总量开始呈现上升趋势。当年全国企业职工工伤事故比上年上升 18.5%，之后连年增加。2002 年全国各类事故死亡总数为 13.94 万人（其中工矿商贸企业事故死亡 14924 人，道路交通事故死亡 109381 人，其余为水上交通、铁路交通、民航等事故），达到历史最高点。在事故总量居高不下的同时，重特大事故频频发生。"十五"期末的 2005 年，全国共发生一次死亡10 人以上的重特大事故 134 起，其中一次死亡 30 人以上事故 17 起、死亡 1200 人，分别比上年度增加 6.3%和 28.2%。先后发生了辽宁省阜新矿业集团海州立井瓦斯爆炸、广东省梅州市大兴煤矿水灾、黑龙江省龙煤集团七台河分公司东风煤矿瓦斯爆炸、河北省唐山市恒源实业公司刘官屯煤矿瓦斯爆炸 4 起死难百人以上的事故，使人民生命财产遭受惨重损失。这一时期是我国历史上第三个事故高发期。

2003 年初国家安监局组织进行了"安全生产与经济社会发展研究"课题研究。课题组历时两年，广泛收集了全球 40 多个国家的多项经济社会发展指标，选择 27 个不同经济社会发展水平的国家、5 个大类 18 项经济指标作为研究样本；采用多元统计分析法和计量经济分析法，系统地研究、分析了不同类型国家在各个经济社会发展阶段的安全生产状况及其变化趋势，发现安全生产与工业化发展阶段之间呈非对称抛物线函数关系。工业化初级阶段，采掘业、重化工、建筑业、制造业等高危行业所占比重过大，加之经济增长方式粗放，主要依靠加大人力和自然资源的投入来拉动经济增长，导致事故上升；工业化中级阶段，影响制约安全生产的各种矛盾和问题更加突出，发生重特大事故的概率加大；工业化高级阶段，随着产业结构的调整优化和经济增长质量的不断提高，加之科技进步等因素的作用，事故逐步减少，安全生产形势渐趋稳定；后工业化时代，各个行业领域的安全生产完全处于可控制、有保障状态下，极少发生人身伤亡事故。当经济处于快速增长的特定区间时，生产安全事故也会相应增多，并在一个阶段内处于高位波动状态。这个阶段即为生产安全事故的"易发期"。研究同时表明，安全生产除了与经济社会发展水平相关外，还与政府安全监管体制、安全法治建设、科学技术水平、教育普及程度、安全文化状况、社会福利制度等因素相关，因此"易发"并不必然等于事故高发多发。先进工业化国家尽管都经历了事故易发期，但各国"易发期"所处的经济发展区间、经历的时间跨度不尽相同。美国、英国的事故易发期处于人均 1000～3000 美元之间，时间跨度分别为 60 年（1900—1960 年）和 70 年（1880—1950 年）；战后新兴的工业化国家日本的事故"易发期"则处于 1000～6000 美元之间，时间跨度也缩短为 26 年（1948—1974 年）。

为应对事故易发期所带来的严峻挑战，党和国家从安全监管体制、法治、机制，以及调整优化传统高危产业机构、淘汰落后生产能力等方面，采取一系列举措加强安全生产。改革和完善安全生产监管体制，成立了国务院安全生产委员会以统筹领导全国安全生产工作，组建了国家煤矿安全监察局和国家安全生产监督管理局，要求县以上地方政府建立独立履行职能的安全监管机构，构建了"政府统一领导、部门依法监管、企业全面负责、群众参与监督、全社会广泛支持"的安全生产工作格局。颁布实施《安全生产法》，建立了安全生产监管执法、市场准入、行政许可、教育培训、资格认证、建设项目安全设施"三同时"等一整套法律制度，初步形成中国特色安全生产法律法规体系。建立了安全生产控制指标体系和考核制度，加大安全生产在政绩业绩考核中的权重，实行重大安全风险和重特大事故"一票否决"。深入开展重点行业领域安全专项整治，依法整顿关闭不具备安全生产条件的小矿小厂，治理安全生产领域非法违法行为。加大事故查处和责任追究力度，依法严惩事故责任者。经过艰苦努力，2003 年我国事故总量出现下降的历史性转折点。当年全国事故死亡 136340 人，比上年减少 2591 人，下降 1.9%。

2004—2006 年的三次重要会议（重大活动），表明中国共产党、中国政府对安全生产的重视达到了前所未有的高度，同时也标志着我国安全生产由此步入切实加强、有效提升的阶段。

2004 年 1 月 17 日，首次以国务院名义召开了全国安全生产工作会议。各省（区市）政府分管副省长（副主席、副市长）和副秘书长，以及省级安监局长、公安厅长、交通厅长、建设厅长，国务院安委会成员单位相关负责人等参加了会议。会前温家宝总理曾主持召开国务院常务会议，审议通过了《国务院关于进一步加强安全生产工作的决定》和《安全生产许可证条例》。这次会议上，还首次以人事部、国家安监局的名义，联合表彰了全国安全生产监督管理和煤矿安全监察系统先进工作者，北京市安监局监管二处主任科员王保树、天津市西青区安监局长路国彬等 39 人被授予全国先进工作者称号。

2006 年 1 月 23 日，首次由国务院总理出面对安全生产年度工作做出安排部署。当日召开的全国安全生产工作（视频）会议，除北京主会场外，还在县级以上政府所在地、重点企业设立了分会场，地方各级政府分管负责人、企业安全管理人员等参加会议。温家宝总理在讲话中，回顾了安全生产工作进展情况，分析了造成事故多发、安全生产形势严峻的原因，深刻阐述了安全生产的重要性，全面部署了 2016 年度安全生产各项重点工作。要求各级干部树立正确的政绩观，以对人民群众高度负责的精神，努力做好安全生产工作。

2006 年 3 月 27 日，中共中央政治局首次专题研讨安全生产问题。胡锦涛总书记主持会议并发表讲话，指出重视安全生产，是坚持立党为公、执政为民的必然要求，是贯彻落实科学发展观的必然要求，是实现好、维护好、发展好最广大人民的根本利益的必然要求，也是构建社会主义和谐社会的必然要求，必须做到思想认识上警钟长鸣、制度保证上严密有效、技术支撑上坚强有力、监督检查上严格细致、事故处理上严肃认真，促进安全生产与经济社会的协调发展。学习会之前，国家安监总局党组组织部分专家学者，对工业化进程中的事故易发期、我国安全生产的发展阶段及其对策措施等重大问题进行了深入研究，集体研究起草了"国外安全生产的制度措施和加强我国安全生产的制度建设"一稿；学习会上，清华大学公共安全研究中心范维澄教授、中国安全生产科学研究院刘铁民研究员就此进行了讲解。

这一时期，国务院还采取了深化依法治理，加大非法和不具备安全生产条件小矿小厂整顿关闭力度，厉行责任追究等断然措施，加强煤矿等重点行业领域安全生产；全国人大常委会组织开展了《安全生产法》执法检查，健全完善安全生产法律体系；中央纪委、监察部进一步严明了安全生产党纪政纪，依法依纪严惩了一批事故责任人。党和政府的高度重视及其所采取的一系列举措，使我国 20 世纪 90 年代中期之后出现的事故多发、伤亡严重的被动局面开始得到扭转。"十一五"（2006—2010 年）期间全国事故死亡年均减少约 1 万人，"十二五"（2011—2015 年）期间全国事故死亡年均减少 2700 人，全国安全生产状况逐步趋稳趋好（图 1-1）。

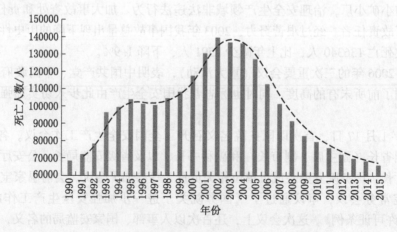

图 1-1　1990—2015 年全国各类事故死亡人数趋势图

6. 目前我国安全生产形势依然严峻及其原因分析

我国安全生产虽然取得了积极进展和显著成效，但与先进工业化国家相比仍存在差距。事故总量仍然较大：2015年全国发生各类事故约28.2万起、死亡约6.6万人，平均每天发生事故773起，约180人在事故中丧生。重特大事故时有发生，而且有从煤矿、金属非金属矿山、建筑施工等传统高危行业向化工、油气管道运输、城市轨道交通、金属制品、农产品加工等行业领域蔓延的趋势。"十二五"中后期，相继发生了吉林省长春市宝源丰禽业公司2013年"6·3"火灾，山东青岛市中石化东黄输油管线2013年"11·22"泄漏爆炸，江苏苏州市昆山市中荣金属制品有限公司2014年"8·2"爆炸，天津港瑞海公司危险品仓库2015年"8·12"火灾爆炸，广东深圳市光明新区渣土受纳场2015年"12·20"滑坡等特别重大事故，使人民群众生命财产蒙受严重损失，造成恶劣的社会影响。

造成一些行业领域、一些地方事故多发，全国安全生产形势依然严峻的原因是多方面的。

客观上看我国尚未完全走出事故易发期。工业化、城镇化的快速发展和持续推进，社会生产规模不断扩大，安全生产领域一些矛盾问题长期得不到有效缓解甚至加剧，以往的事故隐患与新出现的安全风险交织叠加，使安全生产工作面临严峻挑战。由于经济发展和增长方式转变不到位，一些地方特别是西部地区主要依靠发展资源型、劳动密集型、高风险型企业来拉动地方经济，技术装备落后、安全保障能力低下的小矿小厂数量过多。2015年底全国1.2万多个煤矿当中，接近60%的为年产9万吨以下的小矿，其产能仅占全国煤矿的12%，事故死亡人数所占比例却高达70%。全国7万多座金属非金属矿山当中，90%以上的属于小矿山。全国9.6万家危化品生产企业当中，82%的属于小化工。小企业一方面为发展经济和扩大就业做出了巨大贡献，另一方面也成为事故的"重灾区"。社会公共安全生产基础仍然比较薄弱，预警预防、应急处置、抢险救援等方面的装备和能力不足，一些矿井爆炸和水灾、输油管线裂爆、危化品泄漏、工业粉尘燃爆、高层建筑火灾事故发生后，未能及时处置、有效救援。安全生产科学技术领域尚有大量的基础性、应用性课题亟待攻关解决。劳动用工制度改革后农民工等临时用工成为高危行业一线职工队伍主力，加之培训教育滞后，造成其文化和技术素质难以满足安全生产的需要。煤矿、建筑、烟花爆竹生产等行业从业人员多数为初中以下文化程度，半数以上的没有接受过严格认真的安全培训，违章指挥、违章作业、违反劳动纪律屡禁不止，由此导致的事故经常发生。

思想认识存在差距，主观努力不够，是造成一些地方和单位各类事故多发、安全状况恶化的主要原因。一些基层政府和企业的负责人没有牢固树立"以人为本、生命至上"理念和安全发展观，安全生产责任意识和抓安全的积极性，从上到下呈现层层衰减、逐级弱化趋势。一些领导干部政绩观出现偏差，抓经济工作能够上心，抓安全生产工作则漫不经心、不在状态，对本地区、本单位的安全隐患心中无数，对"带血的煤炭""带血的GDP"反应迟钝，对安全生产领域的非法违规行为姑息纵容。个别的甚至充当非法业主的保护伞，事故背后的腐败现象屡禁不绝。一些企业负责人不能自觉履行安全生产主体责任，重生产和效益、轻安全和职业健康的思想根深蒂固，麻痹大意和侥幸心理严重，安全投入不足，安全管理松弛，对非法违规行为熟视无睹。常常不出事故不知道重视安全生产，出了事故才追悔莫及。

安全监管体制机制不完善，也是不可忽视的原因。与工商、环保、质检等相比，现行安全生产监管体制运行时间毕竟较短，在机构和队伍建设、基层基础工作、监管执法能力等方面，都存在一些差距。综合监管与行业专业监管、地方监管的关系需要进一步理顺，"管行业必须管安全，管业务必须管安全，管经营必须管安全"的要求尚待落实；在油气输送管道、城市基础设施的建设和运营等安全监管方面，也还存在着一些空当和薄弱点。所有这些，也都表明了安全生产的长期性、艰巨性和复杂性，表明"安全生产工作永远是起点，永远是加油站，永远没有终点"。2015 年全国各行业领域事故死亡人数比例如图 1-2 所示，2015 年全国工矿商贸企业事故死亡人数比例图如图 1-3 所示。

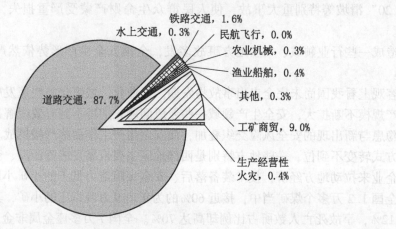

图 1-2　2015 年全国各行业领域事故死亡人数比例图

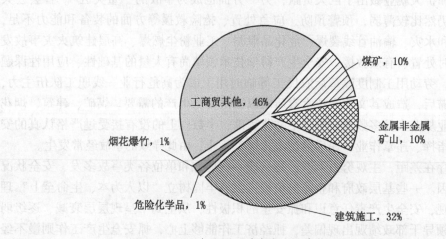

图 1-3　2015 年全国工矿商贸企业事故死亡人数比例图

7. 与全面建成小康社会宏伟目标相配套的安全生产奋斗目标

2004 年 1 月《国务院关于进一步加强安全生产工作的决定》，提出了我国安全生产的三个阶段性目标。第一阶段：到 2007 年即当届政府的任期之内，建立起较为健全完善的安全生产监管体系，实现全国安全生产状况的稳定好转，重点行业和领域事故多发状况得到扭转，工矿企业事故死亡人数，煤矿百万吨死亡率、道路交通万车死亡率等指标均有一定幅度的下降。第二阶段：到2010年即"十一五"期末，初步形成规范完善的安全生产法治秩序，全国安全生产状况明显好转，重特大事故得到有效遏制，各类生产安全事故起数和死亡人数有较大幅度的下降。第三阶段：到2020年即"十三五"期末，实现全国安全生产状况的根本性好转，亿元国内生产总值事故死亡率等指标，达到或接近世界中等发达国家水平。为确保奋斗目标的实现，国家建立了安全生产考核奖惩机制，强化激励约束。2003年11月召开的国务院安全生产委员会第一次全体会议，研究确立了安全生产控制考核指标体系。在借鉴以往的"千人因工死亡率"等的基础上，设置了亿元国内生产总值事故死亡率、10万人事故死亡率、工矿企业10万人事故死亡率、煤矿百万吨死亡率四项相对指标和全国事故死亡人数、工矿企业事故死亡人数、煤矿事故伤亡人数3项绝对指标。年度安全生产指标的确立，以激励、约束和实效为原则，以上一年的实际情况为基数，按照一定的下降幅度测算确定下一年度的控制指标。从2004年开始，国务院安委会在确定全国指标的同时，向各省（区市）政府下达年度控制指标。国家安监总局（国务院安委会办公室）对各地指标实施情况进行跟踪检查，通过新闻发布会、政府公告、工作简报等，每季度公布一次，年底进行考核和通报。2005年增加了道路交通事故死亡人数和道路交通万车死亡率。2006年取消了"10万人事故死亡率"，将"工矿企业10万人事故死亡率"扩展为"工矿商贸从业人员10万人事故死亡率"，增设了特种设备万台事故死亡率。2008年又增设了10万人口火灾死亡率、水上交通百万吨吞吐量事故死亡率、铁路交通百万机车总行走公里事故死亡率。随后的年度又有一些调整，但大致上维持了以事故死亡总人数、重特大事故起数为绝对指标，以亿元国内生产总值事故死亡率、工矿商贸从业人员10万人事故死亡率、煤矿百万吨死亡率、道路交通万车事故死亡率四项相对指标为主要内容的安全生产控制考核指标体系框架。各省（区市）又将指标逐项分解、逐级落实到地方政府相关部门和市、县、乡镇以及企业，工作简报每季度公布一次，年底进行考核和通报。2005年增加了道路交通事故死亡人数和道路交通万车死亡率。2006年取消了"10万人事故死亡率"，将"工矿企业10万人事故死亡率"扩展为"工矿商贸从业人员10万人事故死亡率"，增设了特种设备万台事故死亡率。2008年又增设了10万人口火灾死亡率、水上交通百万吨吞吐量事故死亡率、铁路交通百万机车总行走公里事故死亡率。随后的年度又有一些调整，但大致上维持了以事故死亡总人数、重特大事故起数为绝对指标，以亿元国内生产总值事故死亡率、工矿商贸从业人员10万人事故死亡率、煤矿百万吨死亡率、道路交通万车事故死亡率四项相对指标为主要内容的安全生产控制考核指标体系框架。各省（区市）又将指标逐项分解、逐级落实到地方政府相关部门和市、县、乡镇以及企业，推动了工作落实。"十一五""十二五"期间绝大部分省（区市）都完成了国务院安委会下达的安全生产指标任务。

2011年12月国务院下发的《关于坚持科学发展安全发展，促进安全生产形势持续稳定好转的意见》，在肯定一个时期以来事故总量和重特大事故大幅度下降，"反映安全生产状况的各项指标显著改善，安全生产形势持续稳定好转"的同时，再次明确到2020年要实现全国安全生产状况的根本好转。

"十三五"时期是实现党的十八大提出的全面建成小康社会宏伟目标的决胜阶段。与全面建成小康社会的历史进程同步，推动全国安全生产状况的根本好转，使重特大事故得到有效遏制，主要指标达到中等发达国家的先进水平，使人民群众生命安全得到切实保障，是全面建成小康社会的基础和前提，也是衡量小康社会是否全面建成的一项重要标准。党的十八届五中全会《关于制定国民经济和社会发展第十三个五年规划的建议》提出，"十三五"时期要坚决遏制重特大安全事故频发势头，加强安全生产基础能力和防灾减灾能力建设，切实维护人民生命财产安全。由国务院发布实施的《安全生产"十三五"规划》，深刻分析了安全生产面临的形势、任务和挑战，明确了下一步安全生产的奋斗目标、攻坚内容、重点工程和保障措施，展现出我国经济社会安全发展、科学发展的光明前景。2002—2015 年国内生产总值及四大相对安全生产控制考核指标趋势图如图 1-4 所示。1953—2015 年全国工矿商贸事故死亡人数趋势图如图 1-5 所示，死亡人数及 1953—2006 年工矿企业十万人死亡率趋势图如图 1-6 所示。

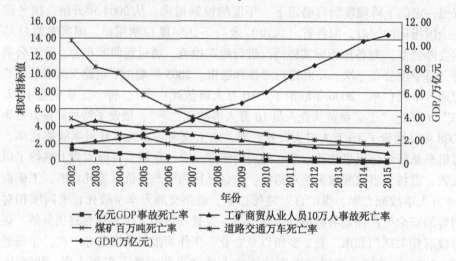

图 1-4　2002—2015 年国内生产总值及四大相对安全生产控制考核指标趋势图

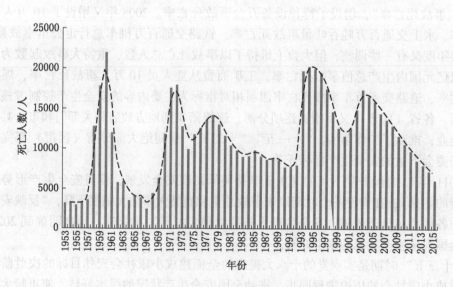

图 1-5　1953—2015 年全国工矿商贸事故死亡人数趋势图

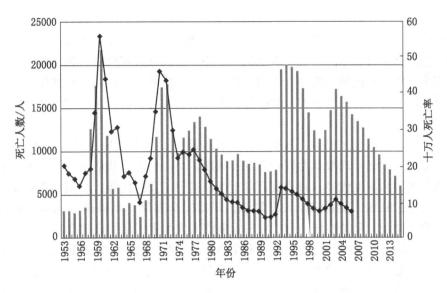

图 1-6　1953—2015 年全国工矿商贸事故死亡人数及 1953—2006 年工矿企业十万人死亡率趋势图

小结：安全生产事关人民群众生命财产安全，是经济社会协调健康发展的标志。重视安全生产，是中国共产党作为工人阶级政党的本质属性及其所秉持的全心全意为人民服务的根本宗旨所决定的。建党、建政以来，中央和地方各级党政为此进行了积极探索，付出了极大努力。历史上尽管出现过安全生产工作受冲击、被削弱的情况和安全生产形势阶段性、局部性恶化的情况，先后出现过"大跃进"时期（1958—1961 年）、"十年动乱"时期（1966—1976 年）、向市场经济体制转变和工业化快速发展初期（1993—2002 年）等事故高发期，但党和政府重视安全生产、坚决维护劳动者安全健康权益的信念始终没有动摇，安全生产事业发展进步的总体趋势没有改变。

安全生产受经济社会发展阶段、生产力发展水平等客观因素的制约，同时也取决于社会认知水准、执政党重视程度、政府监管力度及其方法手段、劳动者素质等主观因素的影响。从新中国成立到 2002 年，随着经济总量的持续扩大，我国生产安全事故总体上呈上升态势。但也出现了"一五"时期、国民三年经济调整时期（1962—1965 年）、改革开放初期（1980—1992 年）三个安全生产形势相对平稳期。2003 年在国内生产总值持续增长的背景下，出现了事故总量下降的历史性"拐点"。此后，虽然重特大事故仍然频发多发，但全国事故总的起数和伤亡人数保持了连年下降的趋势。经过集中开展整治，煤矿、非煤矿山、危险化学品、烟花爆竹、建筑施工等工矿商贸行业领域安全生产基础条件逐步改善，事故明显减少。这说明事在人为，即使在经济快速发展、安全压力持续加大的情况下，只要我们有足够的重视并且付出应有的努力，事故是可以预防的，安全生产工作是可以搞好的，经济社会的安全发展、科学发展是可以实现的。

在党和政府的坚强正确领导下，经过几代人的不懈努力，我国高危行业和社会公共安全基础薄弱、事故多发的落后面貌正在改变。现阶段我国的安全生产，突出表现在稳定好转的发展态势与依然严峻的现实并存。我们要坚持两点论、两分法来看待我国的安全生产问题，既要充分肯定新中国成立以来特别是改革开放之后安全生产取得的积极进展，认清我国经济社会安全发展、科学发展的必然趋势，增强做好安全生产工作的信心，又要看到差距和问题，认清目前依然严峻的安全生产形势，加快推进安全生产领域的改革创新，健全完善安全监管体制机制，依靠严密的责任体系、严格的法治措施、有效的体制机制、有力的基础保障和完善的系统治理，解决好安全生产领域的突出问题，继续扎实有效地把安全生产工作推向前进。

西方国家在工业化过程中，其安全生产普遍经历了从事故易发多发到逐步得到遏制，然后渐趋稳定，最终实现根本性好转的发展周期。与之相比，我们不仅有后发优势，而且具有特殊的政治和制度优势。只要我们善于扬长避短、发挥优势，切实加强党委、政府对安全生产工作的领导，紧紧依靠人民群众，坚持安全发展，坚持改革创新，坚持依法监管，坚持源头防范，坚持系统治理，就一定能够大大缩短、尽快跨越事故易发期，在2020年全面建成小康社会之时，使全国生产安全事故总量明显减少，职业病危害防治取得积极进展，重特大事故得到有效遏制，各类企业特别是重点行业领域安全保障能力显著增强，安全生产整体水平与全面建成小康社会目标相适应。到2030年，实现安全生产治理体系和治理能力现代化，全民安全文明素质全面提升，为实现中华民族伟大复兴的中国梦创造良好稳定的安全生产环境。

1.2.3 新时代安全生产的新形势新任务

安全生产工作应当以人为本，坚持人民至上、生命至上，把保护人民生命安全摆在首位，发展决不能以牺牲人的生命为代价，这必须作为一条不可逾越的红线。因此，我们务必要牢牢把握"生命至上、安全第一"的思想，切实把安全发展理念落实到经济社会发展的全领域、全阶段、全过程，让防风险保安全成为全社会的共同意识、共同责任，成为我们每个人的自觉行为习惯。

坚持生命至上、安全发展，必须时刻绷紧思想之弦。随着经济的快速发展，工业化、现代化和城市化的快速推进，爆炸、火灾和交通事故等技术灾难的发生率也呈快速增长趋势。现有的公共安全保障基础与社会发展之间的矛盾越来越突出，公共安全面临着发展和矛盾叠加形成的复杂局势。安全生产压力越来越大。对此，必须时刻保持清醒头脑，始终坚持居安思危，强化红线意识，真正把安全生产工作摆在更加突出的位置，放在心上、抓在手中、落在行动上。这样才能真正保持住来之不易的改革发展成果，才能有更多时间和精力去抓发展，使人民获得感、幸福感、安全感更加充实、更有保障、更可持续。

坚持生命至上、安全发展，必须切实扛起肩上之责。安全生产工作应当实行管行业必须管安全、管业务必须管安全、管生产经营必须管安全，强化和落实生产经营单位的主体责任与政府监管责任，建立生产经营单位负责、职工参与、政府监管、行业自律和社会监督的机制。抓好安全生产工作首先要落实好"三个责任"。各级领导干部务必要按照"党政同责、一岗双责、齐抓共管、失职追责"的要求，真正把安全生产责任传导到位、依法治安要求落实到位、严格问责追责执行到位，确保安全生产工作落到实处；监管部门要按照"管行业必须管安全、管业务必须管安全、管生产经营必须管安全"的要求，扎实抓好各项专项整治，依法依规严打各类违法违规行为。企业要牢固树立"安全就是最大效益""隐患就是事故"的思想，真正做到安全责任到位、安全投入到位、安全培训到位、安全管理到位、应急救援到位，确保不发生安全生产事故。

　　坚持生命至上、安全发展，必须更加重视安全管理。安全是常态下的应急，应急是非常态下的安全。安全、应急是事故预防的两种状态，同样遵循风险（危机）管控理论。生产经营单位必须遵守有关安全生产的法律、法规，加强安全生产管理，建立、健全全员安全生产责任制和安全生产规章制度，加大对安全生产资金、物资、人员的投入保障力度，改善安全生产条件，加强安全生产标准化建设，构建安全风险分级管控和隐患排查治理双重预防体系，健全风险防范化解机制，提高安全生产水平，确保安全生产。生产经营单位也应当关注从业人员的生理、心理状况和行为习惯，加强对从业人员的心理疏导、精神慰藉，严格落实岗位安全生产责任制，防范从业人员行为异常导致事故发生。

　　坚持生命至上、安全发展，必须真正凝聚社会之力。安全生产人人有责，更需要人人尽责，全市社会各界要始终做到"心中有安"，让安全意识渗透在生产生活各个领域、各个方面。在生产劳动中，要严格遵守安全生产法律法规和劳动纪律，坚决抵制违章指挥、违规作业等行为，依法维护生命健康权益；在日常生活中，要把安全落实到行车、居家等每个行为细节上，主动消除安全隐患，推动全社会形成人人了解、人人参与、人人监督、人人自律的安全生产强大合力和浓厚氛围。树牢安全发展理念，坚持安全第一、预防为主、综合治理的方针，从源头上防范化解重大安全风险。

课程延伸（思考题）：

1. 农耕文明、游牧文明、海洋文明对安全的理解有何差异？在安全管理上有何不同？
2. 东西方生死观的差异有哪些？请进行简单描述。
3. 简述安全管理学科定位的发展历史与趋势。
4. 简述世界安全史研究的逻辑起点与理论范式。

2 安全管理横论

本章提示：

横论是从学科的展布上描述课程，呈现安全管理的家族血脉、历史渊源、现实意义。直白一点，安全管理=安全+管理=（安全科学+安全学科）+（企业管理+公共管理）。如果这四块内容都理解，是不是这一章内容就不重要了？不是！在课程中将深入剖析两个关键目标：第一，培养面向未来的安全管理人才，是开设本章的最低目标；第二，建设具有中国特色的安全管理，是开设本章的终极目标。

本章知识框架：

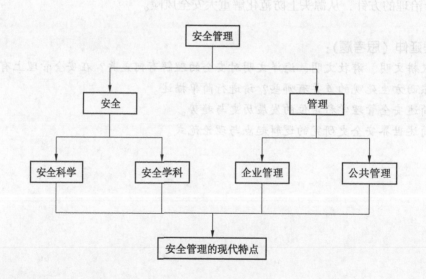

2.1 安全科学与安全学科

2.1.1 安全科学

安全科学是一门研究人类日常生活、生产实践及社会活动等与安全系统之间相互作用关系，寻求人类日常生活、生产实践及社会活动等与安全系统协同演进、平稳发展的途径与方法的科学。安全科学运用理学、工学等学科的理论与方法，结合综合、定量和跨学科的手段，研究安全系统，分析、预知人类在日常生活、生产实践及社会活动中的危险、危害和威胁；运用经济学、法学和社会学等的理论与方法，结合安全系统，研究人类活动中的安全问题，限制、控制或消除这种危险、危害和威胁。

1. 安全科学的研究对象

安全科学的研究对象当然是安全。那么什么是安全？安全是作为主体的系统控制者借助作为客体的有机系统，在实施某一行动、达到某一目的过程中的相对稳定性，以及主、客体相互作用过程中对所处在环境产生影响的相对可接受程度。

安全是可接受的风险，安全科学的实质就是要确定风险的可接受水平。安全的基本数学模型：

$$安全性 = 1 - 风险度 = 1 - R = 1 - f(p, l) \tag{2-1}$$

式中　　p——事故发生的可能性或概率；

　　　　l——事故后果的严重程度或严重度。

$$事故概率函数 p = F(人因，物因，环境，管理) \tag{2-2}$$

$$事故后果严重度函数 l = F(时机，危险性，环境，应急) \tag{2-3}$$

式中　　时机——事故发生的时间点及时间持续过程；

　　　　危险性——系统中危险的大小，由系统中含有能量、规模决定；

　　　　环境——事故发生时所处环境状态或位置；

　　　　应急——事故发生后应急条件及能力。

由上述风险函数及其概率和严重度函数可知，风险的影响因素，或称风险的变量，同时也是安全的基本影响因素，涉及人因、物因、环境、管理、时态、能量、规模、应急能力等，其中人、机、环境、管理是决定安全风险概率的要素。

1）风险可接受水平

风险可接受水平泛指社会、组织、企业或公众对行业风险或对特定事件风险水平可接受的程度。风险可接受水平是连接风险评价与风险管理的重要技术环节。风险可接受标准在安全管理方面的要求通常比较普遍，对于风险可接受的定性概念通常包括以下方面：①工业活动不应该强加任何可以合理避免的风险；②风险避免的成本应该和收益成比例；③灾难性事故的风险应该占总风险的小部分。

根据以上定性的概念可以为风险可接受的定量化提供理论依据。风险可接受水平并不是一个简单的数值，而是一个综合的体系。其根据不同的条件和对象，提出不同的参考值，来辅助风险管理的实施。风险的可接受水平与社会背景和文化背景等密切相关，世界各国由于自然环境，社会经济水平，科学技术条件及价值取向的差异，个人和社会对风险的心理承受能力不同，因此各个国家对各类灾害可接受风险水平是有所差异的。下面从个人、社会两个方面考虑风险的可接受性。这两个方面侧重点不同，相互之间存在着一定的联系。个人风险可接受水平是风险可接受体系的基础；社会风险可接受水平在这一基础上增加考虑了风险的社会性和规模性。

风险可接受水平的表达并不唯一，有时也表达成其他的方式，例如容许风险等，但都是风险是否可以接受的衡量标准。除了名称的表达不同外，采用的指标也各不相同，根据文献资料统计，全世界大约有 25 种可接受风险标准的表达方式，其中比较有影响的是：个人风险、社会风险、FN 曲线等。经过几十年的不断发展和完善，目前国外已经完善了各种行业的风险可接受标准。

当前国外风险可接受准则普遍采用的是 ALARP 原则（图 2-1）。ALARP 是 As Low As

Reasonably Practicable 的缩写，即"风险合理可行原则"。理论上可以采取无限的措施来降低风险至无限低的水平。但无限的措施意味着无限多的花费。因此判断风险是否合理可接受也就是公众认为"不值得花费更多"来进一步降低风险。在 ALARP 区域采取措施将风险降低到尽可能低。

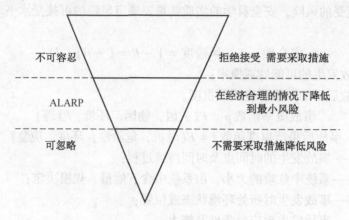

图 2-1　ALARP 原则及框架图

ALARP 原则将风险划分为 3 个等级：

（1）不可接受风险：如果风险值超过允许上限，限特殊情况外，该风险无论如何不能被接受。

（2）可接受风险：如果风险值低于允许下限，该风险可以接受。无须采取安全改进措施。

（3）ALARP 区风险：风险值在允许上限和允许下限之间。应采取切实可行的措施，使风险水平"尽可能低"。

2）个人风险可接受水平

对各类活动的死亡风险的统计，可以作为确定个体可接受风险的基础和依据。荷兰水防治技术咨询委员会（TAW）根据个体对参与各种活动的意愿程度，通过对事故伤亡人数和原因的统计数据得出的可接受个人风险的确定方式，公式如下：

$$IR \leq \beta_i \times 10^{-4} \tag{2-4}$$

式中　　i——所针对的相关行业、部门或者场景；

　　　10^{-4}——人员死于一次偶然事故的正常风险；

　　　IR——可接受的个人风险值；

　　　β_i——针对某一行业、部门或者场景的意愿因子。

意愿因子随着自愿度的不同而改变，取值从 100（完全自愿的选择）到 0.01（强加的同时没有任何利益的风险）。由于不同地域经济和社会发展水平的不同，在面对相同的风险时，个人对其可接受水平不同。我们认为风险可接受水平与经济和社会的发展程度成正相关。经济和社会发展水平越高，个人对非自愿风险的可接受程度越低，而对偏好行为造成风险的可接受越高。目前普遍采用的意愿因子 β_i 的取值见表 2-1。

表 2-1 意愿因子、自愿度与收益的关系

β_i	自愿度	收益
100	完全自愿	直接收益
10	自愿	直接收益
1	中立	直接收益
0.1	非自愿	间接收益
0.01	非自愿	无收益

安全科学研究对象分解为：安全主体、安全客体、风险管控，分别对应安全管理的目标管理、要素管理、过程管理。安全主体是系统控制者，由它来控制目标确立、组织架构、资源配置；安全客体即安全系统，含：要素、要素体系、要素间关联关系；风险管控即危险源辨识评价、监控预警、应急救援。概括地讲，一而三，三而九。

2. 性质与特点

1) 安全科学的性质

人类的安全技术可以追溯数百年的发展史，产业领域的安全工程也有近百年历史，但是，安全科学概念的提出与诞生还不到 30 年。因此，安全科学的定义和概念还在形成和完善过程中，目前还未有普遍统一的定义。

1985 年德国学者库尔曼撰写了人类有史以来的第一本安全科学专著，称为《安全科学导论》(Introduction to Safety Scince)。他对安全科学做出了这样的阐述："安全科学的主要目的是保持所使用的技术危害作用限制在允许的范围内。为实现这个目标，安全科学的特定功能是获取及总结有关知识，并将有关发现和获得的知识引入到安全工程中来。这些知识包括应用技术系统的安全状况和安全设计，以及预防技术系统内固有危险的各种可能性"。

比利时 J. 格森教授对安全科学做了这样的定义："安全科学研究人、技术和环境之间的关系，以建立这三者的平衡共生态 (equilibrated sysbiosis) 为目的"。

《中国安全科学学报》杂志主编刘潜把安全科学定义为："安全科学是专门研究人们在生产及其活动中的身心安全（含健康、舒适、愉快乃至享受），以达到保护劳动者及其活动能力，保障其活动效率的跨门类、综合性的横断科学"。

还有的学者认为："研究生产中人—机—环境系统，实现本质安全化及进行随机安全控制的技术和管理方法的工程学称之为安全科学"。

我们将安全科学定义为：安全科学是研究安全与风险矛盾变化规律的科学。

其中包括：①研究人类生产与生活活动安全本质规律；②揭示安全系统涉及的人—机—环境—管理相互作用对事故风险的影响特性；③研究预测、预警、消除或控制安全与风险影响因素的转化方法和条件；④建立科学的安全思维和知识体系以实现系统风险的可接受和安全系统的最优状态。

从以上不同的定义可以看出，对安全科学理解和定义是一个不断发展的过程，随着人

们对安全需求的提高和对安全本质认识的清晰，以及安全理论的不断完善和充实，人们将会对科学的内涵和外延逐步形成一致的认识。

基于目前的认知水平，可以将安全科学基本性质与特点归纳如下：

（1）安全科学要揭示和实现本质安全，即安全科学追求从本质上达到事物或系统的安全最适化。现代的安全科学要区别于传统的安全学问，其特点在于：变局部分散为整体、综合；变事后归纳整理为事前演绎预测；变被动静态受制为主动动态控制。总之，安全科学必须适应人类技术发展和生产生活方式的发展要求，提高人类安全生存的能力和水平。

（2）安全科学要体现理论性、科学性和系统性。安全科学不是简单的经验总结或建立在事故教训基础上的科学，它要具有科学的理性，强调本质安全，突出预防重点，因此，基于安全科学原理提出的理论和方法技术，具有科学性、系统性。

（3）安全科学研究的对象具有复杂性与全面性。安全科学研究主要对象是来自于自然、技术和社会的风险，而风险的影响因素或变量涉及人因、物因、环境因素和管理因素等，因此，安全科学需要对多种因素进行全面性与全过程的系统研究。

（4）安全科学具有交叉性和综合性。由于安全科学研究对象的复杂性，安全科学具有自然属性、社会属性交叉的特点，使得安全科学必须建立在自然科学与社会科学基础上发展。安全科学涉及技术科学、工程科学、人体生理学等自然科学，还涉及管理学、心理学、行为学、法学、教育学等社会科学，因此，具有交叉科学和综合科学的特点。

（5）安全科学的研究目标是针对来自于自然技术或社会风险的各类事故灾难。具体地说就是通过安全科学理论的进步和安全技术的发展，人类能够提高对各类事故灾难的预防、控制或消除的能力和水平。

（6）安全科学的目的具有广泛性。安全科学的目的首先是人的生命安全与健康保障，同时，通过事故灾难的防范，能够有效地减轻事故灾难的经济损失，保障财产安全，甚至实现社会经济持续发展的社会的安定和谐。

2）安全科学的特点

（1）安全科学是交叉科学。科学是根据科学对象所具有的特殊矛盾进行区分的，在社会发展中，人类遇到诸如人口、食物、能源、生态环境、健康等安全问题，紧靠一门学科或一大类学科是不能有效解决的，唯有交叉学科最有可能解决。交叉学科的功能是把科学对象连接为复杂系统的纽带，或者说交叉科学的存在是科学对象成为一个完整系统的必要条件，交叉科学形成的机制，是科学对象发展的产物。科学对象的特殊性是科学存在的基础，科学对象规律性研究、综合理论体系的形成是科学形成的必要条件。然而，很多"交叉学科"在孕育期间因其交叉性或综合理论体系尚不完善，长期在我国科研和教学体制中找不到学科位置，得不到制度和体制上的鼓励和保障，该局面正面反映了安全科学的现状。安全科学是自然科学、社会科学和技术科学的交叉。交叉科学的理论内容有一个发展过程，即由理论的综合逐渐转化形成本门学科的综合性理论，进而安全科学将由交叉科学转化为横向科学。

（2）安全科学与其他学科的交叉关系。在现代科学整体化、综合化的大背景下，已有学科在渗透、整合的基础上形成边缘学科、交叉学科，这是新学科创立的基本方式之一。

安全科学作为一个交叉学科门类，同数学、自然科学、系统科学、哲学、社会科学、思维科学等几个科学部类都有密切的关系（图2-2）。安全科学只有积极、主动地引进、吸纳其他学科的理论、方法，加强学科之间的交叉整合，才能真正成为科学知识体系，在科学知识体系整体化的历史进程中发挥应有的作用。

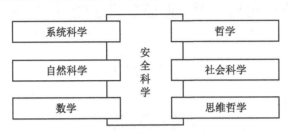

图2-2　安全科学的交叉分科

由于安全问题非常复杂，涉及面广，严格来说几乎与所有的学科有关，必须对人的因素、物的因素（包括环境）、意外的自然因素进行综合系统分析，研究事故和灾害规律，以建立正确科学的理论，从而寻求解决的对策和方法。因此，对安全的认识必须是动态的而不是静止的。安全科学是自然科学和社会科学交叉协同的一门新兴科学，具有跨行业、跨学科、交叉性、横断性等特点。科学技术的发展和实践表明，安全问题不仅涉及人的因素，还涉及物（设备、工具等）、技术、环境等，是人为与自然、天灾与人祸的复合现象，因此，需要自然科学与社会科学交叉结合才能解决。安全科学的知识体系涉及和包括5个方面：①与环境、物有关的物理学、数学、化学、生物学、机械学、电子学、经济学、法学、管理学等；②与安全基本目标与基本背景有关的经济学、政治学、法学、管理学以及有关国家方针政策等；③与人有关的生理学、心理学、社会学、文化学、管理学、教育学；④与安全观念有关的哲学及系统科学；⑤基本工具，包括应用数学、统计学、计算机科学技术等。

除此之外，安全科学知识还要与相关行业、领域的背景（生产）知识结合起来，才能达到保障安全、促进经济发展的目的。如搞矿山行（企）业安全的人除具备一般安全科学的知识外，还要具备采矿学的有关知识；搞化工、爆破行（企）业安全的人除具备一般安全科学的知识外，还要具备化工和爆破的有关知识等。就目前认识的知识而言，与安全科学关联程度较大的有：自然科学、工程技术科学、管理科学、环境科学、经济科学、社会学、医科学、法学、教育学、生物学等，一般来说，安全科学仍以工业事故、职业灾害和技术负效应等为主要研究对象，两者之间存在交叉。基于以上知识，安全科学与其他相关学科的关系如图2-3所示。

安全科学研究的上层是系统科学和哲学（马克思主义哲学、科学哲学），它们不仅为自然科学而且也为社会科学提供了思想方法论和相关认识的认识论基础；第二层是相互交错的相关的自然科学、管理科学、环境科学、工程技术科学等，它们构成了安全科学可利用和发展的基础；基于第二层之下的是人类社会生存、生活、生产领域普遍涉及和需求的且有共性指导意义的科学，其理论和技术均有较强的可操作性，而且根据需要可充分利用

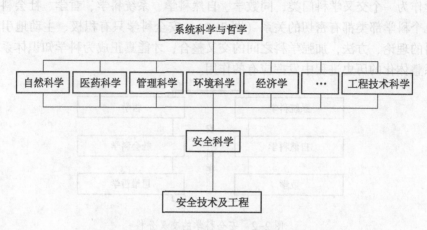

图2-3 安全科学与其他相关科学的关系

其下各学科对人类社会活动的规律性总结，发展自己理论基础和工程技术。值得注意的是，随着安全科学与灾害学、环境科学的渗透和交叉，安全、减灾、环保三学科交叉融合趋势加强，大安全观开始萌芽。

3. 任务和目标

安全科学的基本任务与目的与国家制定的有关安全法律法规是一致的、协同的。我国的《安全生产法》确定的安全生产目的的宗旨是：保护人民生命安全，保护国家财产安全，促进社会经济发展。安全科学的任务与目的可以概括为：人的生命安全、人的身心健康、经济财产安全、环境安全、社会稳定等方面。

1）生命安全

生命是智慧、力量和情感的唯一载体；生命是实现理想、创造幸福的基本和基石；生命是民族复兴和创建和谐社会的源泉和资本。没有生命就没有一切。从社会经济发展的角度，人是生产力和社会中最宝贵、最活跃的因素，以人为本、人的生命安全第一，就是人民幸福的根本要求。因此生命安全保障是安全科学的第一要务。

据国际劳工组织报告，世界范围内的工矿企业，每年发生各种工业事故5000万起，造成200多万人丧生；世界卫生组织的统计报告，2011年道路交通事故死亡近130万人。加上各种海难、空难、火灾、刑事案件等各类安全事故，每年有近400万人死于意外伤害，每年发生事故2.5亿起，每天68.5万起，每小时2.8万起，每分钟476起；每天近万人死于非命，相当于全球10个最大的城市的人口总和。这样的数量相当于世界大战，事故可谓无形的战争。

我国的事故状态并不乐观，以2011年的数据指标为例：各类安全事故死亡人数高达10万人，全国亿元GDP事故死亡率0.173、道路交通万车死亡率2.8、煤炭百万吨死亡率0.56、特种设备万台死亡率是0.595、百万吨钢死亡率为0.31，与发达国家相比有数倍的差距。在我国各行业的事故死亡人数比例中，交通事故第一位、铁路事故第二位、煤矿事故第三位、建筑类事故第四位。可以看出，这些行业是我国经济总量较大、发展速度最快的行业。

我国安全生产事故和生产安全事故总体形势严峻，重特大事故造成严重社会危害；高危行业及安全生产问题突出。首先，我国安全生产的基础较为薄弱，一是高危产业占经济总量比例较高，第二产业占 53%，建筑、矿业、石油化工、交通运输等高危险行业占到 40% 以上，并处高增长率水平；二是高危行业从业人员安全素质还有待提高，现今中国进城的农民工达 3 亿人，其中建筑业占 79.8%，矿业占 52.5%；三是我国安全生产法的实施较发达国家晚 30 年，美国、日本、英国等发达国家 20 世纪 70 年代初期颁布职业安全健康法，我国 2002 年颁布安全生产法；四是每年安全生产投入不到 GDP 的 2%，而发达国家高达 3% 以上；四是安全生产领域科技投入水平较低，仅是美国的 1/200；五是全国重大安全隐患数千处，重大危险源数近百万。

生命安全的最基本内涵是不死不伤。因此，生命安全还涉及伤害、伤残的问题。统计表明，事故灾难的死伤比为 1:4。在这一层面，每年全球职业事故造成上千万人受伤致残，道路交通事故每年的伤害人数高达 5000 万。意味着事故灾难每一秒 160 人伤残，4000 人需治疗。

因此，建立和发展安全科学，提高和改善人类安全保障能力和事故灾难的防范水平，对减少事故死亡率，对人类生命安全具有重要意义和价值。

2）身心健康

安全科学的第二任务或目标就是人的身心健康保障（physical and nellectual integrity）。世界卫生组织对健康的定义是：身体、心理及对社会适应的良好状态。显然，事故灾难的发生除了"要命"，还对人的身心状态产生巨大的伤害。首先可能是对个体自身的生命、健康造成直接危害，从而对自己的身心产生伤害；另外，可能是对家人、亲人、朋友、同事，甚或其他不认识人的生命、健康造成伤害，从而间接对自己的身心产生伤害。无论何种状态，都对世界卫生组织定义的人的身体健康和心理健康标准产生了冲击和伤害。

世界卫生组织确定的身体健康 10 项标志是：

（1）有充沛的精力，能从容不迫地担负日常的繁重工作。

（2）处事乐观，态度积极，勇于承担责任，不挑剔所要做的事。

（3）善于休息，睡眠良好。

（4）身体应变能力强，能适应外界环境变化。

（5）能抵抗一般性感冒和传染病。

（6）体重适当，身体匀称，站立时头、肩、臂位置协调。

（7）眼睛明亮，反应敏捷，眼和眼睑不发炎。

（8）牙齿清洁，无龋齿，不疼痛，牙龈颜色正常且无出血现象。

（9）头发有光泽，无头屑。

（10）肌肉丰满，皮肤富有弹性。

世界卫生组织确定心理健康的 6 项标志：

（1）有良好的自我意识，能做到自知自觉，既对自己的优点和长处感到欣慰，保持自尊、自信，又不因自己的缺点感到沮丧。

（2）坦然面对现实，既有高于现实的理想，又能正确对待生活中的缺陷和挫折，做到

"胜不骄，败不馁"。

（3）保持正常的人际关系，能承认别人，限制自己，能接纳别人，包括别人的短处。在与人相处中，尊重多于嫉妒，信任多于怀疑，喜爱多于憎恶。

（4）有较强的情绪控制力，能保持情绪稳定与心理平衡，对外界的刺激反应适度，行为协调。

（5）处事乐观，满怀希望，始终保持一种积极向上的进取态度。

（6）珍惜生命，热爱生活，有经久一致的人生哲学。健康的成长有一种一致的定向，为一定的目的而生活，有一种主要的愿望。

显然，事故灾难会对上述身心健康标准产生威胁和影响。

在安全生产领域，身心健康也称职业健康。职业健康的保障是安全工程师的重要职务和职责之一。

在世界范围内，全球的就业人员有35%遭受职业危害，对其职业健康产生影响，从而造成职业病。

我国职业危害也十分严重。接触粉尘、毒物和噪声等职业危害的员工在2500万人以上。最新的统计表明，自2000年以来，我国职业病报告病例总体呈上升趋势。由于职业病具有迟发性和隐匿性等特点，我国职业病在今后一段时间内仍呈现高发态势。

近几年，贵州、甘肃、江西、辽宁、安徽等地发生多起尘肺病群发事件。尘肺病等职业病一旦患病，很难治愈，严重威胁劳动者身体健康乃至生命安全。同时，职业病给这些患者家庭带来了沉重的经济负担，造成严重的社会问题。我国产业领域，伴随着新技术、新工艺、新材料的应用，新的职业病危害也在不断出现。职业病危害广泛分布在矿山、冶金、建材、有色金属、机械、化工、电子等多个行业。职业病危害超标现象非常普遍和严重，特别是石英砂加工企业和石棉矿山企业、金矿企业粉尘超标严重；木质家具企业也存在化学毒物严重超标的现象。

针对职业健康问题，我国制定了《国家职业病防治规划（2009—2015年）》以完善监管法规标准、职业病危害治理为重点，以机构队伍建设、技术支撑体系建设、专家队伍建设为基础，以宣传培训、三同时管理、许可证管理、服务机构监管、职业危害申报、监督执法工作为抓手，全面加强监督管理工作，落实用人单位职业卫生主体责任，预防、控制、消除职业病危害从而减少职业病，维护劳动者健康权益。

3）财产安全

安全科学的第三个任务和目标就是经济财产安全。安全问题导致的事故灾难对国家、企业、家庭都会产生巨大的财产损失的影响。据联合国统计，世界各国每年要花费国民经济总产值的6%来弥补由于不安全所造成的经济损失。一些研究也表明，事故对生产企业带来的损失可占企业生产利润的10%，而安全投入的经济贡献率可达5%。这些数据说明安全的作用包括直接的和间接的两个方面。

（1）直接的财产安全影响。美国劳工调查署（BLS）对美国每年的事故经济损失进行统计研究，其结果占GDP比例的1.9%，1992年总数高达1739亿美元。研究还表明：事故损失总量随着经济的发展呈现出不断上升的趋势。根据英国国家安全委员会（HSE）研究资料，一些国家的事故损失占GDP的比例见表2-2。

表2-2　职业事故和职业病损失占 GDP 比例对比

国家	基准年	事故损失占 GDP 比例
英国	1995/1996	1.2~1.4
丹麦	1992	2.7
芬兰	1992	3.6
挪威	1990	5.6~6.2
瑞典	1990	5.1
澳大利亚	1992—1993	3.9
荷兰	1995	2.6

从表2-2中可以看出，事故造成的经济损失是巨大的，事故对社会经济的发展影响是比较大的。因此，重视安全生产工作，加大安全生产投入与促进国民经济持续、健康、快速发展和坚持以经济建设为中心是完全一致的。

国际劳工组织局长胡安·索马维亚指出，人类应加强对工伤和职业病的关注，目前工伤事故和职业病给世界经济造成的损失已相当于目前所有发展中国家接受的官方经济援助的20倍以上，这将造成世界 GDP 减少4%。

在我国，根据国家安全生产监督管理总局组织鉴定的科研课题《安全生产与经济发展关系研究》的调查研究表明：我国20世纪90年代平均直接损失（考虑职业病损失）占 GDP 比例为1.01%；平均年直接损失为583亿元，并且按研究比例规律，我国2001年事故经济损失高达950亿元，接近1000亿元；如果考虑间接损失，基于事故损失直间比系数为1：2~1：10，取其下四分位数为直间比系数1：4，可推测，20世纪90年代年平均事故损失总值为2500亿元。若采取美国1992年事故损失直间比数据，即1：3，我国事故损失总值为1800亿元。根据对我国企业进行的抽样调查获得的数据统计，我国企业的事故损失倍比系数在1：1~1：25的范围，数据离散较大，但大多数在1：2~1：3之间，取其中值，即1：2.5，则我国20世纪90年代事故损失总量约为1500亿元，而按我国2002年的经济规模推算，则每年的事故经济损失高达2500亿元。

（2）间接的经济安全作用。间接的经济安全作用主要是通过安全对社会经济的贡献或增值作用来体现的。

发展安全科学，提高安全保障能力，能够促进和保障社会经济，这已获得社会普遍的认同。这种增值的或称为正面的经济安全作用和影响是如何形成的呢？

安全对社会经济的影响，不仅表现在减少事故造成的经济损失方面，同时，安全对经济具有"贡献率"，安全也是生产力。因此，重视安全生产工作，加大安全生产投入对促进国民经济持续、健康、快速发展和坚持以经济建设为中心是完全一致的。

安全的生产力作用和经济增值作用主要是通过对生产力要素的影响和作用产生的。首先，安全能够保护人，劳动者是第一生产力要素，有安全的作用；第二是对生产资料的安全保护，生产资料也是生产力；第三是管理的作用，安全管理是企业生产经营管理的组成部分。因此，生产力要素创造的价值有安全的贡献率。

我国在 21 世纪初国家组织的《安全生产与经济发展关系研究》课题研究结果表明，针对我国 20 世纪 80 年代和 90 年代安全生产领域的基本经济背景数据，应用宏观安全经济贡献率的计算模型，即"增长速度叠加法"和"生产函数法"，经过理论的研究分析和数据的实证研究，获得安全生产对社会经济（国内生产总值 GDP）的综合（平均）贡献率是 2.40%，安全生产的投入产出比高达 1：5.8。因此，从社会经济发展的角度，在生产安全上加大投入，对于国家、社会和企业无论是社会效益还是经济效益都具有现实的意义和价值。现实中，由于不同行业的生产作业危险性不同，其安全生产所发挥的作用也不同，因此，对于不同危险性行业的安全生产经济贡献率也不一样。因此，分析推断出不同危险性行业安全生产经济贡献率为：高危险性行业，约 7%，甚至高达 10% 以上；一般危险性行业，约 2.5%；低危险性行业，约 1.5%。

众所周知，事故发生的时候生产力水平会下降。研究其原因，可能是由于损坏了机器设备和工具；或损失了材料和产品；或由于长久地或者暂时地失去了雇员，以及由于更换人员造成的损失。但是更加具体的、不容易被注意到的原因是事故和疾病对人力资源的精神和士气所造成的损失。在做出恢复生产的安排之前，生产操作可能处于停滞状态；由于照顾受伤者，其他的雇员将花费时间；由于事故的发生，许多其他雇员会吃惊、好奇、同情等，这样也可能损失很多时间；由于事故发生，工人的生产积极性和生产情绪会受到极不好的影响，并会很明显地影响工人的生产进度；企业本来监管日常行政工作的重点会转移到对事故的调查、报告、赔偿以及替换和培训受伤人员等方面，对正常的管理效率造成负面影响；雇员士气受到的影响，同样会影响到生产或者服务的质量。此外，企业还可能很难及时寻找到合适的替换工人。概括地说，一旦危险的工作条件影响到了工人的操作会造成时间上的浪费和长时间的无效劳动。

从另一个角度来说，假如企业在一个项目（工程）的初期进行了一定的安全投入（具体投入数量视具体项目、工程而定），毫无疑问，事故率会大幅度减少，因为事故造成的直接损失和间接损失就可以大幅度的减少。不仅如此，由于企业长期不发生事故（事故率很少），生产工人没有心理的压力，可以全身心地投入到工作中，生产能够满负荷地运转，生产力水平能维持在一个较高的水平，另外，由于投入到项目或工程中的一部分经费被用作对安全管理员、对生产工人岗位安全知识的培训，被用来进行经常性地安全检查，企业整体的安全管理水平得以提高，安全意识得到加强，作为影响生产力水平的重要因素人力资源的质量得到提高，大大提高了生产水平。从更深的角度讲，由于对生产车间的劳动卫生进行治理，减少对外的排污（降低污染物浓度，使污染物排放合格），企业及其周围的大环境质量得到改善，于国家或企业而言都是一种效益，它大大节约了国家或企业用来治理环境的费用。并且，较长时间不发生事故的企业，其良好的安全信誉构成了一项宝贵的无形资产，企业商誉价值提高，这都能给企业带来实在的效益。

因此，发展安全科学，提高全社会的生产安全保障水平，对降低事故经济损失影响，具有直接的财产安全作用和意义，同时，安全对经济还具有贡献率和增值的作用。

4）社会安全稳定

社会安全稳定的任务和目标是安全社会价值的体现。安全以保护人的生命安全和健康为基本目标，是"科学发展"的内涵，是"和谐社会"的要求，是"以人为本"的内涵，是社会文明与进步的重要标志。安全生产作为保护和发展社会生产力、促进社会和经济持续健康发展的基本条件，关系到国民经济健康、持续、快速的发展，是生产经营单位实现经济效益的前提和保障，是从业人员最大的福利，是人民生活质量的体现。因此，安全科学的发展关系到社会稳定，关系到国家富强、人民安康，关系到"中国梦"的最终实现。

安全科学的社会安全稳定的任务和目标具体体现在以下方面：

（1）安全是"以人为本"的具体体现。以人为本就是要把保障人民生命安全、维护广大人民群众的根本利益作为出发点和落脚点，只有保证人的安全健康，中国人的"中国梦""幸福梦"才能实现。人民群众是构建社会主义和谐社会的根本力量，也是和谐社会的真正主人。安全是经济持续、稳定、快速、健康发展的根本保证，是社会主义发展生产力的最根本的要求，也是维护社会稳定的重要前提。"以人为本"是和谐社会的基本要义，是党的根本宗旨和执政理念的集中体现，是科学发展观的核心，也是和谐社会建设的主线，而安全就是人的全面发展的一个重要方面。

安全体现"以人为本"，一方面是强调安全的根本性目的是保护人的生命健康和财产安全，实现人对幸福生活的追求；另一方面是要靠人的能动性，充分发挥人的积极性与创造性，实现安全生产和公共安全。安全事关最广大人民的根本利益，事关改革发展和稳定大局，体现了政府的执政理念，反映了科学发展观以人为本的本质特征。以人为本，首先要以人的生命为本，只有从根本上提高全社会的安全保障水平，改善安全状况，大幅度减少各类事故灾难对社会造成的创伤和振荡，国家才能富强安宁，百姓才能安康幸福，社会才能和谐安定。

（2）安全发展是"科学发展"的基本要求。科学发展的定义包含节约发展、清洁发展和安全发展。安全发展是科学发展的必然要求，没有安全发展，就没有科学发展。

国家执政党把安全发展作为重要的指导原则之一写进党的重要文献中，这是党和国家与时俱进，对科学发展观思想内涵的丰富和发展，充分体现了党对发展规律认识的进一步深化，是在发展指导思想上的又一个重大转变，体现了以人为本的执政理念和"三个代表"重要思想的本质要求。

（3）安全是构建"和谐社会"的重要保障。构建和谐社会必须解决安全生产和公共安全问题，这是现代社会最为关心的问题。如果人的生命健康得不到保障，一旦发生事故，势必造成人员伤亡、财产损失和家庭不幸，因此，切实搞好安全生产工作和解决好公共安全问题，人民的生命财产安全得到有效保障，国家才能富强永固，社会才能进步和谐，人民才能平安幸福。

①安全是人类的基本需求。马斯洛的需求层次论指出，人类的需求是以层次的形式出现的，由低级的需求向上发展到高级的需求。人类的需求分5个层次，即：生理的需求、安定和安全的需求、社交和爱情的需求、自尊和受人尊重的需求、自我实现的需求。由此可见，安全的需求仅次于生理需求，是人类的基本需求。

②安全反映和谐社会的内在要求。构建和谐社会是党从全面建设小康社会、开创中国色社会主义事业新局面的大局出发而做出的一项重大决策和根本任务，代表着最广大人民群众的根本利益和共同愿望。小康社会是生产发展、生活富裕的社会，是劳动者生命安全能够切实得到保护的社会，理所当然地必须坚持以人为本，以人的生命为本。安全生产的最终目的是保护人的生命安全与健康，体现了以人为本的思想和理念，是构建社会主义和谐社会的必然选择。

③安全是保持社会稳定发展的重要条件，也是党和国家的一项重要政策。党和国家领导人对关于安全生产工作的重要批示和国务院有关文件及电视电话会议，都把安全生产提高到"讲政治，保稳定，促发展"高度。安全生产关系到国家和人民生命财产安全，关系到人民群众的切身利益，关系到千家万户的家庭幸福，一旦发生事故，不仅正常的生产秩序被打乱，严重的还要停产，而且会造成人心不稳，生产积极性受到严重打击，生产效率下降，直接影响经济效益。每一次重大事故的发生，都会在社会上造成重大的负面影响，甚至影响社会稳定。所以，安全生产是社会保持稳定发展的重要条件。

（4）安全是实现全面建成"小康社会"的必然要求。人民是全面建设小康社会的主体，也是享受全面建成小康社会的主体。安全是人的第一需求，也是全面建设小康社会的首要条件。没有安全的小康，不能称作是小康；离开人民生命财产的安全，就谈不上全面的小康社会。不难设想，一个事故高发、人民群众终日处在各类事故的威胁中、老百姓没有安全感的社会，绝不是人们期望的小康社会。党和国家对人民的生命财产安全一向高度重视。因此，全面建设小康社会的十六大报告将安全生产作为重要内容写入这份纲领性文献中，并提出了新的更高要求。报告对各项工作提出了明确而严格的要求，把安全生产摆到了重中之重的位置。

"全面建设小康社会"这一远大而现实的目标，不应仅仅反映在经济和消费指标上，它的"全面"的内涵还应该包括社会协调安定、人民生活安康、企业生产安全等反映社会协调稳定、家庭生活质量保障、人民生命安全健康等指标上。因此，公共安全、生产安全、消防安全、食品安全、交通安全、家庭生活安全等"大安全"指标体系已纳入"全面建设小康社会"的重要目标内容，纳入国家社会经济发展的总体规划和目标系统中。

4. 基本范畴

安全科学的范畴经历了从"小安全"到"大安全"的转变。所谓"小安全"，一是安全目标小，比如仅仅是生命安全；二是领域小，比如仅涉及劳动保护、安全生产；三是专业适用范围小，比如仅仅适用生产安全或生产企业；四是研究对象小，比如仅仅针对事故灾难。进入 21 世纪后，安全科学的范畴有扩大的趋势。主要体现在：目标从生命安全扩大到身心安全、健康保障、财产安全等；领域从劳动保护扩大到公共安全、生活安全等；适用范围从生产企业到公共社区、社会治安等；研究对象从事故灾难到自然灾难、突发社会事件、公共卫生等。

但是，目前对安全科学的研究范畴并没有一致认识，这是一门新兴学科发展过程中的必然现象。作为一名安全工程的学生，所要把握的是安全科学范畴的主体和主流。

1）工业安全范畴

（1）工业安全的发展。第一次工业革命时代，蒸汽机技术直接使人类经济从农业经济进入工业经济，人类从家庭生产进入工厂化、跨家庭的生产方式。机器代替手工工具，原动力变为蒸汽机，人被动地适应机器的节拍进行操作，大量暴露的传动零件使劳动者在使用机器过程中受到危害的可能性大大增加。

当工业生产从蒸汽机进入电气、电子时代，以制造业为主的工业出现标准化、社会化以及跨地区的生产特点，生产更细的分工使专业化程度提高，形成了分属不同产业部门的相对稳定的生产结构系统。生产系统的高效率、高质量和低成本的目标，对机械生产设备的专用性和可靠性提出了更高的要求，从而形成了从属于生产系统并为其服务的机械系统安全。机械安全问题突破了生产领域的界限，机械使用领域不断扩大，融入人们生产、生活的各个角落，机械设备的复杂程度增加，出现了光机电液一体化，这就要求解决机械安全问题需要在更大范围、更高层次上进行，从"被动防御"转为"主动保障"，将安全工作前移。对机械全面进行安全系统的工程设计包括从设计源头按安全人机工程学要求对机械进行安全评价，围绕机械制造工艺过程进行安全、技术和经济评价。

20世纪中叶，随着控制理论、控制技术的飞速发展，自动化生产、流水线作业、无人生产等自动智能生产方式逐步取代了传统工业生产中的人的操作。这一方面极大地减少了工人的劳动强度，另一方面大大提高了工业企业的生产效率。在获得这些高效率的同时，一些安全隐患与事故也逐步显现出来。例如生产线设备故障、控制及操纵故障、现场总线故障等，这些故障一旦发生，将会极大地影响企业的生产效率，严重情况下还会影响企业工人以及周围群众的生命财产安全。基于工业过程安全控制的安全生产自动化技术，如安全检测与监控系统、安全控制系统、安全总线、分布式操作等技术的应用，可为生产过程提供进一步的安全保障。

以工业以太网和国际互联网为代表的数字化网络化技术，把人类直接带进知识经济与信息时代。由于工业网络的复杂性和广泛性，工业网络的不安全因素也很复杂，有来自系统以外的自然界和人为的破坏与攻击；也有由系统本身的脆弱性所造成的。在安全方面的主要需求是基于软件和硬件两个方面，即网络中设备的安全和网络中信息的安全，解决安全问题的手段出现综合化的特点。

（2）现代工业安全事故类型。安全生产事故是企业事故的一种，是指生产过程中发生的，由于客观因素的影响，造成人员伤亡、财产损失或其他损失的意外事件。一般的定义是：个人或集体在为实现某一意图或目的而采取行动的过程中，突然发生了与人的意志相反的情况，迫使人们的行动暂时或永久地停止的事件。

通常，事故最常见的分类形式为伤亡事故和一般事故，或称为无伤害事故。伤亡事故是指一次事故中，人受到伤害的事故；无伤害事故是指一次事故中，人没有受到伤害的事故。伤亡事故和无伤害事故是有一定的比例关系和规律的。为了消除伤亡事故，必须首先消除无伤害事故。无伤害事故不存在，则伤亡事故也就杜绝了。另外，在现代工业中，生产安全事故也可以从以下几个角度分类：

①按人和物的伤害与损失情况可分为伤害事故、设备事故、未遂事故3种。伤亡事故指人们在生产活动中，接触了与周围环境条件有关的外来能量，致使人体机能部分或全部丧失的不幸事件；设备事故是指人们在生产活动中，物质、财产受到破坏、遭到损失的事

故，如建筑物倒塌、机器设备损坏及原材料、产品、燃料、能源的损失等；未遂事故是指事故发生后，人和物没有受到伤害和直接损失，但影响正常生产进行，未遂事故也叫险肇事故，这种事故往往容易被人们忽视。

②按照事故发生的领域或行业可以将事故分为 9 类，即工矿企业事故、火灾事故、道路交通事故、铁路运输事故、水上交通事故、航空飞行事故、农业机械事故、渔业船舶事故及其他事故。

③按照事故伤亡人数分为：特别重大事故、重大事故、较大事故、一般伤亡事故 4 个级别。

④按照事故经济损失程度分为：特别重大经济损失事故、重大经济损失事故、较大经济损失事故、一般事故 4 个级别。

⑤根据事故致因原理，将事故原因分为 3 类，即人为原因、物及技术原因、管理原因。人为原因是指由于人的不安全行为导致事故发生；物及技术原因是指由于物及技术因素导致事故发生；管理原因是指由于违反安全生产规章、管理工作不到位而导致事故发生。

（3）工业生产安全的主要内容。工业生产安全的主要内容包括：机械安全，包括机械制造加工、机械设备运行、起重机械、物料搬运等安全；电气、用电安全；防火、防爆安全；防毒、防尘、防辐射、噪声等安全；个人安全防护、急救处理、高空作业、密闭环境作业、防盗装置等专项安全工程；交通安全、消防安全、矿山安全、建筑安全、核工业安全、化工安全等行业安全。这些内容综合了矿山、地质、石油、化工、电力、建筑、交通、机械、电子、冶金、有色、航天、航空、纺织、核工业、食品加工等产业或行业。可以看出，工业生产安全涉及的内容和领域是非常广泛的。

2）公共安全范畴

近年来，我国公共安全面临的严峻形势越来越凸显，进入公共安全事件高发期。据估算，我国每年因自然灾害、事故灾难、公共卫生和社会安全等突发公共安全事件造成的非正常死亡人数超过 20 万，伤残人数超过 200 万；经济损失年均近 9000 亿元，相当于 GDP 的 3.5%，远高于中等发达国家 1% ~ 2% 的同期水平。

不同领域对公共安全的界定不同，只有自然灾害是广泛被国内外认为属于公共安全范畴之内的，其次是事故灾难与社会安全，而国内较普遍认可的是突发事件安全、食品安全和公共卫生安全。一些学者研究中，将食品安全和药品安全都包含在社会安全类，国内较国外更关注食品安全。因此，我们归纳国内外普遍认可的公共安全范畴包括自然灾害、事故灾难、社会安全、突发事件安全和公共卫生安全。在我国 2007 年颁布的《中华人民共和国突发事件应对法》中，将食品安全包含在公共卫生安全类，将突发事件归于社会安全类，并明确规定：公共安全包括自然灾害、事故灾难、公共卫生、社会安全四大类，分别包含：

（1）自然灾害。自然灾害主要包括水旱灾害、气象灾害、地震灾害、地质灾害、海洋灾害、生物灾害和森林草原火灾等。

（2）事故灾难。事故灾难主要包括工矿商贸等企业的各类安全事故、交通运输事故、公共设施和设备事故、环境污染和生态破坏事件等。

（3）公共卫生事件。公共卫生事件主要包括传染病疫情、群体性不明原因疾病、食品安全和职业危害、动物疫情，以及其他严重影响公众健康和生命安全的事件。

（4）社会安全事件。社会安全事件主要包括恐怖袭击事件、经济安全事件和涉外突发事件等。

在可以预见的将来，我国的公共安全形势还有可能进一步严峻起来。未来我国公共安全问题的发展将呈现出以下几个趋势：

首先，非传统安全因素引发的公共安全问题不断增多。从亚洲金融危机到"9·11"恐怖袭击再到SARS，非传统安全给国家和人民带来广泛和深远的影响。非传统安全包括经济安全（金融安全）、公共卫生安全（流行疾病）、环境能源资源安全、食品安全、人口安全、文化安全、民族分裂主义和地区分离主义等方面。随着非传统安全因素的出现，由自然灾害、安全事故、群体性事件、犯罪、经济、资源、生态等引发的公共安全问题不断出现，如果不能有效地解决，将会威胁广大人民群众的生命安全，甚至危及国家安全，对稳定的社会秩序形成冲击。中国非传统安全形势严峻，"台独"势力的发展使我国卷入局部战争的危险不断增加；国内安全国际化和国际安全国内化趋势明显，加快参与经济全球化进程将使我国非传统安全问题更加严重，但非传统安全问题在我国安全战略中的位置难以上升。因此，我们有必要重视并加强对非传统安全领域的研究，探讨由非传统安全因素引发的公共安全问题的原因、特点和发生规律，建立危机预防机制、快速反应机制，有效应对和处理各种公共安全问题。

其次，群体性事件如聚众上访、游行示威等呈上升趋势。引发群体性事件的原因包括：①人口过剩，目前我国上亿的农村剩余劳动力在寻找出路，城市存在上千万的待业劳动力，这些都是诱发群体性事件的不稳定因素；②城市征地拆迁问题损害群众利益引发公共安全问题；③一些突发性治安灾害事故处理不当也容易引起群体性事件；④各种社会问题交织在一起，使引发事件的矛盾更加复杂尖锐；⑤在我们社会中，利益表达渠道不够畅通，人们无法通过正常渠道表达自己的意愿，而通过极端方式表达自己的意向，也容易造成群体性事件。由于这些引发群体性事件的因素在相当长的时间内都将存在，群体性事件也将在相当长的时期内存在并呈现以下特征：①事件规模日趋扩大，参与人员众多，事件的非理性因素增多，冲击性趋强，行为的危害程度加大，社会影响恶劣；②引发事件的原因复杂，解决难度大，反复性强；③事件发展的扩展性强，各种矛盾相互交错，具有很强的联动性和示范效应；④事件参与者组织化程度越来越明显，有逐渐向组织化群体发展的趋向。群体性事件是社会矛盾冲突的集中反映，给我们社会造成很大的危害。

公共安全问题具有跨国性。随着全球化的推进，国家与国家之间的联系不断增强，一个国家或地区发生的危机往往会波及其他国家或地区，公共安全问题也越来越具有跨国性的特征（近年来不断升级的恐怖主义）。当前，在全球化浪潮的推动下，不少国家国内的恐怖组织纷纷跨出国界向境外发展，而这些跨越国界的恐怖组织的发展又刺激着尚局限于一国国内的恐怖组织的扩张野心，借助于现代信息技术和网络技术，他们的扩张速度和广度甚至超过经济全球化进程，他们制造爆炸，劫持人质，破坏社会稳定，干扰经济建设，严重威胁着广大人民生命和财产安全。

对于安全工程专业学生，在公共安全领域要熟悉和掌握生产安全、消防安全、交通安全、工业安全等针对技术系统的安全科学理论和方法。

2.1.2 安全学科

我国有以下4种关于安全科学学科体系的表述：①基于人才教育的学科体系；②基于科学研究的学科体系；③基于系统科学原理的学科体系；④基于知识成果的学科体系。

1. 基于人才教育的学科体系

安全工程专业人才培养的安全科学学科体系，以高等教育人才培养学科目录为依据和标志。2011年，我国《学位授予和人才培养学科目录》将安全科学与工程（代码0837）列为一级学科。

构建高等人才教育的学科体系是以人才所需要的科学知识结构为依据的。安全科学是一门交叉性、横断性的学科。它不单纯涉及自然科学，还与社会科学密切相关，也是一门跨越多个学科的应用性学科。安全科学是在对多种不同性质学科理论兼容并蓄的基础上经过不断创新逐步发展起来的，是不同学科理论及方法系统集成的综合性学科。

安全科学以不同门类的学科为基础，经过几十年的发展，已经形成了自身的科学体系，有自成一体的概念、原理、方法和学科系统。安全科学的学科体系层次如图2-4所示。

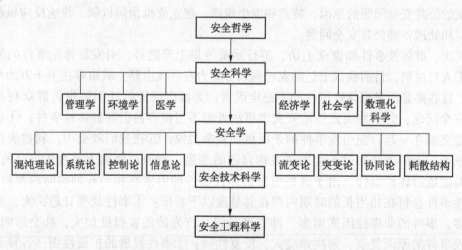

图2-4 安全科学的学科体系层次

安全科学人才教育知识体系结构如图2-5所示，表明安全科学知识体系是自然科学与社会科学交叉；安全科学知识体系涉及基础理论体系、应用理论技术、行业管理技术和行业生产技术。

人才教育的学科知识体系需要符合科学学的规律，为此，从科学学的学科原理出发，安全科学的学科体系结构见表2-3，从中同样反映出安全科学是一门综合性的交叉科学。从纵向，依据安全工程实践的专业技术分类，安全科学技术可分为安全物质学、安全社会学、安全系统学、安全人体学4个学科或专业分支方向；从横向，依据科学学的学科分层原理，安全科学技术分为哲学、基础科学、工程理论、工程技术4个层次。

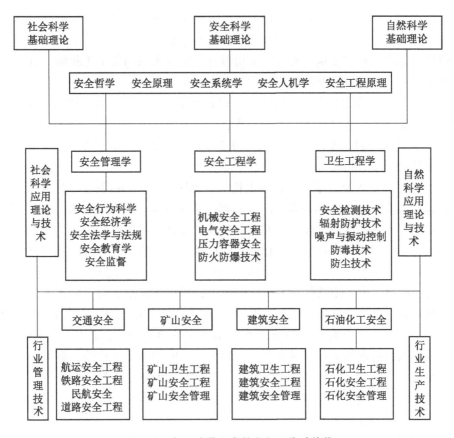

图 2-5　安全科学人才教育知识体系结构

表 2-3　安全科学的学科体系结构

哲学			基础科学	工程伦理		工程技术	
哲学	安全观	安全学	安全物质学 （物质科学类）	安全设备 工程学	安全设备机械工程学	安全设备 工程	安全设备机械工程
					安全设备卫生工程学		安全设备卫生工程
			安全社会学 （社会科学类）	安全社会 工程学	安全管理工程学	安全社会 工程	安全管理工程
					安全经济工程学		安全经济工程
					安全教育工程学		安全教育工程
					安全法学		安全法规
					等等		等等
			安全系统学 （系统科学类）	安全系统 工程学	安全运筹技术学	安全系统 工程	安全运筹技术
					安全信息技术论		安全信息技术
					安全控制技术论		安全控制技术
			安全人体学 （人体科学类）	安全人体 工程学	安全心理学	安全人体 工程	安全心理工程
					安全生理学		安全生理工程
					安全人-机工程学		安全人-机工程

我国20世纪80年代开始推进工业安全的高层次学历人才培训，为安全科学技术的发展、安全工程提供专业人才保证。至20世纪末期构建了安全工程类专业的博士、硕士和学士学位学科体系。对于安全工程本科学历教育，培训未来的安全工程师，其课程知识体系包括基础学科、专业基础学科和专业学科3个层次。

（1）基础学科。高等数学、高等物理、材料力学、电子电工学、机械制造、制图、计算机科学、外语、法学、管理学、系统工程、经济学等。

（2）专业基础学科。安全原理、安全科学导论、可靠性理论、安全系统工程、安全人机工程、爆炸物理学、失效分析、安全法学等。

（3）专业学科。安全技术、工业卫生技术、机械安全、焊接安全、起重安全、电器安全、压力容器安全、安全检测技术、防火防爆、通风防尘、通风与空调、工业防尘技术、工业噪声防治技术、工业防毒技术、安全卫生装置设计、环境保护、工业卫生与环保、安全仪表测试、劳动卫生与职业病学、瓦斯防治技术、火灾防治技术、矿井灭火、安全管理学、安全法规标准、安全评价与风险管理、安全行为科学（心理学）、安全经济学、安全文化学、安全监督监察、事故管理与统计分析、计算机在安全中的应用等。

安全科学是一个不断发展的学科，其培养的专业人才可适用于安全生产、公共安全、校园安全、防灾减灾等。对社会政府层面，能适应社会管理、行政管理、行业管理等方面；在行业层面，可满足矿业、建筑业、石油化工、电力、交通运输、有色、冶金、机械制造、航空航天、林业、农业等。因此，在人才培养知识体系为基础构建的安全学科体系指导下，教育培训的安全工程专业人才，能够适应工业安全与公共安全的各行业和领域。

2. 基于科学研究的学科体系

基于科学研究及学科建设的需要，国家1992年发布了国家标准《学科分类与代码》（GB/T 13745—1992），其中"安全科学技术"（代码620）被列为58个一级学科之一，下设安全科学技术基础、安全学、安全工程、职业卫生工程、安全管理工程5个二级学科和27个三级学科。2009年更新了新版本的国际《学科分类与代码》（GB/T 13745—2009），"安全科学技术"在所有66个一级学科中排名第33位。"安全科学技术"涉及自然科学和社会科学领域，有11个二级学科和50多个三级学科（表2-4）。

表2-4 《学科分类与代码》（GB/T 13745—2009）中关于"安全科学技术"的部分

代码	学科名称	备注
62010	安全科学技术基础学科	
6201005	安全哲学	
6201007	安全史	
6201009	安全科学学	
6201030	灾害学	包括灾害物理、灾害化学、灾害毒理等
6201035	安全学	代码原为62020
6201099	安全科学技术基础学科其他学科	

表2-4(续)

代码	学科名称	备注
62021	安全社会科学	
6202110	安全社会学	
	安全法学	见8203080,包括安全法规体系研究
6202120	安全经济学	代码原为6202050
6202130	安全管理学	代码原为6202060
6202140	安全教育学	代码原为6202070

3. 基于系统科学原理的学科体系

基于系统科学霍尔模型,安全科学的学科体系如图2-6所示,包括4M要素、3E对策、3P策略3个维度。4M要素揭示了事故致因的4个因素:人因(Men)、物因(Machine)、管理(Management)、环境(Medium);3E对策给出了预防事故的对策体系:工程技术(Engineering)、文化教育(Education)、制度管理(Enforcement);3P策略按照事件的时间序列指明了安全工作应采取的策略体系:事前预防(Prevention)、事中应急(Pacification)、事后惩戒(Precept)。基于4M要素的3P策略构成安全科学技术的目标(价值)体系,基于3P策略的3E对策构成安全科学技术的方法体系,基于4M要素的3E对策构成安全科学技术的知识(学科)体系。

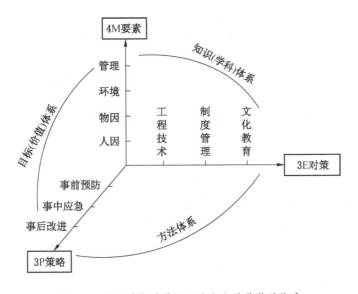

图2-6 基于系统科学原理的安全科学学科体系

1)安全科学的目标(价值)体系

人、物、环境、管理是导致事故的因素,其中人、物、环境也是需要保护的目标,管理也需不断完善机制，提高效率，实现卓越绩效。因此，不论是事前、事中、还是事后阶段，人、物、环境的安全以及有效的管理始终是安全科学技术追求的目标和价值体现，即安全科学的目标体系：

（1）基于人因3P：生命安全、健康保障、工伤保险、康复保障等目标（价值）。

（2）基于物因3P：财产安全、损失控制、灾害恢复、财损保险等目标（价值）。

（3）基于环境3P：环境安全、污染控制、环境补救等目标（价值）。

（4）基于管理3P：促进经济、商誉维护、危机控制、社会稳定、社会和谐等目标（价值）。

2）安全科学的方法体系

针对事前、事中、事后三个阶段，采取3E对策，构成安全科学技术的各种技术方法。

针对事前3E的安全科学技术方法体系：

（1）事前的安全工程技术方法：本质安全技术、功能安全技术、危险源监控、安全检测检验、安全监测监控技术、安全报警与预警、安全信息系统、工程三同时、个人防护装备用品等。

（2）事前的安全管理方法：安全管理体制与机制、安全法治、安全规划、安全设计、风险辨识、安全评价、安全监察监督、安全责任、安全检查、安全许可认证、安全审核验收、OHSMS、安全标准化、隐患排查、安全绩效测评、事故心理分析、安全行为管理、五同时、应急预案编制、应急能力建设等。

（3）事前的安全文化方法：安全教育、安全培训、人员资格认证、安全宣传、危险预知活动、班组安全建设、安全文化活动等。

针对事中3E安全科学技术方法体系：

（1）事中的安全工程技术：事故勘查技术、应急装备设施、应急器材护具、应急信息平台、应急指挥系统等。

（2）事中的安全管理方式方法：工伤保险、安全责任险、事故现场处置、应急预案实施、事故调查取证等。

（3）事中的安全文化手段：危机处置、事故现场会、事故信息通报、媒体通报、事故家属心理疏导等。

针对事后的3E安全科学技术方法体系：

（1）事后的安全工程技术：事故模拟仿真技术、职业病诊治技术、人员康复工程、工伤残具事故整改工程、事故警示基地、事故纪念工程等。

（2）事后的安全管理方式方法：事故调查、事故处理、事故追责、事故分析、工伤认定、事故赔偿、事故数据库等。

（3）事后的安全文化手段：事故案例反思、风险经历共享、事故警示教育、事故亲情教育等。

3）安全科学的知识（学科）体系

4M要素涉及人、物、环境、管理4个方面，与3E结合形成了安全科学技术的各个分支学科。

（1）人因3E涉及的科学有：安全人机学、安全心理学、安全行为学、安全法学、职业安全管理学、职业健康管理学、职业卫生工程学、安全教育学、安全文化学等。

（2）物因 3E 涉及的学科有：可靠性理论、安全设备学、防火防爆工程学、压力容器安全学、机械安全学、电气安全学、危险化学品安全学等。

（3）环境因素 3E 涉及的学科有：安全环境学、安全检测技术、通风工程学、防尘工程学、防毒工程学等。

（4）管理因素 3E 涉及的学科有：安全信息技术、安全管理体系、安全系统工程、安全经济学、事故管理、应急管理、危机管理等。

4. 基于知识成果的学科体系

出版领域的学科体系是展现科学成果和知识成就的系统，安全学科成果的学科体系以出版领域的国家图书分类法和《中国分类主题词表》（简称《主题词表》）来了解和掌握。

1）《中国图书馆分类法》的安全科学

我国出版物图书的分类是依据《中国图书馆分类法》（简称《中图法》）。《中图法》采用汉语拼音字母与阿拉伯数字相结合的混合制号码，由类目表、标记符号、说明和注释、类目索引 4 个部分组成，其中，最重要的是类目表。由五大部类、22 个基本大类组成。安全科学与环境科学共同划分于"X 环境科学、安全科学"一类目。

在 1989 年的《中图法》第三版中，第一次将劳动保护科学（安全科学）与环境科学并列"X"一级类目。1999 年《中图法》第四版中，一个重要的进展是将 X 类目中的"劳动保护科学（安全科学）"改为"安全科学"。下设 4 个二级类目：安全科学基础理论；安全管理（劳动保护管理）；安全工程；劳动卫生保护。

2010 年出版《中图法（第五版）》中，安全科学列为一级类目 X9，下设 5 个二级类目：安全科学参考工具书；安全科学基础理论；安全管理（劳动保护管理）；安全工程；劳动卫生工程。

2）《中国分类主题词表》的安全科学

《主题词表》是在《中图法》（含《中国图书资料分类法》）和《汉语主题词表》的基础上编制的两者兼容的一体化情报检索语言，主要目的是使分类标引和主题标引结合起来，从而为文献标引工作的开展创造良好的条件。这部分类主题词表的编成，对我国图书馆和情报机构文献管理及图书情报服务的现代化具有重大意义，而且也是全国图书馆界和情报界又一项重大成果。

2005 年《主题词表》（第二版）电子版正式出版，收录了 22 个大类的主题词及其英文翻译，新版《主题词表》印刷版无英文翻译。2007 年初，我国有关安全科学学者将安全科学有关的主题词分为"安全××"和"××安全"两部分内容归纳、整理、摘编，并将主题词的中、英文收集整理后，刊于《中国安全科学学报》2007 年第 17 卷第 6 期（第 172~176 页）和第 7 期（第 174~176 页）上，安全工程专业学生可进行检索查询。

2.2　企业管理和公共管理

在上一节谈到安全科学的任务与目标时，我们提到个体、群体和社会。将对象区分为个体、群体和社会时，管理分为自我管理、组织管理和公共管理。组织的形式若为企业，称其为企业管理。这一节，我们重点梳理一下企业管理和公共管理。

2.2.1 管理

1. 为什么需要管理

人类了解管理的作用，掌握管理的本领，享受管理的好处，可以说由来已久。人类社会自从开始群居、群猎时起，就知道"合群"抵御危险、征服自然，这种"合群"的目的无非是为了集结个人的力量，以发挥集体的更大的作用。"合群"实际上就是人类社会中普遍存在的"组织"现象。可以说，有人类就有组织。所谓组织，是由两个或两个以上的个人为了实现共同的目标组合而成的有机整体。组织是一群人的集合，但是组织的成员必须按照一定的方式相互合作，共同努力去实现既定的组织目标。这样，组织才能够形成一种整体的力量，以完成单独个人力量的简单总和所不能完成的各项活动，实现不同于个人目标的组织总体目标。

组织需要合作、协作或协调，这样管理就应运而生了。管理是伴随着组织的出现而产生的，是协作劳动的必然产物。人们只要需通过集体的努力去实现个人无法达到的目标，管理就成为必要。管理是协调个人努力所必不可少的因素。这正如马克思指出的那样：一切规模较大的直接社会劳动或共同劳动，都或多或少地需要指挥，以协调个人的活动，并执行生产总体的活动所产生的各种一般职能。一个单独的提琴手是自己指挥自己，一个乐队就需要一个指挥。指挥之于乐队，就像管理人员之于企业，他们的存在是确保组织各项活动实现预定目标的条件。无法想象，如果没有管理人员及其管理活动，人类能否演奏出美妙动听的音乐，能否修筑万里长城、建造金字塔、兴办水陆交通事业。同样无法想象，没有管理，工厂的生产活动能否如愿地生产出产品来。所以说，管理是人类活动中最基本的活动之一，是组织活动的一个极为重要的组成部分。

人类对于管理的需要是随着社会经济的发展和组织规模的不断壮大而日益明显的。如果说简单的组织只需要简单的管理，管理的重要性还不显得十分突出的话，那么时至今日，社会和经济已获得高度发展，组织的规模越来越大，组织面临的环境越来越不确定，业务作业活动越来越现代化，管理就越来越成为影响组织生死存亡和社会经济发展的关键因素。世界上有许多著名的管理学家和经济学家都非常强调管理的重要性。如有人把管理看作是工业化的催化剂和经济发展的原动力，同土地、劳动和资本并列成为社会的"四种经济资源"，或者同人力、物力、财力和信息一起构成组织的"五大生产要素"。还有人把管理、技术和人才的关系比喻为"两个轮子一根轴"。不管具体说法如何，管理的一个重要作用，就是能使现有的资源获得最为有效的利用。比如日本，是一个自然资源匮乏的国家，但由于极度重视管理，并在管理方面进行不断创新，从而使自己从资源贫乏国发展成为世界经济强国。良好的管理可以使一国的经济获得迅速发展，不良的管理只会造成资源利用上的极大浪费。现在有一种看法，认为发展中国家之所以经济不发达，根本原因就是因为管理不善造成的，其中的道理已不言自明。

组织中的活动包括作业活动和管理活动两大部分，它们之间的关系如图2-7所示。组织是直接通过作业活动来达成组织目标的，但组织为了确保这一基本过程（对企业来说该基本过程就表现为生产过程）顺利而有效地进行，还需要开展另一项活动——管理。管理是促进作业活动实现组织目标的手段和保证。

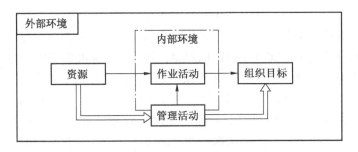

图2-7 组织中的作业与管理活动

2. 管理的概念

所谓管理，就是在特定的环境下，对组织所拥有的资源进行有效的计划、组织、领导和控制，以便达成既定的组织目标的过程。这个定义包含着以下四层含义：

（1）管理是为了实现组织目标服务的，是一个有意识、有目的地进行的过程，管理是任何组织都不可或缺的，但绝不是独立存在的。管理不具有自己的目标，不能为管理而进行管理，而只能使管理服务于组织目标的实现。

（2）管理工作要通过综合运用组织中的各种资源来实现组织的目标。

（3）管理工作的过程是由一系列相互关联、连续进行的活动所构成。这些活动包括计划、组织、领导、控制等，它们成为管理的基本职能。

（4）管理工作是在一定环境条件下进行的，有效的管理必须充分考虑组织内外的特定条件。

3. 管理的目标

严格地说，管理并不存在自己独立的目的或目标。管理不过是组织中的一个"器官"，是为服务于组织而存在的。不能为了管理而管理，而应该为了实现组织的目标而进行管理。因此，管理的目标是与组织的目标联结在一起的。概括地说，管理就是要促使组织有效地利用资源而达成组织的目标。具体地，可从以下三个角度来全面地衡量管理促进组织目标实现的情况。

1）组织的产出目标

一个组织要开展活动，必须具有人、财、物和信息资源。组织所获得的这些人力资源、金融资源、物资资源和信息资源，就构成了组织的"投入"。对资源或投入的运用，就可以产生组织的成果。成果是组织活动过程的最终结果，通称为组织的"产出"。其具体表现可以是医院中治愈的病人，学校中培养出来的人才，制造业企业中生产的产品，以及服务业企业中提供的各项服务，等等。不同类型的组织，其成果的具体表现形式可能各不相同，但从一般的规范角度看，任何成果都可以从以下几个方面加以考察和衡量：

（1）产量与期限。产量是从生产多少产品或者提供多少服务项目角度来反映产出水平的。生产的产品数量可以实物指标（如制造了多少吨钢材、生产出多少台机床等），也可以货币指标（如产值、销售额等）来衡量。至于提供的服务数量，在实物指标上表现为处理了多少维修任务，接待了多少客户，答复了多少个电话等，这些在价值指标上的表现就是完成了多少营业额。另外，任何产出都必须在规定的时间里完成才有意义。交货有个最后期限的要求，对组织中各部门、各个人的工作也必须规定每天、每星期、每个月或每年需要完成多少数量的任务。离开了时间的规定，任何数量标准都将失去意义。

（2）品种与质量。无论是产品，还是服务项目，都必须按照顾客对其需求的类别和特性来提供。电冰箱如果不能制冷，其质量自然是不合格的，而电冰箱的款式、颜色要是不符合顾客的预期，也难以适销对路。因此，质量和品种是对产出的更内在、更本质的规定。对质量的测定，可以通过产品的次品率、退货率，服务中的差错率，以及顾客的投诉等来反映。

（3）成本花费。企业要将资源转化为成果，最理想的要求是使产出的产量和质量控制在既定的成本花费之内。这种控制通常是建立在拨给一个单位的经费预算上的。典型的经费预算是直接依据所产出成果的产量和质量来规定该项活动的成本花费标准的。

以上是从产出目标角度对组织将资源转化为成果的活动过程水平的一种衡量。其总的要求是，管理工作要确保组织在活动过程中能按质、按量、按期、低成本地提供适销对路的产品或服务。

2）组织效率和效果

组织的绩效目标是对组织所取得的成果与所运用的资源之间转化关系的一种更全面的衡量。组织绩效高低，表现在效率和效果两大方面。

所谓效率，是指投入与产出的比值。例如，设备利用率、工时利用率、劳动生产率、资金周转率以及单位产品成本等，这些是对组织效率性的具体衡量。由于组织所拥有的资源通常是稀缺、有价的，所以管理者必须关心这些资源的有效利用。对于给定的资源投入，如果你能获得更多的成果产出，那么你就有了较高的效率。类似地，对于较少的资源投入，你要是能够获得同样的甚至更多的成果产出，你便也有了高效率。

然而，管理者仅仅关心组织活动的效率还是不够的，管理工作的完整任务必须是使组织在高效率的基础上实现正确的活动目标，这也就是要达成组织活动的效果。效果的具体衡量指标有销售收入、利润额、销售利润率、产值利润率、成本利润率、资金利润率等。利润就是销售收入与所销售产品或服务的总成本的差值。利润是经市场检验的衡量效果的一项客观的指标。

效率和效果是两个有联系但并不相同的概念。效率涉及的只是活动的方式，它与资源的利用相关，因而只有高低之分而无好坏之别。效果则涉及活动的目标和结果，不仅具有高低之分，而且可以在好和坏两个方向上表现出明显的差距。如果说高效率是追求"正确地做事"，好效果则是保证"做正确的事"。在效果为好的情况下，高效率无疑会使组织的有效性增大，但从本质上说，效率性和有效性之间并没有必然的联系。有时，一个企业的效率可能比较高，但如果所生产的产品没有销路，或者说不能满足顾客的需要，这样效率越高反而会导致有效性越差，因为此时产品生产得越多，库存积压也就越多，从而企业赔钱也越多。所以，一个有效的管理者，应该一方面既能指出应当怎么做才能使组织保持高的效率，另一方面又能指出应当做什么才能取得好的效果，这样组织才具有最大的有效性。

现举一个简单的计算题说明组织的有效性是如何同时决定于效率与效果两项指标的：

假设一家资金总额为 40 亿元的企业，在过去的一年时间里取得了 50 亿元的销售收入，总成本花费 30 亿元。这意味着在这一年的经营中，企业实现利润为 50−30＝20（亿元），成本利润率为 20/30＝66.67%，销售利润率为 20/50＝40%，资金周转率为 50/40＝1.25（次），资金利润率为 20/40＝50%。资金利润率是企业界最常用也是股东们最关心的衡量企业经营有效性的指标，它实际上是经营效果指标（销售利润率）与资金使用效率指标（资金周转率）的乘积，也即 40%×1.25＝50%。这个例子说明，销售利润率与资金周转率两个因素共同决定了企业资金使用的效益以及股东投资的回报水平。

3）组织的终极目标

根据组织的性质不同，组织的终极目标可以有不同的表现形式。有一些组织以追求利润和资本保值增值为主要终极目标，这样的组织被称为营利性组织；另一些组织则以满足社会利益和履行社会责任为主要终极目标，此被称为非营利性组织。与营利性组织终极目标的实现程度可以通过经市场检验的较为客观的绩效指标来衡量不同，对于非营利性组织来说，其终极目标的实现情况往往须依赖一些定性的和相对主观的指标加以衡量。但不论组织所要实现的终极目标有何差别，管理工作的使命任务基本上是一样的，即都要使组织以尽量少的资源而尽可能多地完成预期的合乎要求的目标。只有这样，才能称得上是有效的管理。

4. 管理者的分类与职责

管理者是组织的心脏，其工作绩效的好坏直接关系着组织的兴衰成败。所以，美国管理大师德鲁克曾这样说，"如果一个企业运转不动了，我们当然是要去找一个新的总经理，而不是另雇一批工人。"管理者对组织的生存发展起着至关重要的作用。那么，究竟有什么标准来划分管理者与非管理者？管理者的职责与作业人员（工人）有什么不同？一个人需要具备什么技能才可成为有效的管理者？

我们可以从组织的横切面和纵切面来分辨各种类型的管理者。首先从横切面上的组织层次划分来看，组织的工作人员有以下四类：

（1）作业人员，指组织中直接从事具体实施和操作工作的人。例如，汽车装配线上安装防护板的装配工人，麦当劳快餐店中烹制汉堡包的厨师，企业销售现场的推销员，政府机动车管理办公室中负责办理驾驶执照更换业务的办事员，医院中为病人看病的医生，等等。这些人处于组织的最底层（称为作业层），不具有监督他人工作的职责。

（2）基层管理人员，亦称第一线管理者，他们处于作业人员之上的组织层次中，负责管理作业人员及其工作。在制造工厂中，基层管理者可能被称为领班、工头或者工段长；在运动队中，这项职务是由教练担任的，而学校中则由教研室主任来担任。

（3）中层管理人员，他们是直接负责或者协助管理基层管理人员及其工作的人，通常享有部门或办事处主任、科室主管、项目经理、地区经理、产品事业部经理或分公司经理等头衔。这些人主要负责日常管理工作，在组织中起承上启下的作用。

（4）高层管理人员，他们处于组织的最高层，主要负责组织的战略管理，并在对外交往中以代表组织的"官方"身份出面。这些高层管理者的头衔有如：公司董事会主席、首席执行官、总裁或总经理及其他高级资深经理人员，以及高校的校长、副校长和其他处在或接近组织最高层位置的管理人员。

管理者所处的具体组织层次不一样，他们的头衔也各式各样，但他们的工作具有一个共同的特征，即都是同别人一起并通过别人使组织活动得以更有效地完成，因此，管理者在相当程度上也就是领导他人的人。

作业者与管理者尤其是基层管理者之间，他们的界限区分有时并不是那么泾渭分明。比如，在鼓励民主式管理或参与式管理的组织中，作业者可能也是自己工作甚或他人工作的管理者。而在不少情况下，管理者也可能担任某些作业职责，如保险索赔监督员除了负责管理保险索赔部门办事人员的工作以外，还可能承担一部分办理保险索赔的业务工作，某医院的院长可能要亲自动手做一些危急病人的难度较大的外科手术等。但身为管理人员，应该记住，他们的主要工作应是促进他人做好工作而不是事必躬亲地去做工作，哪怕是自己擅长的工作也要尽量委任他人去干，自己则要将主要精力集中在"管理"这些人及其工作上，并对这些人的工作好坏负有最终的责任。正是在促成他人努力工作并对他人工作结果负责这一意义上，管理人员与作业人员的工作具有天壤之别。

作为管理者，不论他在组织哪一层次上承担管理职责，其工作的性质和内容应该基本上是一样的，都包括计划、组织、领导和控制几个方面。不同层次管理者工作上的差别，不是职能本身不同，而在于各项管理职能履行的程度和重点不同。如图 2-8 所示，高层管理人员花在计划、组织和控制职能上的时间要比基层管理人员的多些，而基层管理人员花在领导职能上的时间要比高层管理人员的多些。即便是就同一管理职能来说，不同层次管理者所从事的具体管理工作的内涵也并不完全相同。例如，就计划工作而言，高层管理人员关心的是组织整体的长期的战略规划，中层管理人员偏重的是中期、内部的管理性计划，基层管理人员则更侧重于短期的业务和作业计划。

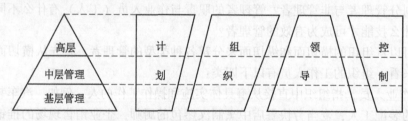

图 2-8　管理者的层次分类与管理职能

高层管理者应该与中低层管理者的工作有明显的区别。日本松下电器公司的创始人松下幸之助说过一段名言：当你仅有 100 人时，你必须站在第一线，即使你叫喊甚至打他们，他们也听你的。但如果发展到 1000 人，你就不可能留在第一线，而是身居其中。当企业增至 10000 名职工时，你就必须退居到后面，并对职工们表示敬意和谢意。这说明，一个企业的规模扩大后，管理的复杂性随之增大，管理方面的职能分工相应深化，逐渐分化为制定大政方针的战略管理者和负责具体事务的日常管理者。

综合管理人员是相对于专业管理人员称呼的，其分类的角度就是组织的纵切面。综合管理人员指的是负责管理整个组织或组织中某个分部的全部活动的管理者。对于小型组织（如一个小厂）来说，可能只有一个综合管理者，那就是总经理，他要统管该组织中包括生产、营销、人事、财务等在内的全部活动。而对于大型组织（如跨国公司）来说，可能会按产品类别设立几个产品分部，或按地区设立若干地区分部。此时，该公司的综合管理人员就包括公司总经理和每个产品或地区分部的总经理，每个分部经理都要统管该分部包括生产、营销、人事、财务等在内的全部活动，因此也是全面管理者。

除了全面负责的综合管理人员外，组织中还常常存在专业管理人员，也就是仅仅负责组织中某一类活动或业务的专业管理的管理者。根据这些管理者所管理的专业领域性质的不同，可以具体划分为生产部门管理者、营销部门管理者、人事部门管理者、财务部门管理者以及研究开发部门管理者等。这些部门的管理者，可以泛称为生产经理、营销经理、人事经理、财务经理和研究开发经理等。对于现代组织来说，随着其规模的不断扩大和环境的日益复杂多变，管理工作的专业分工也变得日益重要。可以认为，专业管理人员是从组织纵切面细分的角度对管理者的分类，如图 2-9 所示。不同专业领域的管理者，他们在履行管理职能中可能会产生具体工作内容侧重点上的差别。例如，同样开展计划工作，营销部门做的是产品定价、推销方式、销售渠道等的计划安排，人事部门做的是人员招募、培训、晋升等的计划安排，财务部门做的则是筹资规划和收支预算，他们在各自的目标及其实现途径的规定上都表现出很不相同的特点。

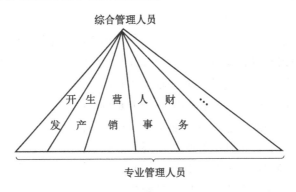

图 2-9　管理者的领域分类

5. 管理者的技能要求

每位管理者都在自己的组织中从事某一方面的管理工作，都要力争使自己主管的工作达到一定的标准和要求。管理是否有效，在很大程度上取决于管理者是否真正具备了作为一个管理者应该具备的管理技能。这些管理技能包括技术技能、人际技能和概念技能。

1）技术技能

所谓技术技能，就是指从事自己管理范围内的工作所需的技术和方法。如果是生产车间主任，就要熟悉各种机械的性能、使用方法、操作程序，各种材料的用途、加工工序，各种成品或半成品的指标要求等。如果是办公室管理人员，就要熟悉组织中有关的规章、制度及相关法规，熟悉公文收发程序、公文种类及写作要求等。如果是财务科长，就要熟悉相应的财务制度、记账方法、预算和决算的编制方法等。技术技能对基层管理者来说尤为重要，因为他大部分时间都是从事训练下属人员或回答下属人员有关具体工作方面的问题，因而必须知道如何去做自己下属人员所做的各种工作。具备技术技能，方能更好地指导下属工作，更好地培养下属，由此才能成为受下级成员尊重的有效管理者。对中上层管理者来说，掌握技术技能的必要性可稍少些。

2）人际技能

人际技能就是与组织单位中上下左右的人打交道的能力，包括联络、处理和协调组织内外人际关系的能力，激励和诱导组织内工作人员的积极性和创造性的能力，正确地指导和指挥组织成员开展工作的能力。人际技能要求管理者了解别人的信念、思考方式、感情、个性以及每个人对自己、对工作、对集体的态度，并且认识到别人的信念、态度、观点与自己的不一样是很正常的，承认和接受不同的观点和信念，这样才能与别人更好地交换意见。其次，要求管理者能够敏锐地察觉别人的需要和动机，并判断组织成员的可能行为及其可能后果，以便采取一定措施，使组织成员的个人目标与组织目标最大限度地一致起来。再次，要求管理者掌握评价奖励员工的一些技术和方法，最大限度地调动员工的积极性和创造性。许多研究表明，人际技能是一种重要技能，对各层管理者都具有同等重要的意义。在同等条件下，人际技能可以极为有效地帮助管理者在管理工作中取得更大的成效。

3）概念技能

概念技能是指对事物的洞察、分析、判断、抽象和概括的能力。管理者应看到组织的全貌和整体，了解组织与外部环境是怎样互动的，了解组织内部各部分是怎样相互作用的，能预见组织在社区中所起的社会的、政治的和经济的作用，知道自己所管部门或科室在组织中的地位和作用。分析和概括问题的能力是概念技能的重要表现之一。管理者能够快速敏捷地从混乱而复杂的动态情况中辨别出各种因素的相互作用，抓住问题的起因和实质，预测问题发展下去会产生什么影响，需要采取什么措施解决问题，这种措施实施以后会出现什么后果。形势判定能力是概念技能的又一表现。管理者通过对外部和内部形势的分析判定，预见形势将朝什么方向发展，是顺我，还是逆我，以便充分利用好形势发展组织的事业，同时采取措施对付不利形势，使组织获利最多或损失最少。各种研究表明，出色的概念技能可使管理者做出更佳的决策。概念技能对高层管理者来说尤其重要。

上述三种管理技能是各层管理者都共同需要掌握的，区别仅在于各层管理者所需掌握的三种管理技能的比例会有所不同，如图2-10所示。

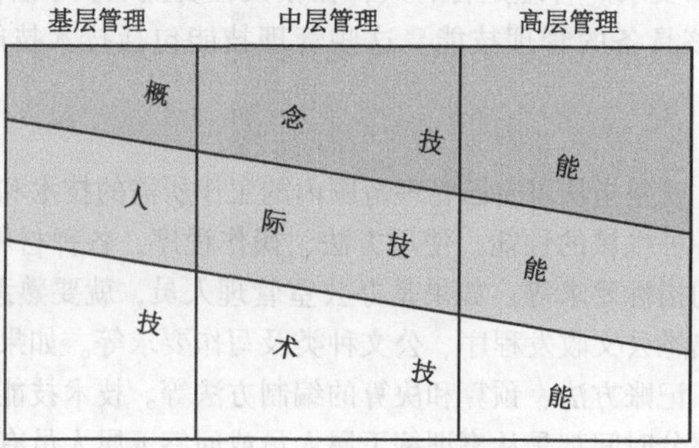

图2-10 管理层次与管理技能要求

58

6. 职业管理者的形成

管理工作是否谁都能干？管理者是否需要像医生、律师或会计师一样成为职业工作者？尽管理论界目前对管理职业的认证还没有完全统一的看法，但从应用方面看，管理在现代社会中的地位已经迫使人们对从事这项工作的人的"专家"资格形成了比较确定的认识。历史上，美国西部铁路公司在 19 世纪中叶发生的两辆客车迎头相撞事故，促使该公司最早采用了由"支薪经理"来代替所有者行使管理职能的崭新的管理制度。从那时起，专职经理日益在管理上发挥着越来越重要的作用。不过，在所有者和管理者刚开始实现分工的年代里，管理工作还主要是由懂业务技术的"硬专家"来承担。随着社会的发展，仅由精通一门技术的专家来管理已不适应新形势的要求，所以逐渐演化为由工商管理学院培养出来的管理人才来实施管理。这类新的管理专家所具有的管理技能已经大大超出技术技能的范围，所以被称作"软专家"。

西方国家在 19 世纪中期以前，经济组织中所有权与经营权并未分离，管理职能没有完全独立出来，因此没有职业化的管理阶层（或称经理阶层、企业家阶层）。后来随着企业规模的扩大，管理工作的难度加大，资本家开始聘请具有专门经营管理知识和技能、靠领取薪资作为主要收入来源的管理人才来代行管理之职。各行各业管理工作的专业化，并逐步形成职业化的管理人才队伍，这已是客观形势之趋势。

7. 管理工作的职能和过程

管理是在特定的环境下，对组织所拥有的资源进行有效的计划、组织、领导和控制，以便达成既定的组织目标的过程。这个过程实际上是由一系列相互关联、连续进行的活动或职能所构成的。具体包括计划、组织、领导和控制。

（1）计划。大家时常看到，作为一个旅游者，如果你头脑中没有任何特定的目的地，那么任何路线你都可以选择。但是，组织不能漫无目的地行动。组织的存在是为了实现某种特定的目的（这个目的一般以一个或一组目标来表示），因此就得有人来规定组织要实现的目标和实现目标的行动方案，这就是管理的计划职能。

（2）组织。管理的组织职能决定组织要开展的活动是什么，这些活动如何分类组合，由哪些职位和部门来承担这些工作活动，谁向谁汇报工作以及各种决策应放在哪一层次上制定，等等。组织职能或组织工作的结果就形成各种正式组织文件，如职务说明书、组织图等。

（3）领导。每一个组织都是由人力资源同其他资源有机结合而成的，人是组织活动中唯一具有能动性的因素。管理的领导职能包括激励下属，指导和指挥他们的活动，选择最有效的沟通渠道，以及营造良好的组织气氛等。

（4）控制。为了确保组织目标及为此制定的行动方案顺利实现，管理者必须自始至终地根据计划目标派生出来的控制标准对组织各项活动的进展情况进行检查，发现或预见到偏差后及时采取措施予以纠正，这是管理工作中的狭义的控制职能。广义的控制职能还包括根据组织内外环境的变化，对计划目标和控制标准进行修改或重新制订。

以上管理的各项职能，构成了管理者要发挥作用的四项基本工作。这些工作或职能，从理论上说，是按一定的顺序发生的。简言之，对管理人员来说，合乎常理的第一步工作是制定计划，然后是建立组织结构、配备人员，接着是指导和指挥员工付诸行动，最后控制整个局面，使之朝着既定目标前进，这四个步骤构成了管理工作不断反复循环的过程，如图 2-11 所示。

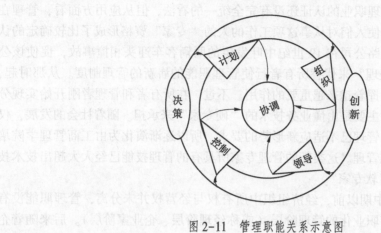

图 2-11　管理职能关系示意图

如图 2-11 所示，在管理的计划、组织、领导和控制工作循环中，贯穿全过程的有决策和创新这两项职能。这两项职能严格地说并不是独立的管理职能，而是从原有四个基本管理职能中分离出来的，是对原有四个职能的某些方面共同内容的专门强调。如图 2-11 所示，外围的椭圆框所示，决策和创新各自都渗透于管理的四个基本职能中，而且彼此之间也相互渗透，如决策方案的拟定需要有创新的思想，而创新方案的选择就是一种决策。这里简要对创新作一介绍。

所谓创新，通俗地说就是使组织的作业工作和管理工作都不断地有所革新、有所变化。创新是组织活力之源泉，创新关系到组织的兴衰成败。

（1）现代管理面临的是动荡的环境和崭新的问题，创新是保持组织立于不败之地的法宝。管理者从某种意义上可以被看作是决策者，从另一种意义上也可被看作是创新者，或者说是具有企业家精神的管理者。

（2）创新不仅是作业领域上的产品、技术（工艺）和市场的创新，也贯穿于现代管理的一切职能和一切活动之中。

8. 管理工作的对象和适用范围

1）管理工作的对象

以企业组织为例，管理工作的对象实际上包含了以下三大方面：

（1）对工人和作业工作进行管理。可以说，管理最初就是产生于对工人及其工作的管理。但随着组织规模的扩大，这类管理工作逐渐交给了基层管理人员来完成，上层管理者则主要按"例外原则"介入对工人及其工作的管理中来。

（2）对管理人员及其工作进行管理。在任何组织中，管理既是对人的管理，也是通过人的管理。那些负责管理他人的管理者，他们本身也应该受到某种程度和某种方式的管理。即管理者同时也应是被管理者。因此，管理工作的第二项任务，便是管理管理者及其工作。无论是基层、中层还是高层管理人员，他们都必须置于某种力量的管理之下，否则，他们的行为就有可能出现偏差。在很大程度上，许多企业目前发生的经理人员行为不受约束的现象，就是因为对这些经理人员的管理机制不健全。

（3）对整个企业/组织进行管理。这就是对一个企业的生产经营活动进行全面的管理。对于非企业的单位来说，与这项对整个企业的管理（称之为企业管理）任务相似的，我们将对于整个组织的管理称作是组织管理，即针对一般组织而进行的管理。

2）管理的应用范围与权变管理原则

任何组织都有其特定的组织目标和特定的资源调配利用问题，因此，也就都有管理问题。管理普遍适用于任何类型的组织，包括各种营利性组织和非营利性组织。

从营利性组织来看，不管其规模大小、结构类型、行业性质是多么的不同，都需要对它们进行有针对性的有效管理。所以，客观上存在着国际性企业（跨国公司）的管理、小型企业（如个体企业）的管理、工业企业（如汽车厂、纺织厂等）的管理、商业企业（如零售商店、外贸公司等）和交通运输企业（如航空公司、出租汽车公司等）的管理，以及商业银行和保险公司、通信广播公司、财务公司、咨询公司和其他各种服务性单位（如餐馆、洗衣店）等的管理。

再从非营利性组织来看，不仅政府、军队、公安等组织需要管理，大、中、小学和职业学校需要管理，医院、诊所和医疗保险单位需要管理，研究所、报社、博物馆、画廊以及大众性广播、邮电和交通服务单位需要管理，而且各种基金会、联合会、俱乐部，以及政治党派、学术团体和宗教组织等也都需要管理。管理遍布人类社会的方方面面，可以说时时处处都有管理活动在开展。

管理的应用范围与权变管理原则：管理普遍适用于任何类型的组织，包括各种营利性组织和非营利性组织，实际管理工作必须在管理理论、原理和方法的指导下，结合具体情况因地制宜地展开。

管理工作的科学性与艺术性：管理工作究竟是一门科学，还是一门艺术，目前形成的一种普遍看法认为，管理不仅具有科学性，也具有艺术性，作为科学的管理工作和作为艺术的管理工作是应当而且可能得到统一的。

9. 管理工作所面对环境的构成

任何组织都不是独立存在、自我封闭的。组织的作业工作要依赖外部环境作为其投入的来源和产出的接收者，管理者必须时刻对周围环境的变化做出反应。从组织外部的角度观察，环境中能对管理者行为产生影响的因素分为两大类：

（1）一般环境，也叫宏观环境或社会大环境，指对某一特定社会中所有企业或其他组织都发生影响的环境因素，包括经济和技术的、政治和法律的、社会和文化的、自然环境等各方面要素。一般环境的影响常常是广泛的，特定组织的管理者无法影响和控制环境的影响，因此，适应和利用是更常用的应对策略。

（2）具体环境，亦称微观环境或任务环境。指与特定组织直接发生联系的那些环境要素，包括竞争对手、顾客、资源供应者、政府管理部门、工会、新闻传播媒介和其他利益代表团体（如消费者协会、妇联等）等。与一般环境相比，具体环境对特定组织的影响更为明显，也更容易为组织管理者所识别、影响和控制。不同的组织所面临的具体环境是各不一样的，而且会随着组织所提供产品或服务的范围及其所选择的细分市场面的变化而发生改变。

10. 管理工作所面对环境的特征

外部环境的不确定性程度对企业经营有着重大影响。依据企业所面临环境的复杂性（指环境构成要素的类别与数量）和动态性（指环境的变化速度及这种变化的可了解和可预见程度）这两项标准，可以将组织环境划分为四种不确定性情形：

（1）低不确定性：即简单和稳定的环境。如标准挂衣架制造商、容器制造商、软饮料生产厂商和啤酒经销商等就处于这种复杂性和动态性都比较低的环境之中。

（2）较低不确定性：即复杂和稳定的环境。随着组织所面临环境要素的增加，环境的不确定性程度相应升高。如医院、大学、保险公司和汽车制造商等经营规模较大的组织就常处于这种比较复杂但相对稳定的环境状态中。

（3）较高不确定性：即简单和动态的环境。有些组织所面临的环境复杂性并不高，但因为环境中某些要素发生动荡变化，使环境的不确定性明显升高。如唱片公司、玩具制造商和时装加工企业就处于这种动态环境中。

（4）高不确定性：即复杂和动态的环境。当组织面临许多环境因素，而且经常有某些因素发生重大变化，且这种变化很难加以预见时，这种环境的不确定性程度最高，对组织管理者的挑战最大。如电子行业、计算机软件公司、电子仪器制造商就面对这种最难对付的环境。环境的高度不确定性，限制了管理者行动选择的自由，也极大地影响了组织兴衰存亡的命运。所以，每个组织的管理者都力图通过自己主动的影响将环境不确定性减至尽可能低的程度。

2.2.2 企业管理

1. 企业风险与风险管理

随着企业的不断发展和变化，所面临的风险也在发生变化。企业必须不断识别这些风险并管理好风险。企业管理者是对这些不断变化着的风险进行管理的过程中介，来满足企业利益相关者的愿望并实现企业的目标的。杜邦公司副总裁兼财务主管苏姗·斯塔尔内克尔（Susan Stalnecker）说过：风险管理是一个能增加企业营利性并降低收益波动性的战略工具。

1）风险的本质

美国学者海恩斯（Haynes）最早提出风险的概念，对风险进行分类并对风险的本质进行了分析，海恩斯将风险定义为损失发生的可能性。美国学者威利特（Willet）把风险与偶然和不确定性联系。

至今风险还没有一个统一严格的定义，将风险定义为"损失发生的不确定性"是风险管理和保险界中普遍采用的风险定义。它简单而明确，其要素为不确定性和损失这两个概念，排除了损失不可能存在和损失必然发生的情况。也就是说，如果损失的概率是 0 或 1，就不存在不确定性，也就没有风险。风险的本质是不稳定性和不可预见性，风险是可能发生的危险。

也可以说，风险的本质是速度，确切地说是人的反应速度与事物的变化速度之比。譬如说，一座大山以每年一厘米的速度向上抬高，住在山上的人却一点也不觉得危险。而一颗子弹以每秒钟一千米的速度向近在咫尺的人飞来，却是极其危险的事情。因此事物变化的速度越快，人的反应速度越慢，风险就越高，反之风险就越低。市场上也是如此。因为风险和报酬是成正比的，为了追求卓越的报酬的，就需要寻找高风险的地方，而风险高就总是意味着价格的变化速度快。速度越快，人或企业需要的反应速度就越快，因为反应速度快了才可能避免受到潜在威胁的伤害。因此对每个人或企业来说，都有一个取舍的问题，就是只有风险高的地方利润才高，可以实现短期内资金的快速增值，但与此同时人的反应速度和工作强度也被迫需要大大提高。

2）企业风险及其分类

企业风险，是指未来的不确定性对企业实现其经营目标的影响。当今的经济组织中普遍存在不确定性。任何组织，无论它提供什么产品和服务，都或多或少地存在风险，要创办一个不存在任何风险的企业是不可能的。企业风险是指企业遭受经营失败的可能性。

企业风险是由企业经营的不确定性引起的。这种不确定性主要来自三个方面：①环境的不确定；②市场的不确定性；③经营的不确定性。

企业风险一般可分为战略风险、财务风险、市场风险、运营风险、法律风险等。

（1）战略风险。战略风险是指公司因做出战略性错误的决定而导致经济上的损失。战略性风险是业务单位、高级管理层和董事会的共同责任。常见的战略风险包括：企业的目标与方针、市场潜在的威胁、业务的范围（深度与广度）、品牌及形象的建立等。

（2）财务风险。财务风险是指在各项财务活动过程中，由于各种难以预料或控制的因素影响，使企业的财务收益与预期收益发生偏离，从而使企业有蒙受损失的可能性。

若从企业风险的角度看，企业的财务风险通常分为两类：一类是流动性风险，另一类是信用风险。具体包括以下几类：

①债务风险。指企业举债不当或举债后资金使用不当致使企业遭受损失。为了避免企业资产负债，企业应控制负债比率。许多企业因股东投资强度不够，便以举债扩大生产经营或盲目扩大征税，结果提高资产负债率，造成资金周转不灵，还会影响正常地还本付息。最有可能导致企业资不抵债而破产。

②信贷风险。指贷款人或合同的另一方因不能履行合约而使公司产生经济损失的风险。常见的信贷风险包括：贷款未能回收、应收账款未能回收、债券跌价等。

③担保风险。指为其他企业的贷款提供担保，最后因其他企业无力还款而代其偿还债务。企业应谨慎办理担保业务，严格审批手续，一定要完善反担保手续以避免不必要的损失。

④汇率风险。指企业在经营进出口及其他对外经济活动时，因本国与外国汇率变动，使企业在兑换过程中遭受的损失。

（3）市场风险。市场风险包括产品市场风险、金融市场的风险等。产品市场风险是指因市场变化、产品滞销等原因导致跌价或不能及时卖出自己的产品。产生市场风险的原因有三个：

①市场销售不景气，包括市场疲软和产品产销不对路；

②商品更新换代快，新产品不能及时投放市场；

③国外进口产品挤占国内市场等。

金融市场的风险包括利率风险、外汇风险、股票与债券市场风险、期货、期权与衍生工具风险等。

（4）营运风险。营运风险是指企业内部流程、人为错误或外部因素而令公司产生经济损失的风险，它包括了公司的流程风险、人为风险、系统风险、事件风险和业务风险等。

①流程风险。指交易流程中出现错误而引致损失的风险，流程包括销售、定价、记录确认、出货/提供服务等环节。流程风险也包括合规性风险。

②人为风险。指因员工缺乏知识和能力、缺乏诚信或道德操守而引致损失的风险。

③系统风险。指因系统失灵、数据的存取和处理、系统的安全和可用性、系统的非法接入与使用而引致损失的风险。

④事件风险。指因内部或外部欺诈、市场扭曲、人为或自然灾害而引致损失的风险。

⑤业务风险。指因市场或竞争环境出现预期以外的变化而引致损失的风险，所涉及的问题包括市场策略、客户管理、产品开发、销售渠道和定价等领域。

若以能否为企业带来盈利等机会为标志，又可将风险分为纯粹风险和机会风险。纯粹风险是指有可能带来损失的风险，如各种形式的天灾人祸。投机风险是指既有可能带来损失，又有可能带来机会的风险，譬如投资，既可以为企业带来丰厚的利润，也可能使企业遭受重大的损失。

若以风险发生的可能、影响和风险处理的效果来看，又可做如下区分，见表2-5~表2-7。

表2-5 风险发生的可能性

评分	可能性	说　明
5	几乎肯定	在未来12个月内，这项风险几乎肯定会出现至少1次
4	极可能	在未来12个月，这项风险极可能出现1次
3	可能	在未来2~10年内，这项风险可能出现1次
2	低	在未来10~100年内，这项风险可能出现至少1次
1	极低	这项风险出现的可能性极低，估计在100年内出现的可能性少于1次

表2-6 风险对企业造成的影响

评分	损失程度	说　明
5	灾难	令企业失去继续运作的能力（或占税前利润达20%）
4	重大	对于企业在争取完成其策略性计划和目标的工程中，造成重大影响（5%~10%税前利润）
3	中等	对于企业在争取完成其策略性计划和目标的工程中，在一定程度上造成阻碍（至5%税前利润）
2	轻微	对于企业在争取完成其策略性计划和目标的工程中，只造成轻微影响（至1%税前利润）
1	近乎没有	影响程度十分轻微

表2-7 风险处理方法的效果

评分	有效性	说　明
5	极度过头	处理方法能直接针对该项风险，但相信会令企业业绩"倒退"或成本过高
4	过头	处理方法能直接针对该项风险，但由于需要投入大量资源或/及将其他资源转到处理该项风险上，会对企业的效率造成影响
3	适中	处理方法能直接针对该项风险，同时并不影响企业的效率
2	低效	处理方法针对该项风险的效果不理想，或投入处理该风险的资源不充分或/及对投入的资源未有适当利用
1	近乎没有效果	处理方法的效果十分低，可能是由于企业根本没有处理方法，又或处理手法不当

3）什么是风险管理

随着生产力和科学技术的不断发展，20世纪30年代产生了风险管理。所谓风险管理，是指经济单位对风险进行识别衡量分析，并在此基础上有效地处置风险，以最低成本实现最大安全保障的科学管理方法。就企业风险管理而言，分为狭义的风险管理和广义的风险管理。狭义的风险管理研究企业系统内部风险的产生和控制，广义的风险管理研究企业系统外部风险对企业经营的影响和控制。风险管理作为一种现代经济管理系统，应既包括狭义风险管理，也包括广义风险管理，其所研究的风险是企业经营过程中可能遇到全部风险。

从企业风险管理的定义，我们可以注意以下几点：

第一，企业的风险管理是一个过程。企业风险管理不是静止、一成不变的，而是一个持续改进的过程，它与企业日常的经营活动息息相关。

第二，企业风险管理受公司各个层级员工的影响。企业风险管理机制是由公司的董事会、管理层和其他员工建立并执行的。同时，企业的风险管理体系也对公司员工的行为产生相应的影响。

第三，企业的风险管理应当运用于战略的制定。每个企业都有自己的使命、愿景，以及相应的战略目标。企业需要建立系列的战略来实现其战略目标。除战略目标外，企业还应有一些相关的、具体的目标，这些目标源自企业的战略，渗透到企业的各个业务单元、分部和流程之中。

第四，企业风险管理涉及企业的方方面面。企业的风险管理应该应用于企业的各种活动层面，包括公司层面的战略计划、资源配置；部门层面的市场活动与人力资源管理；流程方面的生产与新客户信用的审视等。

第五，企业风险管理受风险偏好的影响。风险偏好反映了一个企业的风险管理哲学，反过来也会对企业文化与经营风格产生影响。风险偏好引导企业的资源配置、风险偏好与企业的战略直接相关、不同的战略伴随不同的风险，因此，企业风险管理有助于管理层选择一种预期价值创造与公司风险偏好相一致的战略。

第六，企业风险管理仅对目标的实现提供合理的保证。合理的保证并不暗示着企业风险管理不会失败。但企业风险管理实施中风险反应的累积效应、内部控制制度的加强都会减少企业目标不能实现的风险。

因此，我们也可以认为，现阶段所提出的风险管理的概念是全面风险管理。

事实上，人们对风险及其风险管理的认识经历了一个过程。

传统上，大多数企业认为，风险管理只是一个具体而孤立的活动。而全面风险管理则要求企业的各级管理人员和全体员工都要关注风险管理并保持敏锐。表 2-8 列出了风险管理向全面风险管理转换过程中需要注意的三个关键方面。

表 2-8　风险管理新旧模式的对比

旧　模　式	新　模　式
分散的——以部门/职务为单位对风险进行管理；主要由会计、财务主管、内部审计等部门负责	一体化的——在高层参与下，各部门/职务进行的协调，组织中的每个人都要把风险管理作为自己的职责
非连续性的——只有当经理们认为必要时才进行风险管理	连续的——风险管理应该是一个连续不断、每时每刻都要进行的工作
小范围、局部性的——主要是可保风险和财务风险	大视野、全方位的——把所有的企业风险和机会都考虑进来

4）企业风险管理的必要性

企业在生产经营活动中面临着各种各样的风险，能否有效地管理和控制这些风险已成为企业是否能健康成长的关键。壳牌公司研究得出的结论是：一般大企业平均寿命 40 年，是人类平均寿命的一半。研究还发现：

（1）科技含量越高的企业，它的平均寿命越短。刚才讲到了美国的高新技术企业的 90% 都活不过 5 年。中关村平均每年有 60% 的企业倒闭。日本的空调企业平均寿命为 12 年半。

（2）企业越小，平均寿命越短。有数据表明，中国企业集团的平均寿命约为 7~8 年，中国的私营企业的平均寿命是两年半。

很多人听过温水煮青蛙的故事。将一只青蛙放在大锅里，锅里加水再用小火慢慢加热，青蛙虽然可以感觉外界温度慢慢变化，却因惰性，没有立即往外跳，最后被热水烫死煮熟而不自知。这个故事对企业风险管理很有启发性。企业竞争环境的改变大多是渐热式的，如果管理者与员工对环境的变化没有疼痛的感觉，企业最后就会像这只青蛙一样，被烫死了、煮熟了还浑然不知。

从大背景看，在经济运行全球化、企业运作金融化的信息时代，由于商品市场的浩瀚和金融市场的多变及信息的透明，使企业面临前所未有的巨大风险。样在经济全球化背景下的信息时代，企业要从战略的高度来对待风险管理问题。

5）风险管理的目标

风险管理的目标可以分为四类：

第一类是战略性目标，涉及高层次的目标，与企业使命相一致并支持企业使命的实现。

第二类是运营目标，涉及企业资源使用的效果与效率。

第三类是报告目标，涉及企业报告的可靠性。

第四类是规范目标，涉及公司对法律法规的遵循。

《指引》中企业风险管理的目标是：

（1）确保将风险控制在与总体目标相适应并可承受的范围内。

（2）确保内外部，尤其是企业与股东之间实现真实可靠的信息沟通，包括编制和提供真实、可靠的财务报告。

（3）确保遵守有关法律法规。

（4）确保企业有关规章制度和为实现经营目标而采取重大措施的贯彻执行，保障经营管理的有效性，提高经营活动的效率和效果，降低实现经营目标的不确定性。

（5）确保企业建立针对各项重大风险发生后的危机处理计划，保护企业不因灾害性风险或人为失误而遭受重大损失。

需要特别强调的是，企业风险管理的目标不仅仅是财务报告的可靠和经营的规范，更重要的是企业战略目标的实现，以及资源高效率、有效果地运用。

2. 企业风险管理框架

风险管理框架运用的概念可以应用于所有企业，无论其规模大小。某些中小企业所采用的风险管理要素的内容与大企业可能不同，但其风险管理仍旧有效。对于每个要素的应用，小企业采用的方法与大企业相比可能并不正式和也没有系统化，但是，无论企业的规模，其风险管理框架的设计都应包括该风险管理框架报告所讲的基本概念。

一个完善的企业风险管理框架包括一个健全的、以董事会为首的公司治理结构，有明确的企业目标和战略，以及企业的风险政策和一套重视风险管理的企业文化和价值观。本节中，我们将介绍企业风险管理的组织体系和由此形成的风险管理的防线。

1）风险管理的组织体系

健全的企业风险管理组织体系，包括规范的公司法人治理结构，风险管理职能部门、内部审计部门和法律事务部门以及其他有关职能部门、业务单位的组织领导机构及其职责。

除了公司本部的风险管理组织外，企业还应通过法定程序，指导和监督其全资、控股子企业建立与企业相适应或符合全资、控股子企业自身特点并能有效发挥作用的风险管理组织体系。

健全规范的公司法人治理结构是指股东（大）会（对于国有独资公司或国有独资企业，即指国资委）、董事会、监事会、经理层依法履行职责，形成高效运转、有效制衡的监督约束机制。

2）风险管理的三道防线

（1）风险管理的第一道防线：业务单位防线。

业务单位包含了企业大部分的资产和业务，它们在日常工作中面对各类的风险，是企业的前线。企业必须把风险管理的手段和内控程序融入业务单位的工作与流程中，才能建立好防范风险的第一道防线。

要建立好风险管理的第一道防线，企业的各业务单位需要：①了解企业战略目标及可能影响企业达标的风险；②识别风险类别；③对相关风险做出评估；④决定转移、避免或减低风险的策略；⑤设计及实施风险策略的相关内部控制；⑥企业需要把评估风险与内控措施的结果进行记录和存档，对内控措施的有效性不断进行测试和更新。

（2）风险管理的第二道防线：风险职能管理部门防线。

第二道防线是在业务单位之上建立一个更高层次的风险管理功能，它的组成部分应该包括风险管理部门、信贷审批委员会、投资审批委员会。

风险管理部的责任是领导和协调公司内各单位在管理风险方面的工作，它的职责包括：①编制规章制度；②对各业务单位的风险进行组合管理；③度量风险和评估风险的界限；④建立风险信息系统和预警系统、厘定关键风险指标；⑤负责风险信息披露、沟通、协调员工培训和学习的工作；⑥按风险与回报的分析，为各业务单位分配经济资本金。

（3）风险管理的第三道防线：内部审计防线。

内部审计是一项独立、客观的审查和咨询活动，其目的在于增加企业的价值和改进经营。内部审计通过系统的方法，评价和改进企业的风险管理控制和治理流程的效益，帮助企业实现其目标。

内部审计具有三大功能：

一是财务监督的功能。包括审计财务账的可用性，监督企业内部管理和制度的执行。譬如检查分公司和子公司上报总部的财务报表的准确性以及执行财务管理政策的情况。

二是经营诊断的功能。通过管理审计以及效率和效益审计，检查和诊断经营和管理过程中的偏差和失误。

三是咨询顾问的功能。即进行企业风险管理和发展策略方面的咨询，调查领导关心的热点问题和管理薄弱环节。譬如企业兼并收购时调查被投资公司的内部管理和流程操作，了解薄弱环节或其他影响并购交易的重大事项，从而确定管理方法和并购策略等。

3）构建企业风险管理体系的关键要素

一是确立对企业监督的机制。需要考虑是否需要在集团层面引入以董事会领导的管理体制；聘任有经验的外部董事，来加强对企业的监督；要求企业建立风险管理和内控系统，并对其运作及有效性做出定期的汇报。

二是必须有管理高层的支持和参与。管理高层需要确立方向和目标，营造必要的环境；为平衡风险与回报做出战略性的决定。

4）风险管理信息系统

企业应将信息技术应用于风险管理的各项工作，建立涵盖风险管理基本流程和内部控制系统各环节的风险管理信息系统，包括信息的采集、存储、加工、分析、测试、传递、报告、披露等。风险管理信息系统应与企业各项管理业务流程、管理软件统一规划、统一设计、统一实施、同步运行。

5）风险管理文化

采用全面风险管理模式的企业，除了要建立一些具体的制度外，还必须要有足够的耐心，把风险意识融入自己的企业文化中去，在整个组织中贯彻风险意识。

企业应大力加强员工法律素质教育，制定员工道德诚信准则，形成人人讲道德诚信、合法合规经营的风险管理文化。对于不遵守国家法律法规和企业规章制度弄虚作假、徇私舞弊等违法及违反道德诚信准则的行为，企业应严肃查处。

企业应建立重要管理及业务流程、风险控制点的管理人员和业务操作人员岗前风险管理培训制度。采取多种途径和形式，加强对风险管理理念、知识、流程、管控核心内容的培训，培养风险管理人才，培育风险管理文化。

3. 企业风险管理流程

1）信息搜集和风险识别

（1）搜集信息。为了实施全面风险管理，企业首先要广泛并持续不断地收集与本企业风险和风险管理相关的内部外部初始信息，包括历史数据和未来预测，为确定风险管理目标做好准备。有了目标，才能识别影响目标实现的潜在事项。企业应广泛收集国内外企业战略风险失控导致企业蒙受损失的案例，以及有关企业战略风险、财务风险、市场风险、法律风险、营运风险的信息。

（2）风险识别。风险识别是企业在对所收集的初始信息进行筛选、提炼、对比、分类组合的基础上，鉴别出企业所面临的不确定因素，并查找企业各业务单元、各项重要经营活动及其重要业务流程中有无风险，有哪些风险。

一般而言成功的风险管理应该会使得意外减少。风险管理就像是"预视雷达"，扫描不确定的未来以识别出需要规避的严重威胁或需开发的重要机会，虽然可能无法察觉不确定的未来中所有的细节，风险程序的目标还在于揭露特定的不确定区域，并指出应遵循的最佳路径。

然而有些未来的不确定性却是无法预见的。不可能预先识别出所有的风险的原因有以下四点：

第一，有些风险的本质就是无法知道。这些是隐藏在未来的潜在不确定、任何人都无法感知直到它侵袭并带来意外的冲击。事实上，也可以认为这些"未知的未知"不是一种风险，因为这些风险的本质就是它们无法显现于风险程序中。但是，尽管不将它们视为风险，但它们仍然是意料之外的问题或利益，除非等到发生了，否则它们就像是不存在一样。

第二，某些风险则是具有时间依赖性的，只会随时间的推移而发生。"风险雷达"只能看到有限的未来，而某些风险除非到了较接近的时刻，否则这些风险是不可能被识别的，直到在它们出现以前都是潜伏且无法识别的。

第三，有些紧急的风险是无法预见的，因为它们具有进度相依性，直到某项进度完成前，它们仍然无法被识别。就好像一个存在于建筑物背面的风险，除非你走到建筑物之后并有了新的视野，否则你无法发现该风险。

最后一类无法被"风险雷达"侦测到的是具有回应相依性的风险，也就是次级风险，它只出现在针对某个既存的风险采取响应行动时，在行动采取前这个风险是不存在的，所以它们当然无法在响应行动被识别出之前看到。

2）制定风险管理策略和方案

第一，制定风险管理策略。风险管理策略，指企业根据自身条件和外部环境，围绕企业发展战略，确定风险偏好、风险承受度、风险管理有效性标准，选择风险承接、风险规避、风险转移、风险转换、风险对冲、风险补偿、风险控制等适合的风险管理工具的总体策略，并确定风险管理所需人力和财力资源的配置。

第二，风险管理解决方案。风险管理解决方案一般应包括风险解决的具体目标，所需的组织领导，所涉及的管理及业务流程，所需的条件、手段等资源，风险事件发生前、中、后所采取的具体应对措施以及风险管理工具（如：关键风险指标管理、损失事件管理等）。

制定风险管理解决方案应注意的问题：

（1）企业制定风险管理解决的外包方案，应注重成本与收益的平衡、外包工作的质量、自身商业秘密的保护以及防止自身对风险解决外包产生依赖性风险等，并制定相应的预防和控制措施。

（2）企业制定风险解决的内控方案，应满足合规的要求，坚持经营战略与风险策略一致、风险控制与运营效率及效果相平衡的原则，针对重大风险所涉及的各管理及业务流程，制定涵盖各个环节的全流程控制措施；对其他风险所涉及的业务流程，要把关键环节作为控制点，采取相应的控制措施。

第三，制定内控措施。企业制定内控措施，一般至少包括以下内容：

（1）建立内控岗位授权制度。对内控所涉及的各岗位明确规定授权的对象条件、范围和额度等，任何组织和个人不得超越授权做出风险性决定。

（2）建立内控报告制度。明确规定报告人与接受报告人，报告的时间、内容、频率、传递路线、负责处理报告的部门和人员等；建立内控批准制度。对内控所涉及的重要事项，明确规定批准的程序、条件、范围和额度、必备文件以及有权批准的部门和人员及其相应责任。

（3）建立内控责任制度。按照权利、义务和责任相统一的原则，明确规定各有关部门和业务单位、岗位、人员应负的责任和奖惩制度。

（4）建立内控审计检查制度。结合内控的有关要求方法、标准与流程，明确规定审计检查的对象、内容、方式和负责审计检查的部门等；

（5）建立内控考核评价制度。具备条件的企业应把各业务单位风险管理执行情况与绩效薪酬挂钩。

（6）建立重大风险预警制度。对重大风险持续不断地进行监测，及时发布预警信息，制定应急预案，并根据情况变化调整控制措施。

（7）建立健全以总法律顾问制度为核心的企业法律顾问制度。大力加强企业法律风险防范机制建设，形成由企业决策层主导、企业总法律顾问牵头、企业法律顾问提供业务保障、全体员工共同参与的法律风险责任体系，完善企业重大法律纠纷案件的备案管理制度。

（8）建立重要岗位权力制衡制度，明确规定不相容职责的分离。主要包括：授权批准、业务经办、会计记录、财产保管和稽核检查等职责。

3）企业风险管理的执行、监督与改进

企业应以重大风险、重大事件和重大决策、重要管理及业务流程为重点，对风险管理初始信息、风险评估、风险管理策略、关键控制活动及风险管理解决方案的实施情况进行监督，采用压力测试、返回测试、穿行测试以及风险控制自我评估等方法对风险管理的有效性进行检验，根据变化情况和存在的缺陷及时加以改进。

（1）企业应制定具体的风险管理计划，企业内部、外部有关部门通力合作，贯彻执行企业风险管理决策。

（2）理顺信息沟通渠道。应建立贯穿于整个风险管理基本流程、连接各上下级、各部门和业务单位的风险管理信息沟通渠道，确保信息沟通的及时、准确、完整，为风险管理监督与改进奠定基础。

（3）各部门自查和检验。企业各有关部门和业务单位应定期对风险管理工作进行自查和检验，及时对风险管理的实施进行检查分析，看是否遗漏风险因素，决策是否合理，采用措施是否恰当，环境变化是否产生了新的风险因素。及时发现缺陷并改进，其检查检验报告应及时报送企业风险管理职能部门。

（4）风险管理职能部门评价。企业风险管理职能部门应定期对各部门和业务单位风险管理工作实施情况和有效性进行检查和检验，并对风险管理策略进行评估，对跨部门和业务单位的风险管理解决方案进行评价，提出调整或改进建议，出具评价和建议报告，及时报送企业总经理或其委托分管风险管理工作的高级管理人员。

（5）外部评价和改进建议。企业可聘请有资质、信誉好、风险管理专业能力强的中介机构对企业全面风险管理工作进行评价，出具风险管理评估和建议专项报告。

4. 危机与危机管理

1）危机的概念

企业危机是指任何危及企业最高目标和基本利益，管理者无法预料但又必须在极短时间内紧急回应和处理的突发性危害性事件。

这一概念强调了以下几点：

（1）危机是危及企业基本利益的事件，妨碍组织最高目标的实现。

（2）危机是一种突发性事件，往往突如其来而出乎组织管理者的预料。

（3）危机给予组织决策和回应的时间很短，对组织的管理能力提出了很强的时间性要求。

2）危机的特征

（1）意外性，危机常常是由一些容易忽视的细小事件逐渐发展起来的。然而由于疏忽，人们可能对这些细小的事件一无所知，也可能对这些细小的事件习以为常、视而不见，因此危机具有较强的隐蔽性，而且危机往往是突然爆发，因而出乎决策者的意料，危机爆发的时间地点以及影响的程度常常是人们始料未及的。

（2）公众性，企业一旦发生危机，必然会引起同行企业、社会公众、新闻媒体以及政府等各个利益相关者的高度关注，而且，随着传播业的发展，信息传播渠道的多样化、时效的高速化、范围的全球化，使企业危机情境迅速公开化，成为各种媒体最佳的"新闻素材"。

（3）紧急性，危机的发生、处理具有很强的时间约束。当危机事件出现时，由于传播速度非常快，其危害性会在很短的时间内被迅速释放出来，并呈快速蔓延之势，这就要求企业必须立即采取有力的措施予以处理，任何延迟都会给企业带来更大的损失。

（4）连锁性，现实生活中，危机形态各异，变化诡谲，而且相互交织，处置不好会引起连锁反应，使企业在许多方面潜伏的危机暴露出来，造成企业面临多重危机，而且这种连锁性会使危机产生放大效应，使企业遭受更大的损失。

（5）二重性——危害与机遇并存，正如中国古语所云："祸兮福之所倚，福兮祸之所伏。"这句话辩证地阐述了危机的二重性，揭示了危害和机遇相互依存，相互转化的关系。

3）危机的诱因与分类

只有辨别清楚危机的来源、准确把握危机的性质与类型，才能有的放矢地采取措施妥善处理和抓住重点。一般来说，按照危机产生的诱因，可以将危机划分为以下三类：

（1）外生型危机。外生型危机指那些非企业自身力量能够影响和控制的环境因素给企业造成损害，从而引发企业危机的事件。在所有的危机事件中，这类非企业自身原因造成的危机事件也占了不小的比例，而且往往导致企业陷入困境或遭受重大损失。外生型危机具体包括以下五类：

一是自然灾害引发的危机，自然灾害是由自然界不可抗力所引起的灾难，如地震、海啸、雷电、暴风雪、水灾、干旱、自然环境的变化而引发的疾病等。

二是政治、法律法规变化引发的危机，一家企业与其所在地的政治、法律息息相关。政权的变更、政治风波、新法律出台、行业标准的提升对企业过去所从事的业务产生影响，也迫使企业对今后做出新的抉择。

三是经济环境的变化和技术的进步引发的危机，一个国家经济的发展或衰退、国家宏观经济结构的调整、发生金融危机等都可能使企业发生危机，另外，技术的进步也是企业发生危机的重要原因。

四是媒体的误导与公众的误解引发的危机，媒体在企业与公众之间扮演着重要的角色，是企业与公众交流的渠道。由于企业公关或企业领导言行上的失误，媒体能掀起滔天巨浪，有的时候甚至是媒体的误报。

五是恐怖袭击事件引发的危机，只要恐怖袭击存在，人们就会永远处于惊慌和恐怖之中，企业的持续经营便会受到严重影响。"9·11"恐怖袭击事件使美国民航业损失数百亿美元，几大航空公司相继申请破产保护，而办公地点设在世贸大厦中的企业更是损失惨重。

（2）内生型危机。内生型危机是指由于重视不够或者处置不当，那些与企业自身的经营管理直接相连的各种因素所诱发的各种危机事件。具体包括以下五类：

一是战略危机，战略危机是指由于企业对外部环境和内部条件的错误估计，使得企业战略选择失误；或者企业战略选择虽然正确，但由于战略执行不当而给企业造成的危机。

二是人力资源危机，企业的高级人才往往掌握着企业的核心技术、商业机密、业务关系等关键知识。因此，人才流失，尤其是核心人才流失，对企业来说是一个非常严重的危机事件。

三是产品危机，这种危机一般源于以下两种情况：其一，企业在生产经营中，其产品的结构、质量品种、包装等方面可能与市场需求脱节，产品缺乏竞争力，造成产品大量积压，使企业生产经营运转发生困难；其二，企业在产品定价策略上，可能低估竞争对手的能力或过高估计目标顾客的接受能力，当竞争对手采取低价策略时，本企业则可能碍于自身生产条件、技术、规模的限制，无法压低产品价格，使企业产品销售困难。

四是财务危机，这一类危机是由于企业在投资融资上的决策失误或受股票市场的波动、贷款利率和汇率的调整等不利因素的影响，使企业资金暂时入不敷出，若企业无法寻觅更好融资渠道时将不可避免地会导致企业资金断流，最终造成企业生产瘫痪。

五是信誉危机，它是企业各种"危机"中最为常见的一种。企业信誉是企业在长期的产供销过程中，产品和服务给社会公众带来的整体印象和评价。企业由于在产品质量、包装性能、售后服务等方面与消费者产生纠纷甚至造成消费者重大损失，使企业整体形象严重受损，信誉降低，进而被提出巨额赔偿甚至被责令停产，企业从此陷入危机。

（3）内外双生型危机。在很多情况下，企业之所以陷入危机，往往是外部环境急剧变化和内部管理不善交互作用的结果。企业内部管理问题往往是危机产生的根源，而外部环境的急剧变化往往是危机爆发最为直接的"导火索"，而其后的管理不善则使危机的爆发呈"燎原"之势，愈演愈烈。

4）危机发展的一般规律

（1）企业危机的发展阶段。企业危机的形成发展有着自身内部规律，客观上表现为生命周期的特点。一般来说，危机的演化和发展是按照以下五个阶段进行的：①危机的潜伏期；②危机的爆发期；③危机的高潮期；④危机的转换期；⑤危机的消退期。

（2）企业危机爆发前的表现症状。企业不重视危机管理，就容易患上危机管理缺陷综合征。常见病症有：①企业战略无边界，不注重核心业务及技术的培育和发展，头脑发热，随意进入新领域；②盲目追求"大"和"快"，忽视企业各项资源要素和能力的均衡配置与协调发展，变成"跛足鸭"；③偏重增长指标，忽略安全指标，比如只重视销售、市场占有率等指标的增长，不重视现金流资本周转速度、边际利润产品与服务质量等指标的变化；④财务政策不稳健，长期高负债经营，陷入债务依赖循环心理；⑤企业快速发展同时，"神经系统"发育滞后，对内外部环境变化不敏感，信息堵塞或失真；⑥企业取得一定成绩后，自我满足，不思进取，甚至争权夺利，滋生腐败，致使人心涣散；⑦缺乏预设的制度化的危机管理办法，危机发生后只能临时应急处理，常常忙中出错，反使危机扩大；⑧不重视公共关系和公众利益，危机特别是涉及公众利益的危机发生时，不注意与媒体及公众的坦诚沟通和交流。不是遮遮掩掩，就是狡辩抵赖，结果弄巧成拙，名誉扫地。

5）危机管理

（1）危机管理的概念。危机管理就是企业通过建立完善的危机管理系统，并运用危机产生、发展的规律性知识，对危机进行监测预控、决策与处理的过程，从而避免、减少危机产生的危害，甚至将危机转化为机会。

（2）危机管理的指导原则。①制度化原则；②预防第一的原则；③全员参与的原则；④公众利益至上全局利益优先原则；⑤及时主动原则；⑥实事求是原则。

（3）企业危机管理的阶段和主要工作。目前，危机理论发展到了全面的、系统的危机管理阶段，危机管理属于企业战略的一部分，其实质是信息的管理。企业要有效应对来自企业内外部环境变化引起的威胁，就要建一个危机管理体系，从企业组织结构到内控制度以及企业的组织文化都要做出相应改变。全面的危机管理从时间上可分为三个阶段：

第一阶段：企业危机潜伏期。此阶段属于危机预防阶段，该阶段的主要工作包括制定危机管理计划、培养危机意识、建立应急机制、建立危机预警系统。

第二阶段：企业危机爆发期和转化期。此阶段属于危机处理阶段。该阶段的主要工作包括建立危机处理机构、危机调查与评估、危机处理方案选择和资源调配危机处理策略选择和危机沟通。

第三阶段：企业危机恢复期。此阶段属于危机总结阶段。该阶段的工作包括对整个危机管理过程进行调查分析和评价，提出改进意见，妥善处理各种善后事宜，将企业危机转化成企业的发展机遇。

（4）企业危机管理体系的建立。完善的危机管理体系主要包括危机管理的目标和任务、资源的准备、机构的设置、系统的再设计和人员的培训等内容。

第一，目标和任务。危机管理的目标是最大限度地减少危机对社会和组织的伤害，帮助组织控制危机的局面，尽最大能力保护组织的声誉。因此，有效的危机管理需要做到以下几方面：①转移或缩减危机的来源、范围和影响；②提高危机初始管理的地位；③改进对危机冲击的反应管理；④完善修复管理，以能迅速有效地减轻危机造成的损害。

第二，组织机构设计与职责安排。在组织机构设计与职责安排方面，公司的高层领导必须参与制定危机管理的指导方针，必须赋予各部门经理以管理各自职责范围内危机的责任。危机管理机构的具体构建模式设立可以采取两种形式，一种是成立独立的企业危机管理部门，其直接对企业高层领导负责；另一种是成立危机管理小组。

第三，建立责任追究制度。每种主要危机必须有专人负责，此责任最终必须落到经理身上。责任追究制的建立不仅可以提高各个危机管理相关人员的积极性，增强责任性，还可以避免各相关责任人在落实危机责任时相互推诿扯皮的现象发生。

第四，建立培训机制。企业应尽快建立危机管理的培训机制，实行定员、定岗、定期的轮流交换培训模式。一方面用以检验危机管理者的快速反应能力，强化其危机管理意识；另一方面还可以及时检测企业危机计划是否充实、可行，是否在物资、人员管理操作甚至战略上存在不足之处。培训的内容如下：①针对企业全体员工（包括高层在内）进行危机意识的全方位培训；②对企业领导人进行危机管理识别能力的专项培训；③强化企业各种危机处理方案的具体内容培训，并进行设想演习；④强化危机管理者的综合业务素质培训，包括公关能力、对媒体的回应能力、沟通能力、专业能力等；⑤强化危机预警系统中各项指标的预测分类、整理运用的实际能力培训；⑥定期进行危机管理的模拟训练，包括心理训练、危机处理知识培训和危机处理基本功的演练等。

（5）全面评价和完善企业的危机管理体系。企业危机管理体系包括危机管理组织架构、危机计划、危机预警系统、危机管理的资源等方面。全面评价危机管理体系，以便了解以下内容：

一是危机管理组织架构是否达到了预期的目的，效率如何，能否快速地对危机做出反应；是否有利于信息的收集和处理，在危机中企业能否有效地进行内部和外部沟通。

二是危机管理计划是否有制定的必要，危机管理计划制定是否完善，在企业危机管理中的作用如何。

三是危机预警系统反应是否灵敏，对危机的侦测是否准确，危机预警系统是否需要加强维护和完善。

四是危机管理的资源是否具备，有没有得到合理利用，是否需要建立专用的物质储备，危机管理中人员的意识技能是否达到危机管理的要求。

企业危机管理体系是一个整体的系统，只有对危机管理体系的各个方面进行综合、全面地评价，才能找出企业在危机管理中的经验和教训。同时，由于企业面临的环境不断变化，企业危机管理体系也要与其相适应，才能在动态发展中保持有效性。

5. 危机潜伏期：危机预防

1）危机意识的培养

正如"温水煮蛙"现象描述的那样，造成危机的许多因素早已潜伏在企业日常的经营管理之中，只是由于企业内部人员的麻痹大意，缺乏危机意识，对此没有足够的重视，就放松警惕，不对危机进行有效防范。有时候，看起来很不起眼的小事，经过"连锁反应""滚雪球效应""恶性循环"，有可能演变成摧毁企业的大危机，尤其是在企业取得了一定成绩或达到了一定的发展阶段的时候，往往也就是危机最容易爆发的时候。为了避免"温水煮蛙"现象的发生，企业应加强以下几个方面的工作：

（1）积极灌输危机意识。重塑忧患意识，形成"生于忧患，死于安乐，居安思危，未雨绸缪"的危机管理理念是现代企业经营管理战略中的关键所在。首先，企业的高层管理人员应具备危机意识，要在战略高度树立起强烈的危机意识和先进的危机理念，确保企业在战略层面上不会迷失方向；其次，全体员工都要树立起强烈的危机意识，使他们认识到企业在任何环节任何时候都可能发生危机；最后，通过举行各种形式的宣传活动，积极倡导，长期贯彻，将危机意识深深植根于企业文化之中，形成上至领导下至员工的全员性的危机意识。

（2）主动制造危机事件。为了激发员工潜在的积极性、主动性和创造力，一些企业的管理层经常有意识地制造危机，用危机意识来激发员工的奋斗精神，不断努力和创造，不断追求更高的目标。海尔集团的"斜坡球体理论"，将企业比做斜坡上的球，如果员工不诚实劳动，热爱企业，不积极进取，不为企业的发展献计出力，员工将被企业淘汰，企业也将无法发展。这使企业干部职工转变了观念，增强了危机意识，充分认识到自身工作的紧迫感和责任感，增强了企业凝聚力。

（3）危机教育。通过开展各种形式的危机培训和教育，使大家对危机的一些规律性知识能够更好地进行理解，帮助员工提高危机意识，掌握危机管理技能，使员工具备较强的心理承受能力和应变能力。对于新员工来说，危机教育更为重要。

第一，危机意识教育。要告诫员工，危机随时可能发生。一个没有事故的世界是不存在的；管理危机事件的方式会对企业及其产品的销售额和声誉带来巨大影响；事故越少，人们也就难以接受事故，事故的代价也就变得越不合理。要通过各种生动的故事教育员工，如①墨菲定律；②罗伯特·马修斯定律；③菲纳格定律。

第二，危机防范与处理教育。具体如下：

一是危机防范教育首先要求企业加强安全教育，强化内部管理，减少人为失误。企业需要培训员工的生产、服务技能，确保企业产品或服务的质量。同时，应培养员工之间、部门之间、企业与政府之间、企业与媒体之间的合作意识和合作技巧。企业还应教育员工学会识别和捕捉危机预警信息。

二是在危机处理教育方面，企业应按照岗位对员工进行危机处理技巧的教育，使他们掌握与自己岗位有关的危机管理专业知识，明确在危机发生时应采取的具体措施。

2）制定危机管理计划

有无正式的危机管理计划已成为评价一个危机管理水平的标准，缺少危机管理计划的企业通常被认为其发展不稳定，风险也比其他制定了危机管理计划的企业大。根据有关对全球工业 500 强企业的调查显示：发生危机以后，企业被困扰的时间平均为 8 周半，未制定危机管理计划的公司要比制定危机管理计划的公司长 2.5 倍；危机后遗症的波及时间平均为 8 周，未制定危机管理计划的公司同样要比制定危机管理计划的公司长 2.5 倍。由此可见，制定一个有效的危机管理计划是十分重要的，它可以帮助企业在危机时刻有条不紊地处理危机。危机管理计划的基本内容主要包括：

（1）企业危机管理的指导原则和目标；影响企业的各类潜在危机情形；紧急情况下的工作程序；危机报告和汇报结构以及危机处理团队、危机指挥中心、危机发言人等有关人员及其运作机制；关于危机计划的演练、修改、审计等有关规定等内容。

（2）企业应根据自己所处的行业特点及可能发生的危机类型，在系统地收集相关信息的基础上制定危机管理计划。在制定过程中，还应坚持灵活性和发展性原则，充分利用外部资源，避轻就重，制定不同的危机处理备选方案。

（3）危机发生后企业应组建专门的危机管理小组制定危机处理方案，启动危机管理计划，并协调各项工作。

3）应急机制的建立

构建危机应急机制是企业危机管理的关键内容，其基本目标是在企业一旦遭遇危机事件时，能在第一时间迅速做出正确反应，以最快速度启动应急机制，及时、准确地判断危机的性质影响程度及影响范围，并按照危机管理应急预备方案，果断采取相应的对策和措施，以求将危机的影响和损失降低到最小。

（1）制订危机管理应急预备方案。企业应针对可能发生的危机预先制订出应对方案，并估计采用几种可供选择的方案分别会带来什么样的结果。一旦发生危机，企业便能够有效地应对，并做好充分准备。无论针对哪一种危机，处理预案都要从分析可能的危机情况着手，策划应对的战略战术、基本政策和有效沟通的渠道，并分清先后次序和轻重缓急，提出可以操作的具体安排，最后以书面形式成为正式文件，作为各有关部门和人员的行动指南。对不同情况下的不同应对预案及其备用方案，还必须进行反复论证和测试，必要时还要组织危机应对的模拟演练，以确保方案的严密可靠。

危机管理应急预备方案一般包含以下内容：

一是建立有效的社会信息反馈机制，监测社会环境的变化，对潜在的危机做出分析和预测，并随时准备把握危机中的机遇。

二是分析研究各种与组织有关的潜在的危机形态，界定有关的危机类型。

三是制定预防危机的方针、对策，并落实到组织的制度和运行机制中，尽可能避免危机的发生。

四是为处理每一种潜在的危机制定具体的战略和战术。

五是确定可能受到危机影响的公众。

六是为最大限度减少危机对组织声誉的破坏性影响，建立有效的传播沟通渠道。

七是组建危机评估和危机控制的专家小组。

八是由专家和行政人员共同制定危机应急计划，并写出具体的危机处理书面方案。

九是根据方案反复进行试验性演习。

十是事先培训处理危机的专业人员。

（2）建立危机管理公关机制。危机公关是企业危机管理的核心所在，其机制包括企业内部机制与外部机制两种。

第一，就内部机制而言：危机公关主要是专门研究和处理危机事件发生的各种策略与措施。在危机发生时，除了要及时向高层领导汇报以外，还要能驾驭危机全局，积极与外界沟通，以有效地引导舆论导向，主要体现在：①积极做好政府公关，争取得到政府的最大支持；②做好媒体公关，积极与媒体沟通，澄清事实，防止有些媒体不负责任，歪曲事实地报道；③做好公众公关，保证信息的及时充分披露，以获取公众的信赖。

第二，就外部机制而言：危机公关主要是委托外界的咨询公司等中介机构，借助它们与各级媒体保持良好的合作关系，展开宣传攻势，争取把危机损失降到最低。

4）预警系统的建设

（1）危机预警的内涵及其目的。危机预警是企业危机管理核心之核心，是指企业通过有效的预防机制，能够及时发现危机的征兆和迹象，并将危机消灭于萌芽之中。建立危机预警机制的目的是：通过对危机风险源、危机征兆进行不间断地监测，能在各种信号显示危机来临之际及时地向组织发出警报，提醒组织对危机采取行动，在危机发生之前就缩小其损失范围和爆发规模，形成有效的预防机制。

容易发生危机的情况如下：①对公众安全和广泛利益具有重要影响的事件；②影响组织最高目标和利益的重大事件实施之前；③最常发生的意外事件、突发事件、敏感事件；④组织的脆弱环节、薄弱环节和易受攻击的环节；⑤一次性的机会，不可替代的资源投入的场合；⑥不可重复的关键环节。

（2）企业危机预警所需的基本条件如下：

一是权威性。强大的授权是危机管理机构开展工作的基本前提。通常，危机预警机构直接向总经理或企业的董事会汇报工作，企业的各项工作都在监督管理之列。

二是独立性。保证危机管理机构的独立性才能全面客观公正地对企业内外部危机因素进行危机管理预警，而不会因受到局部利益的影响发生偏差。在企业内部，监督机构独立于各类执行机构，不承担任何实施任务，专注于危机管理预警工作。

三是经验与技能。危机管理预警人员要具有实施有效监督管理的综合工作技能，诸如：管理经验实施工作经验、与人交流的能力与审计经验等。在管理过程中，管理工作人员应采用多种工作方式，了解各方面情况，广泛接触各个层次的实施人员。通过访谈，了解各方面情况，发现问题，判断实施的完整性和工作质量，实际测试危机管理预警系统的可靠性，审核系统中数据的真实性，判断数据的准确性。

四是综合知识。危机管理工作者不仅要有专业理论知识，而且还应具备综合的分析判断能力。具体地讲，危机管理人员应该掌握国家相关的政策和法律法规，了解企业所在行业的特点和发展趋势，应具备扎实的经营管理知识和会计学知识，能够熟练地应用企业诊断方法和企业危机预测的定性、定量分析法。

（3）危急预警的步骤：确定危机监测的对象→危机预警指标的建立→预警标准的确定→危机信息的搜集、甄别和评估→建立预警指标的统计分析制度，将定期检查和随机报告相结合→危机预控。

一是确定危机监测的对象。为了有效地开展危机预警，企业应对自身所面临的各种风险进行初步分析，确定危害较大的高发性风险，并将这些风险作为企业危机检测的重点。

企业需要特别关注的六类检测对象：对公众安全和广泛利益具有重要影响的事件；影响组织最高目标和利益的重大事件；最常发生的意外事件、突发事件、敏感事件；组织的脆弱环节、薄弱环节和易受攻击的环节；一次性的机会、不可替代的资源投入的场合；不可重复的关键环节。

二是危机预警指标的建立。在确定了危机预警的检测对象之后，应针对不同的检测对象建立相应的预警指标。完整的预警指标体系比较复杂，这里仅列举一些比较重要的指标供参考。可量化的预警指标有：主营业务指标、财务指标、产品或服务质量指标、安全指标、原燃料指标、人力资源指标、行业趋势指标、重要客户信用指标等；非量化的预警指标可关注以下方面：企业内部的员工情绪状况、纪律状况、制度执行状况、信息传递通畅度、交流沟通状况、创新动力及成果等，企业外部的客户态度评价、媒体关注及评价、竞争对手新情况、政策法规新动态等。

三是预警标准的确定。在选定了具体的指标体系后，就应该制定相应的预警标准。预警标准可根据企业历史资料、行业平均水平、竞争对手水平、社会公认水平以及企业自身认可的水平建立。标准不是绝对的，相对合理即可，且需根据形势发展而做调单，比如产品合格率，过去能达到 99.9% 已属不错，可现在先进企业已提出"6Q"标准了。对于一些难以量化的指标，也应确定便于识别和判断的预警水平或者程度。然后，通过将上述各个指标的实际表现与预警线进行比较，来判断每一个指标是否开展危机预控。

四是危机信息的搜集、甄别和评估。要建立能够提供真实可靠信息的信息网络，这是危机预警系统的核心。

第一步，通过对危机诱因、危机征兆的严密观察，收集整理反映危机迹象的各种信息或信号，应确保将分散、零星的信息整合为准确、有用的信息资源并及时呈报给决策层，作为危机预警的判断依据。

第二步，对监测到的信息进行鉴别分类和分析，使其更有条理、更突出地反映出危机的变化，对未来可能发生的危机类型及其危害程度做出估计。预警机制中还应该包括一套完整的风险评估管理系统。时间和资源总是稀缺的，所以，企业需要建立某种形式的优先注意权。

五是建立预警指标的统计分析制度，将定期检查和随机报告相结合。此项工作要有专门的部门负责，及时将来自各部门各环节的指标数据收集汇总和整理分析，并将结果报告危机管理委员会。当某些指标出现突然大幅变化时，相关责任部门或人员应随时直接报告危机管理委员会。

六是危机预控。危机预控是指企业应针对引发危机的众多可能性因素，事先确定防范、应对措施和制定出各种危机处理预案，以有效地避免危机的发生或尽量使危机的损失减到最小。当危机发生后，根据危机的性质和破坏程度，启动不同危机应对策略，危机处理人员可以根据计划从容决策和行动，掌握主动权，对危机迅速做出反应。

6. 危机爆发期和转化期：危机处理

1）危机处理程序和方法

危机处理是企业危机管理的关键环节。危机全面爆发时，如果处理不好，还可能进一步蔓延、扩散，导致更严重的后果。因此，危机管理小组应以最快的速度启动危机处理计划，采取正确有效的措施，隔离危机，控制危机，解决危机。企业危机处理包括以下步骤：

（1）建立危机处理机构。企业应根据危机的类型按照预先制定的危机管理计划，迅速组成以企业高层管理者、相关职能部门及外部专家为主要成员的危机处理小组，并明确规定成员之间的职责分工、相应权限和沟通渠道，同时建立一整套业务流程。

（2）危机调查与评估。深入的危机调查与正确的危机评估是危机爆发和扩散过程中的关键处理环节，是制订有效的危机处理方案的前提。危机调查与评估是指企业通过收集信息和组织调查，确认危机已经发生，在此基础之上，对危机的存在状态、发生的层次或部门、产生的根源、带来的危害与机会、连锁反应及发展趋势等进行有效的诊断和评估。工作重点包括：了解危机发生的详细经过；了解危机的受害者情况；查明危机事件的性质、时间、地点、原因、规模和影响等。基于对调查结果进行评估而形成的调查报告，为制订危机处理方案提供了基本的客观依据。

危机调查强调针对性和客观性，要求有关证据、数字和记录正确无误，以增加决策需要的信息量，提高决策的准确性。调查过程中，辨别哪些是重要信息，哪些是虚假信息是非常重要的。确定关键信息并非易事，需要对已收集的信息进行分类鉴别和整理分析，剔除不必要的内容，使最值得关注的信息凸显出来；另外必须保持信息网络的畅通，包括公司内部的沟通网络，也包括公司与媒体、政府、公众之间的联系和呼应。危机调查包括以下内容：

一是危机的经过调查。危机处理人员深入现场，掌握危机发生过程的全部情况，包括危机发生的时间、地点、环境、当事人的反应等。

二是危机程度调查。危机的危害具体指危机造成的直接损失和间接损失程度。直接损失比较直观，包括危机造成的人员伤亡情况，损失的财产种类、数量及价值，市场销售萎缩等。间接损失的调查较难，包括危机造成的企业形象受损及对员工心理的负面影响。

三是危机的原因调查。危机的根源往往隐藏在一系列表面现象背后，只有找到引起危机的真正原因，才能制订针对性较强的处理方案，达到事半功倍的效果。调查危机的原因时，除了认真进行现场勘察外，还要广泛听取危机现场的受害者、反应者与旁观者的情况介绍与说明。

危机调查有以下几种方式：

一是现场勘察法。调查人员以最快的速度赶赴事发现场，通过实地勘察，了解危机发生的相关情况及其后果。

二是询问法。通过直接询问危机的利益相关者，了解危机发生的经过、原因、危害程度并明确利益相关者的意见和态度。具体包括面谈、电话访谈、问卷调查等。

三是观察法。即危机处理人员不暴露自己的身份，从局外人的角度观察利益相关者对危机的反应，以了解他们对危机及企业的态度，作为决策的依据。

四是文献分析法。通过收集大众媒体对危机的报道及利益相关者对危机的态度反应，或者通过查阅企业已有的文件或凭证，了解有关情况，查找危机爆发的原因。

以上四种方法各有利弊，可以综合使用。

选择适当的危机处理策略，有助于抑制危机的扩散，改善危机处理的效果，减小危机的危害程度，甚至可以促使危机转化为商机，一般有以下 4 种策略：

一是危机隔离策略。由于危机往往具有连锁效应，如果不加控制，其影响范围会不断扩大。隔离策略旨在将危机的负面影响控制在最小范围内，避免造成更大的人员伤亡和财产损失，避免殃及其他生产经营部门或相关公众，发挥的是"防火墙"的作用。隔离策略主要有两种方法：

第一，危害隔离。危害隔离指对危机采取物理隔离的方法，使危机所造成的财产损失尽可能控制在一定范围之内。比如多元化经营的企业，某产品线发生信誉危机后，可采取有效的隔离措施，避免对其他产品线造成不利的影响。

第二，人员隔离。人员隔离指危机发生后的人力资源配置上，让危机处理小组成员专门负责处理危机，其他员工继续从事正常的生产经营活动，以防止危机对企业的正常运转造成巨大冲击，使市场被竞争对手侵蚀。

二是危机中止策略。如果危机的根源在于企业产品的质量问题、生产经营中的污染等问题，企业应立即实施中止策略，如停止销售、召回产品，关闭有关工厂或分支机构等。主动承担相应的损失，防止危机进一步扩散。

三是危机消除策略。危机消除策略是企业根据既定的危机处理措施，善于利用正面材料，迅速有效地消除危机带来的负面影响，既包括物质财富上的损失，如生产场地遭受破坏、产品大量积压等，也包括精神上的损失和打击，如员工士气低落、股东信心不足、企业形象受损等。

四是危机利用策略。越是危机时刻，越能昭示出一个优秀企业的整体素质综合实力和博大胸襟。危机利用策略是变"危机"为"生机"的策略，只要采取坦率负责的态度，处理得当，表现得体，往往会收到坏事变好事的效果。

以上四种危机处理策略并非彼此割裂，在危机处理过程中，往往综合运用不同的处理策略，以达到相辅相成的效果。一般而言，不同的危机处理阶段以不同的处理策略为重点。隔离策略和中止策略在危机处理的前期广泛采用，消除策略和利用策略则在危机处理的后期使用较为普遍。

2）危机沟通

（1）危机沟通的组织。有效的危机沟通需要充分的准备。首先，危机管理计划中应该包含专门的危机沟通计划，以对可能发生的危机进行应变准备。同时，在危机处理小组内应该没有专门负责沟通的小组，小组成员可以由危机处理小组负责人、发言人、资讯来源过滤者、安排记者会相关事宜者、秘书等人员组成。企业可以选取并培训一名专职的公众发言人，保证企业对外发布信息的一致性，增强公众对企业的信赖。

（2）危机沟通的对象。危机沟通的首要任务是要明确沟通对象。根据沟通对象与企业的关系不同，可分为内部公众和外部公众。对于员工、股东等企业内部公众而言，企业应通过有效的沟通安抚他们的情绪，以免后院起火、雪上加霜；对于顾客、媒体、政府部门、中介组织、供应商、经销商、社会大众等外部公众而言，危机沟通的重点在于改变企业在他们心目中的不良形象。因此，企业应针对不同的对象，确定不同的沟通重点和沟通策略。具体举例如下：

一是与员工沟通。员工是第一类需要沟通的人。企业要让员工信任其领导能力，缓和员工的恐惧感和不安情绪，保持员工的凝聚力，尽可能发挥每一名员工的作用，为企业献计献策，共渡难关。与企业员工沟通的基本原则是"及时相告、以诚相待"。及时、坦诚地向员工通报危机情况，使其了解危机的真相及企业准备采取的各种措施，以稳定军心，避免猜疑和谣言。

二是与受害者及相关人员沟通。面对危机的受害者，企业应勇于承担责任，诚恳而谨慎地表明歉意，同时必须做好受害者的救治与善后处理工作，冷静倾听其意见，耐心听取受害者关于赔偿损失的要求，以争取社会公众的理解和信任。

三是与新闻媒介沟通。现代社会中新闻媒体的地位和作用日趋重要，它们对于企业的评判往往左右着社会舆论，关系着企业的声誉和品牌形象。成功的媒体沟通可以弱化企业危机处理中的失误及犹豫不决等消极形象，尽可能排除外部负面因素对企业的干扰和不利影响。

四是与政府主管部门及相应组织沟通。政府部门、行业协会、专业组织等机构的权威性和可信度较高，具有良好的公众形象，容易赢得公众的信任，对企业危机的处理结果往往能够起到决定性的作用。

五是与社会大众沟通。社会大众作为企业的外部公众，是企业生产、销售、公关的现有或潜在对象，对企业有无形的压力。危机事件的发生会潜在地影响到所有社会大众，他们会据此重新判断企业产品或服务的价值问题。

六是与供应商或经销商沟通。对于企业生存链条上的关键结点，如供应商或经销商，企业危机沟通的重点在于将危机对业务的可能影响及时以书面形式通知供应商或经销商；对于主要的供应商或经销商，企业应直接派专人前去进行面对面的沟通和解释；对于需要供应商或经销商支持和配合开展的工作，如保证正常生产、经营的原材料，产品召回等，必须事先以详细的书面材料告知；将危机处理结果以书面形式告知供应商或经销商，对其理解和支持表示诚挚的谢意。

（3）危机沟通的技巧。①做好充分的准备工作；②开辟有效的沟通渠道；③把握时机，妥善应对；④注重与公众的情感沟通；⑤注重双向沟通。

3）危机处理的注意事项

危机处理的过程中，企业必须注意以下一些事项，以免增加损失，陷入难以为继的困境。

（1）企业高层的高度重视和直接领导。企业高层的重视和直接参与领导是有效解决危机的关键。由于危机处理工作是跨部门、跨地域的，因此必须由企业高层领导对各部门进行统一指挥、信息沟通和资源调配，使企业在危机处理中做到口径一致、步调一致、协作支持并快速行动。

（2）尽快确认危机。为了以最快的速度控制并解决危机，首先必须在第一时间对危机进行确认。很多企业危机管理失败的原因在于：危机发生以后，企业没有意识到问题的严重性，并不认为危机已经发生，以致贻误最佳的危机处理时机。

（3）确保冷静决策。冷静的决策可以确保企业高层管理者从系统思维的角度出发解决问题，将危机处理与企业长远发展紧密结合起来，而不是孤立地看待危机，采取简单的"头痛医头、脚痛医脚"的做法，采取有效的方法和策略在短时间内控制和化解危机。

7. 危机恢复期：危机总结

1）危机总结的意义

危机总结是危机管理流程中的最后一个环节，它对控制危机成因、制定新一轮的危机预防和处理措施有着重要的参考价值。当今社会的竞争日趋激烈，企业一旦遭受危机，东山再起的机会越来越少，因此，更应及时总结，举一反三，防止重蹈覆辙。显性危机消除后危机管理小组要及时总结经验教训，恢复和创新企业形象及市场状况，改进和提高企业的经营管理水平，尤其是危机管理水平。

2）危机总结的含义和内容

（1）危机总结的含义：①在危机的恢复期，企业要对危机产生的客观结果和影响进行全面总结、评价和衡量，并反馈到危机管理的认知环节，确保以后的管理工作有的放矢；②危机总结是指完成危机处理之后，尤其指危机局势得到基本控制时开始的评估处理结果、总结经验教训，提出改进措施并做好危机处理后的恢复工作。不同危机的发展过程不同，性质、影响及控制态势等存在很大差异，所以危机总结的开始时间没有统一标准。

（2）危机总结的内容：危机总结是指完成危机处理之后，尤其指危机局势得到基本控制时开始的评估处理结果、总结经验教训，提出改进措施并做好危机处理后的恢复工作。

系统的危机总结包括以下内容：

一是调查分析。调查分析工作包括三部分内容：

第一，企业必须对危机的成因进行反思。在危机处理过程中已经形成了危机的调查报告，在此基础上，深入挖掘导致危机的内在动因。究竟是什么导致了危机的发生？什么扮演催化剂的角色？危机事件暴露了企业的哪些缺陷？危机背后还要哪些潜在危险因素？

第二，必须对危机预防系统进行全面的调查分析。如果危机是可以预见的，为什么没能准确地预测出危机事件？预警系统哪个环节存在问题？当危机处于潜伏期时，为什么没有控制住其发展态势？

第三，必须对危机处理过程中的企业表现进行重新审视。危机处理体系是否完善？与各方面的沟通是否通畅？是否真正做到了将危机的负面影响降到最低，还有哪些方面有待改进？发现了哪些未被注意的长处和未能利用的资源？建立了哪些新的社会关系？

二是评价。评价是将调查分析的结果与危机管理的目标加以比较，总结经验，找出差距，详尽地列出危机管理工作中存在的各种问题，对危机管理工作进行全面评价。

评价内容包括对预警系统的组织和工作程序、危机处理的组织决策和方案实施、危机沟通等各方面的评价。具体包括：危机处理的基本目标是否达到？危机处理小组的工作效率和决策效果如何等。危机评价组织可以根据各类评价指标的重要性，对其附以一定的权重，全面征集各方意见给其打分，最后计算出评价的量化结果，对危机管理的各个环节进行综合评价。

三是改进。首先，对评价环节反映出来的各种问题进行综合归类，分别提出改进措施，并责成有关部门逐项落实，以教育员工，警示同行，并促使危机管理工作更加有的放矢，危机管理系统更加趋于完善。其次，要认真审视危机发生的深层次原因，发掘过去经营管理中存在的问题和漏洞，有针对性地进行改进和提高，进一步提高企业预防和处理危机的能力，防止危机的重演。再次，运用组织学习的理论，进行危机管理体系的规划与运作，安排相关的在职培训、经验分享、模拟演练等活动，将获得的知识和技能反馈到危机前的准备工作，以利危机管理活动的再推动。

四是善后工作的重点及措施。危机过后，企业需要一定的时间来消化危机带来的诸如市场缩减、损害赔偿、设施损坏、人才损耗、声誉受损、形象恶化等损失，而无形损耗比有形损耗对企业的影响要更为深远，所以善后工作的重点是尽最大努力、尽快恢复企业形象、挽回公众信心。具体措施有：

第一，继续关注、安慰危机受害人及其亲属，向公众传达企业积极的信息。以实际行动表明企业重振雄风的决心和期待今后公众支持、帮助的愿望，如以企业或高层领导的名义写道歉信送交受害方，建立公众建议制度，征询社会各界的批评和意见。

第二，举办富有影响的公关活动，主动创造良好的公关氛围，以最大程度减少危机对企业声誉的破坏，恢复正常状态的公关活动。

第三，重新开始广告宣传。危机期间可能根据需要停止播放一些常规广告，当进入危机善后工作阶段，需要重新刊登广告，目的在于将决心和期待传达给有关公众。

第四，适当开展一些公益或社区活动，造福一方。强化企业或组织在公众心目中的社会责任，逐渐提高企业的知名度和美誉度，以获得持久的支持和认可。

第五，企业完善、细化内部管理。如重新制定投诉、危机管理的方法；加快处理速度和效果；提高消费者对企业的满意度和信任度。

五是将危及转化为机遇。并不是所有的危机都会导致企业的消亡，正如美国著名危机管理专家诺曼．R. 奥古斯丁所说，每一次危机本身既包含导致失败的根源，又孕育着成功的种子。对企业而言，危机意味着两层含义，即"危险与机遇"，是组织命运"恶化与转机的分水岭"。平息危机风波是危机处理的第一个层次；顺利化解危机是危机处理的第二个层次；利用危机，并从危机中找到战略转折点，化危机为商机，才是危机处理的最高层次，发现、培育，进而收获潜在的成功机会才是危机管理的精髓。

因此，面对危机，企业应将沉重的压力转化为强大的动力，不仅要巩固已有的反危机成果，而且要不断谋求技术、市场、管理和组织制度等方面的创新，争取获得进一步的成功。实践证明，成功的危机管理往往能为企业带来新的关系资源和发展机遇。

2.2.3 公共管理

1. 历史新时期与公共管理

1) 公共管理与公共政策

(1) 公共管理。所谓公共管理是指为了公益目的,由社会上发展出来的多元管理主体以及它们所组成的网络结构,在公民广泛参与、参加、制约下,对公共事务所进行的一种多层次、多方法的管理活动。

公共管理与商业管理的相同点是所有组织的管理都必须履行计划、组织、人事和预算等一般管理职能。不同点包括以下几方面:

第一,公共管理与商业管理的使命不同。公共管理是为公众服务,追求公共利益,而商业管理以营利为目的;

第二,与商业管理相比,公共管理的效率意识不强。政府提供的是公共物品,而商业组织提供的是私人物品,正是因为公共物品的特征,使得政府活动难以具有高效率;

第三,和商业管理相比,公共部门管理更强调责任;

第四,公共组织尤其是政府中的人事管理比商业组织的人事管理系统要复杂和严格;

第五,与商业管理不同,公共管理包括广泛而复杂的政府活动,而公共管理的运作是在政治环境中运行的。

公共管理的性质可以从管理的主体、内容、制度三个方面进行阐述。

一是公共管理主体的多元化。公共管理的主体不仅包括起核心作用的政府,而且包括非政府的公共部门、国有企业、国有事业单位、居民自治组织和广大的公民群众。以政府为核心,非政府组织和其他力量为重要补充的开放性管理主体结构,带来了公共管理主体间关系的极大变革,体现在公共权力的分散化,以及各主体间的合作关系加强。

二是公共管理对象的社会化。从公共管理的"公共性"出发,我们将公共管理的对象界定为公共事务。公共事务即公共领域的事务,它与一定地域共同体多数成员利益普遍相关,如公共安全、公共服务、公共产品的供给。公共事务追求的是公共利益,其成本由社会共同体承担,收益由社会共同享用,因而应由按照民主原则组成的政府与其他公共组织,以"国家""社会"或某种组织的名义采取行动处理。

三是公共管理民主合作取向。公共管理的制度机制具有管理的一般属性,同时也具有自身的特殊性质。公共管理除了依法行使管理权限之外,特别注重民主协商、平等合作、互惠互利以及伙伴关系等制度机制的构建,可以将这些机制概括为伙伴关系式的合作主义或民主合作机制。

(2) 公共政策。公共政策是国家(政府)执政党及其他政治团体在特定时期为实现一定的社会政治、经济和文化目标所采取的政治行动或规定的行为准则,它是一系列谋略、法令、措施、办法、方法、条例的总称。公共管理与公共政策是密切相关的,公共政策是公共管理过程中极为重要的一环。公共政策是公共管理的起点,是履行公共管理职能的基础。

政策系统是公共政策运行的载体,是由政策制定、政策执行、政策评估、政策监控和政策终结功能活动环节所组成的过程。我国目前正处于由传统决策体制向现代决策体制的转变时期,必须按照社会主义市场经济发展的内在要求,妥善解决我国公共决策存在的问题，建立科学化、民主化和法制化的公共政策全过程的管理。具体来说，需要注意以下几个方面：

一是公共决策的科学化。公共决策的科学化是指决策者及其参与者充分利用现代科学技术知识及方法，特别是公共决策的理论和方法来进行决策，并采用科学合理的决策程序。

二是公共决策的民主化。决策民主化是指必须保障广大人民群众和各种社会团体以及政策研究组织能够充分参与公共决策的过程，在政策中反映广大人民群众的根本利益和要求，并在决策系统及其运行中，形成民主的体制、程序及气氛。

三是公共决策的法制化。决策法制化是指通过宪法和法律来规定和约束决策主体的行为、决策体制和决策过程，特别是通过法律来保障广大人民群众参与公共决策的民主权利，并使党政机关及领导者的决策权力受到法律和人民群众的有效监督。其内容包括理顺公共决策主体关系，完善决策规则；决策程序法制化；充分发挥监控子系统的作用。

2）机构改革与职能转变

机构是政府运转的组织载体和形式，政府的职能才是根本。转变政府的职能，既是政府体制改革的主要内容，又是政府管理体制改革的重要组成部分。政府职能能否按市场经济的要求转变到位，直接关系到社会主义市场经济体制的建立和发展。而转变政府职能和搞好政府机构改革又是以合理界定政府职能为前提的。

（1）政府职能，政府承担着多重职能。概括地说，政府所承担的职能主要包括两大类，政治职能和经济社会职能。政治职能是指政府在政治上应保障所有人享有广泛的平等和自由，而社会经济职能是指政府应当维护和促进社会经济的可持续发展。在新公共管理运动中，关于政府职能争论的焦点，不在于政府的政治职能，而主要集中于政府的社会经济职能，是关于政府是否介入和如何介入社会经济发展的争论。

（2）转轨时期我国政府的角色。我国目前正处于由计划经济向市场经济的转轨时期，市场经济的不断完善既给我国政府的管理角色带来严峻的挑战，也给我国政府管理角色的转变带来极好的机遇。

新时期政府的社会经济职能主要有：

一是加强市场经济法制建设，创立平等竞争的市场秩序和环境，现代市场经济是法制经济，但目前我国市场经济法制建设不健全，无法可依、有法不依、执法不严的情况比较普遍，平等竞争的市场秩序和环境尚未形成。因此在体制转轨时期，政府应当履行好市场秩序的创立者和维护者的职能，下大力气加强市场经济的法制建设，确立起市场竞争的良好秩序。

二是深化企业制度改革，造就市场经济的微观主体。

三是培育和完善各类市场，形成开放竞争的市场体系。

四是依靠宏观调控手段，保证社会经济的稳定增长，在体制转轨时期，使国民经济平稳较快发展。

五是参与某些经济领域的资源分配，充当公共物品的提供者。

六是制定并实施分配与再分配政策，形成收入与财产公平分配机制。

七是扩大对外开放，加强国际经济合作。

八是转变职能和精简机构，实现政府自身的革命。

（3）政府机构改革趋势。通过多次政府机构改革，建立适应市场经济要求的政府职能的实践也取得了重大的突破，政府对社会经济的有效管理，对经济社会健康快速发展，发挥了重要作用。但政府管理方面的一些深层次的问题并没有，也不可能完全得到解决。主要问题表现在：

一是加入 WTO 对中国政府的公共政策和公共服务提出了挑战。加入世贸组织对中国政府管理的影响主要是公共政策等的制定和公共服务两个方面。在公共政策的制定中，不仅要按照国内经济发展的实际需要，而且也要参照世贸组织的要求。

二是市场经济的发展对政府管理提出了挑战。在市场化改革中，公共行政体制改革虽然取得了一系列进展，但仍难以适应市场经济发展的要求。

三是公民社会的发展对政府管理提出了挑战。随着市场经济的发展，社会成员的自强、自立、公平和竞争意识更强，对政府的公共服务提出了更高的要求。

3）政府规制与反垄断

（1）政府规制。政府规制是指政府为了达到一定的预期目标，依据一定的规则对构成特定经济的经济主体的活动进行限制和约束的行为。

政府干预市场的理论基础是市场失灵，即市场机制自身并不足以实现所有的经济职能，需要公共政策的引导、矫正和支持。政府干预经济的行为具体包括以下 8 个方面：①保证分配公平和经济稳定增长的政策；②供公共物品的政策；③处理不完全竞争的政策；④处理自然垄断的政策；⑤处理非价值物品政策，这里非价值物品是指不符合伦理道德规范的物品，如毒品等；⑥处理外部不经济的政策；⑦处理信息不对称的政策；⑧处理有关风险（自然灾害、事故、长期投资等）的政策。

随着社会主义市场经济体制的逐步建立，政府在特殊产业、特殊产品及特殊市场的管理方面，在消费者安全健康和利益方面，在防治环境污染、维护人类社会生存和持续发展方面，基本进入了有法可依阶段，但规制不到位和越位的情况依然严重，一方面存在着垄断权力滥用、进入规制过严，对竞争性行业规制不到位和不正当竞争存在等问题，特别是通过政府规制人为地造成行政性垄断；另一方面存在着社会规制的盲区，消费者权益、健康和安全未能得到应有的保护，环境恶化，人们道德水平面临危机，职业标准和道德水平下降。政府规制模式创新必须做到以下 4 点：

一是完善政府规制的法律体系。对《反不当竞争法》和《消费者权益保护法》进行完善，加大惩治力度。

二是建立政府规制的目标体系。我国处于计划经济向市场经济的转轨时期，从某个角度说，政府规制处在不断放松的过程，目的是要建立社会主义市场经济体制，实现资源配置高效率。

三是建立独立的专业化的规制组织体系。我国政府规制机构和西方国家相比缺乏应有的独立性，政府规制实践中所涉及的不同机构，彼此之间并不独立，缺少必要的制衡。

四是有步骤地放松规制，引入激励性规制。加入世贸组织和行政性垄断存在的现实，要求政府必须进一步进行规制改革。规制改革主要有两种方向：一是在保留现行规制的前提下，对规制的框架进行改革，实行激励性规制；二是放松规制。

（2）反垄断。垄断是指在市场交易中，少数（极端的情况下可能只是一个）当事人或经济组织，凭借自身的经济优势或超经济势力，对商品生产、商品数量、商品价格及市场供求状态，实行排他性控制乃至排他性独占，以谋取长期稳定超额利润的行为。只要有一个垄断者产生，垄断者就会索取垄断价格，从而造成资源配置的扭曲。为了防止这种扭曲，政府就要对垄断企业实施价格管制。行政垄断的危害性极大，不仅会导致社会资源配置的低效率，造成产业结构的长期失衡和低度化，同时也可能引起广泛的寻租和腐败现象，有损政府的威信和执法效率。政府可以根据反垄断政策的需要，采取法律、行政和经济的手段进行治理。

法律手段包括反垄断立法和司法。市场经济是法制经济，政府行为受法律规范，也受法律支持。政府反垄断基本上是一个微观规制问题，因而需要反垄断法律的支持和规范，法律手段也应作为政府反垄断的基本手段。

行政手段是指政府行政部门对垄断实施的行政处罚措施。行政处罚权有两类：一是由反垄断立法赋予行政部门的行政处罚权，这种行政处罚权由法律所授，具有较高的权威性；二是由行政部门自行制定的行政规则而获得的行政处罚权。在法制社会，行政处罚权主要来源于反垄断法；在非法制社会，行政处罚权主要来源于行政部门本身。

经济手段包括两个方面：一是对垄断行为和垄断获利实施经济处罚；二是政府对经济进行调节。对垄断实施经济处罚可以依据反垄断法，也可依据行政部门制定的处罚规则。

2. 公用事业改革

1）医疗改革

计划经济时期，在整个经济发展水平相当低的情况下，通过有效的制度安排，中国用占 GDP3% 左右的卫生投入，大体上满足了几乎所有社会成员的基本医疗卫生服务需求，国民健康水平迅速提高，不少国民综合健康指标达到了中等收入国家的水平。这一时期医疗卫生事业取得成功的决定因素是政府发挥了主导作用。导致医疗卫生体制改革发生偏差的主要原因如下：

一是改革和发展模式选择中过分重视经济增长，包括医疗卫生事业在内的社会事业发展没有得到应有的重视。经济体制改革后，传统的医疗卫生体制特别是医疗保障体制受到了严重冲击，实际的保障范围迅速下降。

二是对于医疗卫生事业的特殊性缺乏清醒认识。相当多的医疗卫生服务具有公共物品性质，是市场化所解决不了的。此外，医疗卫生事业发展还要强调服务可及性，要强调投入所获得的健康绩效。因个人经济能力和疾病风险之间的矛盾，还要强调互济。这些都是市场化途径所无法实现的。

三是其他方面的体制，特别是财政体制变动对医疗卫生事业发展的影响。由于地区经济发展水平和地方财政能力上存在很大差距，使得不少落后地区缺乏发展医疗卫生事业的基本能力，以至于不得不采取一些错误的改革和发展方式。

四是既得利益群体的影响。医疗卫生事业发展在整体上缺乏公平和效率的同时，自然会产生既得利益群体。由于信息不对称、谈判能力的差别，既得利益群体对改革方向的影响不容忽视。它是导致合理的改革措施难以推行，医疗卫生事业发展逐步偏离合理方向的一个重要因素。

今后医疗体制改革的目标如下：

一是打破城乡、所有制等各种界限，建立覆盖全民的、一体化的医疗卫生体制。在未来的改革中，必须打破城乡、所有制等界限，建立覆盖全民的、一体化的医疗卫生体制。

二是正确划分医疗卫生服务的层次和范围，实行不同的保障和组织方式，突出重点，合理利用医疗资源，正确实施政府与市场、政府与个人之间的责任分工。

三是注重医疗卫生服务机构的改革。在医疗卫生问题上，医疗服务的提供者居于非常特殊的位置，其行为对于医疗卫生事业的绩效有着决定性作用，因此必须注重医疗卫生服务机构的改革。

2）公用事业民营化

公用事业是指邮政、电信、供电、供水、供气、供热和公共交通等为公众提供产品、服务或由公众使用的业务或行业。

公用事业民营化是指将国有、公营的公用事业的所有权或经营权转移到民间，引入真正的市场机制。公用事业民营化使得政府的管理重心向公共管理倾斜，"掌舵"而不是"划桨"，从一个新的层面推动政府的机构改革、职能转换和政策制定。

政府必须恰当地提出和处理以下一系列问题：

一是开放市场准入，改革行政性垄断部门。通过引进并增强市场竞争机制，显著提高公用事业产业投资和营运效率，增加国民经济的整体竞争力。

二是政府有序地退出市场，特别要放弃市场准入方面的所有歧视，扩大国内非国有经济成分进入各大产业市场的范围。

三是兼顾投资人、民营企业和市场消费者的利益。开放市场、打破垄断，是为了更好地发展我国的公用事业产业，为国民经济持续健康增长奠定可靠的基础。

3）社会保障改革

（1）社会保障的内涵。社会保障是国家与社会通过立法和行政措施，对由于社会和自然等原因不能维持基本生活的社会成员给予一定援助和保证，是维系社会稳定的社会安全制度措施和事业的总称。

（2）社会保障的内容。我国建设社会主义市场经济的纲领性文件《中共中央关于建立社会主义市场经济体制若干问题的决定》规定：社会保障体系包括社会保险、社会救济、社会福利、优抚安置、社会互助和个人储蓄积累保障，并提出发展商业保险，作为社会保障的补充。它们既有区别，又有联系，相互补充，有机地构成了一个完整的社会保障体系。其中，社会保险是核心，社会救济属于最低层次的社会保障，社会福利是社会保障的最高纲领，优抚安置起着安定特定阶层的生活的功能。

（3）我国社会保障的目标和基本思路。"十五"规划建议和国务院《关于完善城镇社会保障制度的试点方案》均明确提出了完善社会保障制度的总目标，"建立独立于企业事业单位之外、资金来源多元化、保障制度规范化、管理服务社会化的社会保障制度"。社会保障制度的基本思路：就我国来说，社会保障制度建设是经历一个由近及远、由低到高、逐步完善的长期过程，不能一蹴而就。第一是立足当前，着眼长远，逐步完善；第二是坚持从实际出发；第三是坚持保障水平适应生产力；第四是坚持权利、义务统一和效率与公平结合；第五是承认差别。

（4）改革和发展我国社会保障制度。改革是推动发展的根本动力，是推进社会保障制度更加成熟定型的必然要求。经过多年的改革，我国社会保障体系的"四梁八柱"已基本确立，社会保障制度改革已进入系统集成、协同高效的阶段。社会保障关乎人民最关心最直接最现实的利益问题。要深入贯彻落实习近平总书记关于社会保障工作的重要讲话和重要指示批示精神，牢固树立以人民为中心的发展思想，坚持行之有效的经验做法，以更大的改革勇气破解社会保障事业发展中的新矛盾、新问题，构建更加完善的社会保障制度体系。改革和发展我国社会保障制度的主要措施如下：

一是改革现行社会保障体制。既要立足现状，走社会化管理模式，又要打破部门分割，实现集中统一管理；三是逐步实施高层次管理。

二是完善四项重点社会保障制度。社会保险由养老保险、医疗保险、失业保险、工伤保险和生育保险五个险种组成。当前和今后一个时期内，完善我国社会保障制度的重点是城镇员工基本养老保险、基本医疗保险、失业保险和城市居民最低生活保障四项社会保障制度的改革和建立。

三是发展社区化劳动保障服务。把若干家庭组合为一个社区，在民政部门的管理下，为老弱病残者提供大量的社会保障服务。

四是扩大社会保障范围。我国社会保障制度的覆盖范围，要逐步打破城乡分割、工农分立的格局，由城市扩展到农村、由工人扩展到农民，最终建立起城乡一体化、工农一体化的全国统一的社会保障管理制度。

五是加强社会保障资金的筹措与管理。资金问题是社会保障制度改革和建设的核心问题。

六是加快社会保障法制建设。现阶段，改革和完善社会保障法律制度是发展社会主义市场经济、完善市场经济体制的迫切需要。

七是发挥政府职能在社会保障制度中的作用。

3. 依法行政与行政许可法

1）依法行政

（1）依法行政的含义。依法行政是指行政机关依据法律行使行政权力。

它的具体含义包括：①行政机关是依法行政的主体、行政机关及其工作人员必须依法行政；②所依据的"法"包括法律行政法规、地方性法规和规章；③"行政"仅指公共行政，指政府机关行使公共权力实施公共管理的行为；④依法行政的内容包括两个方面，一是行政权有明确的法律授权，二是行政主体有明确的法律规定可供遵循。

（2）依法行政的意义。依法行政是法治原则的体现和要求，是现代法治国家政府行使权力时所普遍奉行的基本准则，是人类社会文明发展的必然趋势。

推行依法行政，在我国具有划时代的进步意义，主要体现在以下几个方面：

第一，行政机关承担着管理市场主体、规范市场行为、实施宏观调控加强社会保障、发展对外经贸的重大职责。

第二，依法行政是改革开放和建立社会主义市场经济的必然要求。

第三，依法行政是依法治国的核心与关键。

第四，依法行政是保障公民权利的需要。

第五，依法行政有利于保证行政管理的统一性、连续性、稳定性。

第六，依法行政有利于提高行政效率。提高行政效率是行政管理最重要的要求之一。

第七，依法行政保证了对行政权监督的统一标准和程序。

（3）依法行政的基本原则。依法行政原则是对行政机关及其行政公务人员从事行政管理活动的基本要求和根本准则。主要包括以下内容：

一是职权法定原则。行政机关的职权必须由法律规定，行政机关必须在法律规定的职权范围内活动，非经法律授权，行政机关不能行使职权。法律禁止的更不得行使，否则就是超越职权。

二是法律优先原则。法律在效力上高于任何其他法律规范，上位法效力高于下位法的效力。

三是法律保留原则。凡属宪法、法律明确规定应当由法律规定的事项，行政机关必须在法律明确授权的情况下才有权在其职责范围内做出规定。

四是权利与责任相统一原则。这是行政机关行使职权的一个重要原则。

2）行政许可法

行政许可是一项重要的行政权力。它涉及政府与市场，政府与社会，行政权力与公民、法人或者其他组织的权利的关系，涉及行政权力的配置及运作方式等诸多问题。行政许可具有以下四个方面的特征：

第一，行政许可是行政机关管理性的行政行为。行政机关确认民事财产权利和确认民事关系的行为，不属于行政许可。

第二，行政许可是对社会实施的外部管理行为。行政机关对内部的管理行为，如对其他行政机关或者对其直接管理的事业单位的人事、财务、外事等事项的审批，不属于行政许可。

第三，行政许可是根据公民法人或者其他组织提出的申请产生的行政行为。

第四，行政许可是准予相对人从事特定活动的行为。取得行政许可，表明申请人符合法定条件，可以依法从事有关的特定活动。

4. 社团组织的功能

1）三方协调机制

（1）定义与内涵。三方协调机制是指由政府（通常以劳动部门为代表）、雇主组织和工会通过一定的组织机构和运作机制共同处理所有涉及劳动关系的问题，如劳动立法、经济与社会政策的制定、就业与劳动条件、工资水平、劳动标准、职业培训、社会保障、职业安全与卫生、劳动争议处理以及对产业行为的规范与防范等。

三方协调机制建立的目的是随着经济和社会的发展，特别是多种经济成分的形成和多种所有制结构的发展，单单由政府、工会或雇主组织来处理劳动关系的机制已经不能很好地适应经济社会发展的需要，迫切需要由代表雇主的组织和代表工人的组织通过协商共同处理劳动关系问题。

（2）中国三方协调机制的建立。2001年8月3日，由我国劳动和社会保障部、中华全国总工会和中国企业联合会/中国企业家协会正式建立了国家协调劳动关系三方会议制度。国家协调劳动关系三方会议确定的目标是，促进政府劳动保障部门、工会组织和企业联合会之间的相互协作和良好合作，有效协调劳动关系，维护全国劳动关系和谐稳定，最大限度地调动广大企业员工和经营者的积极性，为改革、发展、稳定大局服务。

（3）三方协调机制的职责任务和协调内容。三方协调机制的任务是组织三方代表共同讨论经济和社会政策，讨论涉及劳动关系的重大问题，就有关劳动关系问题达成一些协议，为政府制定和颁布劳动关系政策和法律法规服务。我国协调劳动关系三方会议制度的职责任务有以下五项：

一是研究分析经济体制改革政策和经济社会发展计划对劳动关系的影响，提出政策意见和建议。

二是通报交流各自协调劳动关系工作中的情况和问题，研究分析全国劳动关系状况及发展趋势，对劳动关系方面的重大问题进行协商，达成共识。

三是对制定并监督实施涉及调整劳动关系的法律、法规、规章和政策提出意见和建议。

四是对地方建立三方协调机制和企业开展平等协商、签订集体合同等劳动关系协调工作进行指导、协调，指导地方的劳动争议处理工作，总结推广典型经验。

五是对跨地区或在全国具有重大影响的集体劳动争议或群体性事件进行调查研究，提出解决的意见和建议。

三方协调的内容主要有以下七项：

一是推进和完善平等协商、集体合同制度以及劳动合同制度。

二是企业改制改组过程中的劳动关系。

三是企业工资收入分配。

四是最低工资、工作时间和休息休假、劳动安全卫生、女员工和未成年工特殊保护、生活福利待遇、职业技能培训等劳动标准的制定和实施。

五是劳动争议的预防和处理。

六是员工民主管理和工会组织建设。

七是其他有关劳动关系调整的问题。

2）行业协会的作用

（1）行业协会的定义与特殊性。行业协会是同行业的企业联合起来的服务性组织，是建立在企业自愿参加基础上的非营利性的社会团体。行业协会是一种特殊的中介组织，其特殊性表现在对象的特殊性和非营利性的中介组织两个方面。

（2）行业协会的作用。行业协会的作用是有着重要的协调能力，有着沟通、协调、监督、公正、统计、研究、狭义服务的职能。具体如下：

一是代表会员企业和政府沟通。行业协会参与政策的制定和修改。一些行业组织作用发挥得比较好的国家，其政府与行业组织之间的协调比较和谐。

二是行业推广。行业推广是指由行业协会出面来推销本行业的产品，目的是提高全行业产品的销量和提高该行业在国民经济中的地位。

三是信息交换。增加信息交换的频率是有益的，因为这样可以减少收发信息中的摩擦和杂质。企业收到的信息的杂质越少，企业运行的效率越高。

四是联合研发和专利活动。联合研发是指为了实现各自的战略目标，公司与其合作伙伴采取联合的方式共同参与市场竞争的一种战略取向，这种战略形势可以使他们相互协作、优势互补，能够解决由于资源和能力不足所产生的很多问题；专利活动是指企业专利申请量与全部样本企业平均专利申请量的比值，用来衡量创新的相对活跃程度。

五是客户信用报告。当卖方要和大量的、分散的小客户交易时，它们往往难以对客户的资信有深入的了解，在这种情况下，行业协会的信用报告能帮助企业免受不法商人的蒙蔽。

六是联合购买。联合购买的主要目的是消除佣金并且得到数量折扣。它不仅限于购买原材料，还包括由行业协会出面代表成员企业就运输保险等和有关方面谈判。

七是改善和消费者、雇员的关系。行业协会帮助处理成员企业的消费者投诉，以减少由于更多的政府介入而造成的压力。

5. 政府的公共服务职能

1）信息披露机制

（1）我国信息披露机制存在的局限。政府控制的社会信息包括环境信息、资源信息、人口信息、政治信息、经济信息、教育文化信息、生活质量信息和国际信息。政府拥有其信息披露机制，它会在它认为适当的时候，向它认为适当的对象，披露它认为适当的信息，并与军事、政治、文化等手段一起，影响社会的运行，确立其在社会中的统治和权威地位。这种垄断型的政府信息控制机制和单一型的信息披露机制的存在，一方面牺牲了大多数公众对信息财富的享有和创造，严重阻碍着人们对信息投注的热情、灵感的迸发以及信息的再生产；另一方面，又实现了社会信息的有序传播，有利于维护社会的稳定和可控型发展。

（2）信息技术的发展使政府信息披露机制必须重构。信息技术的进步和普及使得信息传播的速度更加迅疾、传播的范围更加广泛、内容也更加复杂，信息披露的主体也呈多元化发展趋势，对政府的垄断地位构成了严重挑战。与信息时代相适应的信息获取和披露机制的缺失导致信息社会信息流转的混乱。面临严峻挑战，政府迫切需要对传统的信息披露机制进行重构。具体来说，要从以下几个方面入手：

一是要转变观念，在政府中树立正确的信息披露观念，信息披露是政府的义务，是公民实现知情权的必然要求，也是实现公共利益的需要。公民对国家机关的活动应该有知情权。大到国家制定法律、法规、规章这样的立法过程，小到公民查阅自己的档案，以及咨询可为自身服务的各种相关信息。

二是要加快实施政府信息资源的网络化。在我国，政府上网工程的实施不能成为一种形式，而应当从根本上信息化。

三是要完善信息披露的法律制度建设，实现信息披露的规范化发展。可以考虑制定《政府信息披露法》及相关的法规制度

2）电子政务

（1）电子政务的内涵与必然性。要完善信息披露制度，必须发展电子政务。电子政务是指：在公民本位、社会本位、权利本位理念指导下，以提升公共服务质量为目标，通过运用信息技术改造政府的组织机构、工作流程与方式方法，实现公民对社会管理的更广泛参与，形成一种政民互动、政社互应、公正透明、廉洁高效的政府工作管理体制。电子政

务的兴起是一种历史的必然。它既是信息技术发展的一种必然结果，又是民主政治发展到一定程度的必然呼唤。电子政务发展的必然性体现在以下几个方面：

一是电子政务的推行将大大提高政府的工作效率。传统的政府工作方式是手工作业，无论是信息的收集、储存、传输、开发、利用，还是政府决策的产生与执行，以及工作的监督与检查，全凭人脑与人手的简单劳动与配合，工作效率自然难以提高。

二是电子政务的推行将大大提高政府服务的质量。政府服务高质量的标准主要是看它的回应性，就是说，要看政府工作的内容、方式与方法是不是符合社会与公民的需要，是不是代表了最广大人民群众的根本利益。

三是电子政务的推行将大大提升政府的透明性和社会的政治民主化程度。在民主化的政治体系下，一个政府能否存在，完全取决于公民与社会对其工作肯定与否，以及肯定基础上的配合程度。

（2）电子政务的基本特征。电子政务是政府部门/机构利用现代信息科技和网络技术，实现高效、透明、规范的电子化内部办公，协同办公和对外服务的程序、系统、过程和界面。与传统政府的公共服务相比，电子政务除了具有公共物品属性，如广泛性、公开性、非排他性等本质属性外，还具有直接性、便捷性、低成本性以及更好的平等性等特征。

具体如下：

一是以现代通信技术与信息技术的广泛运用为基础。电子政务，首先有"电子"武装的问题，它要求在整个社会信息化发展的同时，把现代通信技术与信息技术拓展到政府管理与服务中去。

二是以政府组织及政府工作的改革为基本内容。电子政务体现了为公民服务的基本政府职能，是一种公民本位、社会本位的理念。因此，政府的职能必须改变。

三是以政民互动、公民广泛参与政府工作为标志。电子政务以政务公开为前提，以公民的自立、自强为支撑，以政府对社会的回应为形式，将形成一种新的公共服务格局。

3）社会评价机制

社会评价的真正目的在于抑恶扬善、激浊扬清，批评和否定与社会根本利益相违背的事务或现象，肯定和激励符合社会根本利益和需要的事务或现象，以利于和推动社会的发展和进步。它广泛和深刻地影响、干预着人们的社会生活，对社会实践有巨大的指导性。因此，社会评价是否合理、是否正确和科学，关系重大。如何实现社会评价的科学化呢？社会评价的合理和科学化应遵循的方法论原则是：

（1）主体原则。对各种事物、现象及其价值进行社会评价时，应依据价值和价值关系的主体性特点，将社会主体的利益、需要置于核心位置，以社会主体的尺度作为价值标准来评估事物的价值。

（2）实效原则。依据价值与评价的主体性特征，以一定的价值关系中现实的或必然的客观结果为评价对象，以社会实践为最高标准去评判客观事物的价值。这就是以实际结果为依据，注重实际效益。

（3）综合原则。针对价值客体具有满足社会主体多方面、多层次需要的特点，应从多视角来看待和评价事物的价值。它要求全面、完整地反映出事物的价值。

（4）发展原则。在评价客观事物的价值时，保持评价及其标准对价值与价值关系运动变化的追踪和预见功能，它表明价值及其评价是植根于社会实践，并随着社会实践的发展而相应地发展变化。评价及其标准不是凝固不变的框架，而是一个发展变化的动态系统。

总之，社会评价在社会生活中具有重要作用，它的每一种形式都不同程度地干预和影响着社会，只有确保社会评价的合理和科学，才能使它产生和发挥积极的作用，从而利于社会的存在和发展。

2.3 管理科学与安全科学的交叉融合

首先，安全科学的部分原理来自管理科学。其中最著名的是海因里希提出的事故三角形理论。1941年，海因里希在《工业事故预防》一书中阐述了他的事故致因链的思想，提出了著名的多米诺骨牌模型，同时通过大量的事故统计和分类，提出了事故三角形理论，后被称为海因里希法则。即：当一个企业有300起隐患或违章，非常有可能发生29起轻伤或故障，另外还有一起重伤、伤亡事件。

海因里希在调查了55万件机械事故，其中死亡、重伤事故1666件，轻伤48334件，其余为无伤害事故。从而得出一个重要结论，即在机械事故中，死亡、重伤、轻伤和无伤害事故的比例为1：29：300。国际上把这一法则称为事故法则或海因里希法则。海因里希后来将这样的事故统称为事件，图2-12所示为事故三角形理论。

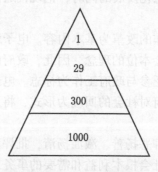

图2-12 事故三角形理论

其次，安全科学的部分方法来自管理科学。之前详细提到的风险管理与危机管理都是出自管理科学。将风险管理与危机管理应用到生产过程中，能通过有效的风险评估结果、风险应对手段与危机处理方式来减少或避免损失的发生，从而实现以最小成本获取最大安全保障的风险管理目标与危机管理目标。现如今，风险管理与危机管理不但是安全工程专业的核心理论，也应是贯穿于众多安全工程专业课的基本思想，使安全工程专业的学生掌握风险管理与危机管理理论的内容和方法具有重要意义。

除了部分原理与方法，安全科学中还有很多方面的内容都与管理学的内容有关，例如风险管控理论中运用到流程管理、事故致因理论与模型，也是属于管理学的范畴。

总而言之，安全管理就是管理科学在安全业务中的运用。

2.4　安全管理的现代特点

安全管理科学首先涉及的是常规安全管理，有时也称为传统安全管理，例如在宏观管理方面有安全管理方针、安全生产工作体制、安全行政管理、安全监督检查、安全设备设施管理、劳动环境及卫生条件管理、事故管理等；在微观的综合管理方面有安全生产"五大原则"、"全面安全管理"、"三负责制"、"安全检查制"、"四查工程"安全检查表、"0123安全管理法"、"01467"安全管理法等，还有专门性的管理技术，如"5S"活动、"五不动火"管理、班组安全活动、安全班组建设等。随着现代企业制度的建立和安全科学技术的发展，现代企业更需要发展科学、合理、有效的现代安全管理方法和技术。现代安全管理是现代社会和现代企业实现安全生产和安全生活的必由之路。一个具有现代技术的生产企业必然需要相适应的现代安全管理科学。目前，现代安全管理是安全管理中最活跃、最前沿的研究和发展领域。

安全管理的现代特点是熟练使用"信息化加专业化"的方式来掌握和运用安全行为。

人类所处的文明从千年之前的农业文明到后来的工业文明，再后来到我们如今所处的信息文明，信息化的生活方式已经变得非常普遍，了解信息文明，首先要了解信源、信道和信宿的概念。这主要是数据通信系统里的内容，信源是产生和发送数据的源头。信宿是接收数据的终点。它们通常是计算机或其他数字终端装置。信道是信号的传输媒介。一个信道可视为一条线路的逻辑部件，一般用来表示向某个方向传送信息的介质。

在现代的安全管理中，我们可以运用信息化中信源、信道与信宿的思想，将其与所掌握的专业的安全管理方面的知识相结合，让安全信息能随时得到传递和反馈。不仅要学得精通，更要熟练地在生活中进行实践，能够让生活在最底层的人（例如企业员工、矿工等）从被动采集信息转变为主动采集信息，更进一步提高其在生产过程中的安全性。

安全管理的现代意义和特点：要变传统的纵向单因素安全管理为现代的横向综合安全管理；变传统的事故管理为现代的事件分析与隐患管理（变事后型为预防型）；变传统的被动的安全管理对象为现代的安全管理动力；变传统的静态安全管理为现代的安全动态管理；变过去企业只顾生产经济效益的安全辅助管理为现代的效益、环境、安全与卫生的综合效果的管理；变传统的被动、辅助、滞后的安全管理形式为现代主动、本质、超前的安全管理形式；变传统的外迫型安全指标管理为内激型的安全目标管理。

课程延伸（思考题）：

1. 疫情大考中，联系安全管理的现代特征，你想到了什么？

2. 俄乌冲突新闻热点中，选取一二，用安全原理解读。

3. 信息时代安全管理的对象是什么？

4. 中国诗词成语中揭示安全道理的有哪些？

3 安全管理的哲学基础

本章提示：

安全哲学——人类安全生产活动的认识论和方法论，是人类安全科学技术基础理论，是安全文化之魂，是安全管理理论之核心。安全科学的认识论探讨了人类对安全、危险、事故等现象的本质、结构的认识，揭示和阐述人类的安全观，是安全哲学的主体内容。认识论主要解决"怎么看"的问题，方法论主要解决"怎么办"的问题。本章在介绍了安全哲学基于文化学、历史学、思维科学的发展的基础上，阐述了包括事故认识论、风险认识论以及安全认识论在内的安全科学认识论和安全科学方法论——事故经验论、安全系统论、本质安全论，对安全科学实践和事故预防工程的现实意义，最后介绍了现代社会的安全哲学观。

本章知识框架：

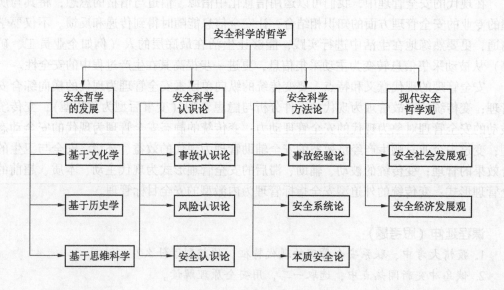

3.1 哲学基本原理

哲学基本原理，是关于所有哲学派别的理论总结与抽象，是建立在吸收以往哲学经验与教训的基础上的。基本原理有两个论断和三个规律。

什么是马克思主义？马克思主义包括哪些内容？一般来理解，马克思主义是马克思主义理论体系的简称。狭义来说是马克思、恩格斯创立的基本理论、基本观点和学说的体系，具体包括：哲学、政治经济学和科学社会主义。广义来说既包含创始人的理论奠基，又包含了继任者的继承和发展，具体有苏联理论体系、中国理论体系，以及西方马克思主义。

要说到马克思主义的哲学具体包含哪些内容？一般书本的回答是辩证唯物主义和历史唯物主义。我们完全可以从另外一个角度来概括马克思主义的哲学的具体内容，即从传统哲学理论框架下，来总结马克思主义的哲学回答了哪些哲学问题？由此可以大致总结成五个方面来解读。

3.1.1 认识的本质（讨论实践和理论的辩证关系）

在马克思之前的哲学理论，都是侧重于强调哲学原理的，也就是说重点是解释世界。马克思将"实践"赋予极高的哲学地位，在《关于费尔巴哈的提纲》中指出：实践是认识的基础，实践是社会生活的本质，实践是人区别于动物的本质。由此引发了哲学中关于"实践第一"的讨论。

旧的哲学体系中，并非没有"实践"这个概念，只是理论占据主导地位，实践只是从属。马克思和恩格斯在认识到"实践"的意义后，将二者关系调整过来，他们自称共产主义是实践的唯物主义者。马克思指出，从前的一切唯物主义的主要缺点是：对于对象、现实、感性，只是从客体去理解，从直观的形式去理解，而不是把他们当作感性的人的活动去理解，不是当作实践去理解，不是从人这个主题方面去理解。简单来说，世界是人的世界，人是世界的人，人与世界的关系既是主客观的对立关系，又是在实践条件下统一的辩证关系。

3.1.2 世界的本质（讨论物质和意识的辩证关系）

全部的哲学都力图揭示世界的本质的秘密，不同的体系对世界有着不一样的认知和理解。哲学本身是认识世界的工具，同时又是认识后的内容。马克思主义的继承者一而再地宣言马克思主义是科学的世界观，这是由于马克思主义哲学原理一方面是来源于科学发现，另一方面又可以被新的科学所论证。自然科学中的"能量守恒定律"对马克思主义哲学中"世界同一性原理"有着重要的启示作用。

世界的本质是物质性的，这个命题要从哲学角度来理解，而不能从文学角度去诠释。有些解释成了"世界＝物质，或是世界就是物质"，这是缺乏严谨性的表述。准确来说，哲学研究万事万物的普遍共性，马克思主义哲学给出是世界一切存在事物的共性是"物质性"，恩格斯说"物质无非是世界万物的总和"，是一个抽象的哲学概念，列宁进一步给出了科学的诠释，从客观性和实在性两个角度来理解物质性。不以人的意识为转移，说的是客观性；能够为人类所感知，说的是实在性；物质＝客观实在性，这是世界万物的共性。

意识是自然界长期发展的产物，除了具有物质性之外，还发展出了独特的"主观能动性"。主要体现在两个方面，一是认识世界具有选择性，二是改造世界具有创造性。对于前者，任何人都是有直观感受的，在同一个场景中，不同的人关注的信息是不一样的，从而导致大家对同一件事描述各不相同。对于后者，主要说的是，人可以创造出原本世界上不存在的东西。世界上本来没有，如果没有人的参与的话，始终不会出现的东西，能在人的实践活动中被创造出来。

即使意识具有主观的能动性，无论是在信息上的选择，还是在实践中的创造，主观都是不能超越客观存在的条件限制的，还需要遵循客观世界存在的固有规律。因此，意识虽然具有能动性，但归根结底是受限制于物质的，物质决定意识，意识可以能动作用于物质。

3.1.3 社会的本质（讨论社会存在和社会意识的辩证关系）

社会的形成固然受制于自然环境、人口因素等多方面的影响，但是这并不足以"创造出人类社会"。马克思从"实践"的具体形式"生产劳动"的角度出发，认识到了人类社会的本质是实践的。实践有三个基本形式，即生产、科研和人与人之间的关系。科学研究是以认识自然万物为目的的，生产是以改造自然存在来满足人类生存所需为目的的，人与人之间的关系是在前两种实践中形成的社会关系，随着生产力水平的发展，而促使关系发生变革。

社会具有物质性，那么必然存在不以人的意识为转移的客观规律。马克思从实践出发，认为古猿通过实践劳动，使得身体结构、大脑构造有别于其他灵长类动物。在漫长的劳动中，智力得到了发育，生产能力得到了进步，由于分工合作又产生了语言。在漫长的演化中形成了人类社会。社会存在包括了一切的物质文明和精神文明，从而使得社会有别于自然界的存在，自然界是纯粹的客观存在，社会是客观和主观相互作用的存在。

社会存在和社会意识，遵循物质决定意识，意识反作用于物质这一基本原理。但是这不足以解释社会发展的根本推动力，马克思在《政治经济学批判序言》中解释了，社会发展的根本动力在于"生产力"。我们可以简单理解为，人类实践决定了社会存在，而具体的实践水平决定了社会发展水平。马克思说："人所能达到的生产力总和，决定着社会状况"。生产力是客观的社会存在，而且有着自己的规律，马克思总结为：生产力决定生产关系，经济基础决定上层建筑。

3.1.4 人的本质（讨论人、自然、社会之间的关系）

从实践出发，认识到了世界的本质、社会的本质，以及认识本身的本质及其规律。到了"人"这个问题上，同样是从实践出发去理解，人类社会形成和人类形成是同步发展而来的。在实践中，人脱离了动物被动适应大自然的生活创造，采取了主动改造大自然来满足自身需要的方式。实践是人与动物最本质的区别。

马克思告别了旧哲学中对人的抽象解释，将"人"的概念定义为"现实中的个人"，把人的本质解释为"一切社会关系的总和"。我们可以理解为，人的本质是社会性，社会的本质是实践性，从而又回到人之所以为人的命题上来。实践造就了个体的人，同时也造就了人与人之间的社会关系。由此揭开了从关系出发，讨论人与社会问题的新领域。

人的发展过程，便是个人与社会之间关系发展变化的过程。马克思在《政治经济学批判（1857—1858年草稿）》将人的发展过程分为三个阶段：一是以人的依赖关系占统治地位的阶段，人的生产能力只是在狭窄的范围内和孤立的地点上发展着；二是以物的依赖关系为基础的人的独立性的阶段，普遍的社会物质交换，全面的关系，多方面的需求以及全面的能力的体系；三是人的自由和全面发展的阶段，建立在个人全面发展和他们共同的社会生产能力成为他们的社会财富这一基础上的自由个性。

在人与自然的关系上，恩格斯在《自然辩证法》中一方面强调了：人类来源于自然界，依赖于自然界这个事实，另一方面又指出，人类的一切实践以遵循自然规律为前提，违背自然规律必然导致目标无法实现，甚至会导致其他的不良后果。事实上，人对自然的依赖，仅仅是人类需要自然界来栖身，自然界并不天然地需要有人类来参与，任何人类带给自然界的伤疤，都可以被自然愈合，而人类不加节制地索取会导致生态环境的破坏，从而危及生存所需的必然条件。

3.1.5 世界的普遍规律（辩证法三大规律）

马克思将世界划分为三个哲学范畴来讨论，即意识、社会、自然。划分的依据是"客观性"，自然是客观存在的，意识是在客观世界中发展而来具有主观能动性的，社会是主观能动性在遵循自然客观规律的情况下实践而来的。三者之间，既有区别，又有联系。研究其普遍性规律，又成了另一个哲学问题。辩证法的基本规律，事实上是从古老的哲学中总结出来的，而不是某个个体的认知。

黑格尔本身是个学贯中西的哲学家，在他之前的更古老的哲学中，也不乏具有辩证思维的哲学理论。但这些思想揭示的世界原理，是不系统的，不完备的，是没有完成世界观和方法论相统一的。黑格尔在《逻辑学》中系统阐述了辩证法的三大基本规律，其错误在于混淆了历史和逻辑的先后顺序，将思维规律强加于自然界和人类社会中。马克思讲这种倒果为因的逻辑重新修正了过来，并不是世界的发展必然遵循某种思想体系，而是正确的思想体系必然要符合世界发展的规律。

在对三大基本规律的描述中，马克思和恩格斯并没有提出哪个规律是辩证法的核心，黑格尔强调过否定之否定规律是辩证法的灵魂，列宁提出对立统一规律是辩证法的核心。而辩证唯物主义平台下，运行辩证法逻辑，首先强调的是用发展和联系的眼光看问题，其次才是普遍规律的具体运用。也就是说，对于三个基本规律的理解，必须采用联系的观点，而不能割裂开来各自讨论各自的内涵。三个规律放在一起理解，是辩证法思维，分开单独讨论分别理解是形而上学的思维。

3.2 安全管理哲学与原理

3.2.1 安全哲学的意义

从"山顶洞人"到"现代人"，从原始的刀耕火种到现代工业文明，人类已经历了漫长的岁月。21 世纪，人类生产与生活的方式及内容将面临一系列嬗变，这种结果将把人类现代生存环境和条件的改善和变化提高到前所未有的水平。

显然，现代工业文明给人类带来了利益、效率、舒适、便利，但同时也给人类的生存带来负面的影响，其中最突出的问题之一，就是生产和生活过程中来自于人为的意外事故与灾难的极度频繁和遭受损害的高度敏感。近百年来，为了安全生产和安全生存，人类做出了不懈的努力，但是现代社会的重大意外事故仍不断发生。从苏联 20 世纪 80 年代切尔诺贝利核泄漏事故到 90 年代末日本的核污染事件；从韩国的豪华三丰百货大楼坍塌到我国克拉玛依友谊宫火灾；从 21 世纪新近在美国发生的埃航空难到我国 2000 年发生的洛阳东都商厦火灾和"大舜号"特大海难事故，直至世界范围内每年近 400 万人死于意外事故，造成的经济损失高达 GDP 的 2.5%。生产和生活中发生意外事故和职业危害，如同

"无形的战争"在侵害着我们的社会、经济和家庭。正像一个政治家所说：意外事故是除自然死亡以外人类生存的第一杀手！为此，我们需要有效的防范方法、对策、措施，"安全哲学"——人类安全活动的认识论和方法论，是人类安全科学技术基础理论，是安全文化之魂，是安全管理理论之核心。

3.2.2 国家领导人的安全哲学思想

1986年10月13日，江泽民同志任上海市市长时曾在有关专业会议上指出：隐患险于明火，防范胜于救灾，责任重于泰山。江泽民同志的这一论述中包含着深刻的安全认识论和安全方法论的哲学道理。其中，"隐患险于明火"就是预防事故、保障安全生产的认识论哲学。"隐患险于明火"是说隐患相对于明火是更危险的要素，而在各种隐患中，思想上的隐患又最可怕。因此，实现安全生产最关键、最重要的对策，是要从隐患入手，积极、自觉、主动地实施消除隐患的战略。"防范胜于救灾"就是在预防事故、保障安全生产的方法论上，事前的预防及防范方法胜于和优于事后被动的救灾方法。因此，在安全生产管理的实践中，预防为主是保证安全生产最明智、最根本、最重要的安全哲学方法论。

2006年3月27日，胡锦涛同志在中共中央政治局进行第三十次集体学习时，强调指出："高度重视和切实抓好安全生产工作，是坚持立党为公、执政为民的必然要求，是贯彻落实科学发展观的必然要求，是实现好、维护好、发展好最广大人民的根本利益的必然要求，也是构建社会主义和谐社会的必然要求。各级党委和政府要牢固树立以人为本的观念，关注安全，关爱生命，进一步认识做好安全生产工作的极端重要性，坚持不懈地把安全生产工作抓细抓实抓好。"

胡锦涛同志关于安全生产工作的"四个是"要求，强调了安全生产工作对于立党、为民的重要性，明确了安全生产与科学发展和构建和谐社会的关系和地位，是哲理，是认识论问题。对各级党委和政府提出"关注、关爱"的要求，指出要"抓细、抓实、抓好"安全生产，这就是对方法论的明示。

2013年6月6日，习近平总书记就做好安全生产工作做出重要批示。他指出：接连发生的重特大安全生产事故，造成重大人员伤亡和财产损失，必须引起高度重视。人命关天，发展决不能以牺牲人的生命为代价。这必须作为一条不可逾越的红线。习近平同志的"红线"意识强调了安全是人类生存发展最基本的需求和价值目标：没有安全，一切都无从谈起。要坚决做到生产必须安全，不安全不生产，坚决不要"带血的GDP"。

习近平总书记关于安全生产的十个方面重要论述：

安全生产，重如泰山。关乎社会大众权利福祉，关乎经济社会发展大局，更关乎人民生命财产安全。以习近平同志为核心的党中央高度重视安全生产，始终把人民生命安全放在首位。习近平总书记多次对安全生产工作发表重要讲话，做出重要批示，深刻论述安全生产红线、安全发展战略、安全生产责任制等重大理论和实践问题，对安全生产提出了明确要求。习近平总书记强调，公共安全是社会安定、社会秩序良好的重要体现，是人民安居乐业的重要保障。安全生产必须警钟长鸣、常抓不懈。

1. 关于必须牢固树立安全发展理念的论述

习近平总书记指出："各级党委和政府、各级领导干部要牢固树立安全发展理念，始终把人民群众生命安全放在第一位，牢牢树立发展不能以牺牲人的生命为代价这个观念。"

并强调："这必须作为一条不可逾越的红线""不能要带血的生产总值"。

2. 关于必须建立健全最严格的安全生产责任体系的论述

习近平总书记指出："坚持最严格的安全生产制度，什么是最严格？就是要落实责任。要把安全责任落实到岗位、落实到人头，坚持管行业必须管安全、管业务必须管安全。"

在地方党委和政府领导责任方面，习近平总书记指出："安全生产工作，不仅政府要抓，党委也要抓。党政一把手要亲力亲为、亲自动手抓。""各级党委和政府要切实承担起'促一方发展、保一方平安'的政治责任。"

在部门监管责任方面，习近平总书记指出："健全党政同责、一岗双责、齐抓共管、失职追责的安全生产责任体系"。"坚持管行业必须管安全、管业务必须管安全、管生产经营必须管安全"。

在企业主体责任方面，习近平总书记指出："所有企业都必须认真履行安全生产主体责任，做到安全投入到位、安全培训到位、基础管理到位、应急救援到位，确保安全生产。"

3. 关于必须深化安全生产领域改革的论述

习近平总书记指出："推进安全生产领域改革发展，关键是要做出制度性安排。这涉及安全生产理念、制度、体制、机制、管理手段、改革创新。"

4. 关于必须强化依法治理安全生产的论述

习近平总书记指出："必须强化依法治理，用法治思维和法治手段解决安全生产问题。要坚持依法治理，加快安全生产相关法律法规制定修订，加强安全生产监管执法，强化基层监管力量，着力提高安全生产法治化水平。这是最根本的举措。"

5. 关于必须依靠科技创新提升安全生产水平的论述

习近平总书记指出："解决深层次矛盾和问题，根本出路就在于创新，关键要靠科技力量。""在煤矿、危化品、道路运输等方面抓紧规划实施一批生命防护工程，积极研发应用一批先进安防技术，切实提高安全发展水平。"

6. 关于必须加强安全生产源头治理的论述

习近平总书记指出："要坚持标本兼治，坚持关口前移，加强日常防范，加强源头治理、前端处理。""安全生产是民生大事，一丝一毫不能放松，要以对人民极端负责的精神抓好安全生产工作，站在人民群众的角度想问题，把重大风险隐患当成事故来对待。""宁防十次空，不放一次松。"

7. 关于必须完善安全生产应急救援体系的论述

习近平总书记强调："要认真组织研究应急救援规律。""提高应急处置能力，强化处突力量建设，确保一旦有事，能够拉得出、用得上、控得住。""最大限度减少人员伤亡和财产损失"。

8. 关于必须强化安全生产责任追究的论述

习近平总书记强调："追责不要姑息迁就，一个领导干部失职追责，撤了职，看来可惜，但我们更要珍惜的是，这些遇难的几十条、几百条活生生的生命。""对责任单位和责任人要打到疼处、痛处，让他们真正痛定思痛、痛改前非，有效防止悲剧重演。"

9. 关于对安全生产必须警钟长鸣、常抓不懈的论述习近平总书记指出："安全生产必须警钟长鸣、常抓不懈，丝毫放松不得，每一个方面、每一个部门、每一个企业都放松不得，否则就会给国家和人民带来不可挽回的损失。""对安全生产工作，有的东一榔头西一棒子，想抓就抓，高兴了就抓一下，紧锣密鼓。过些日子，又三天打鱼两天晒网，一曝十寒。这样是不行的。要建立长效机制，坚持常、长二字，经常、长期抓下去。"

10. 关于加强安全监管监察干部队伍建设的论述

习近平总书记指出："党的十八大以来，安全监管监察部门广大干部职工贯彻安全发展理念，甘于奉献、扎实工作，为预防生产安全事故做出了重要贡献。""要加强基层安全监管执法队伍建设，制定权力清单和责任清单，督促落实到位。"

3.2.3 我国安全生产方针的哲学理解

《安全生产法》将我国安全生产的基本方针改为"安全第一、预防为主、综合治理"，"安全第一"是基本原则，"预防为主"是主体策略，"综合治理"是系统方略。其中，"预防为主"的科学基础可从以下方面进行哲学论证。

1. 从历史学的角度

17世纪前，人类安全的认识论属于宿命论，方法论是被动承受型的，这是人类古代安全文化的特征。17世纪末期至20世纪初，人类的安全认识论提高到经验论水平，方法论有了"事后弥补"的特征。这种由被动变为主动，由无意识变为有意识，不能说不是一种进步。20世纪初至20世纪50年代，随着工业社会的发展和技术的不断进步，人类的安全认识论进入了系统论阶段，从而在方法论上能够推行安全生产与安全生活的综合型对策，进入了初期的安全文化阶段；20世纪50年代以来，随着人类高新技术的不断应用，如宇航技术、核技术的利用，信息化社会的出现，人类的安全认识论进入了本质论阶段，超前预防型成为现代安全文化的主要特征，这种高技术领域的安全思想和方法论推进了传统产业和技术领域的安全手段和对策的进步。

因此可以说：预防为主是安全史学总结出的最基本的安全生产策略和方法。

2. 基于安全文化的理论

根据安全科学原理，与事故相关的人、机、环、管四要素中，"人因"是最为重要的。因此，建设安全文化对于保障安全生产有着重要和现实的意义。从安全文化的角度，人的安全素质包括人的安全知识、技能和意识，甚或包括人的安全观念、态度、品德、伦理、情感等更为基本的人文素质层面。安全文化建设要提高人的基本素质，需要从人的深层的、基本的安全素质入手。这就要求进行全民的安全文化建设，建立大安全观的思想。安全文化建设包含安全科学建设、发展安全教育、强化安全宣传、提倡科学管理、建设安全法制等精神文化领域，同时也涉及优化安全工程技术、提高本质安全化等物质文化方面。因此，安全文化建设对人类的安全手段和对策具有系统性意义。

由此可看出：预防型的安全文化是人类现代安全行为文化中最重要、最理性的安全认识。

3. 基于系统科学观点

保障安全生产要通过有效的事故预防来实现。在事故预防过程中，涉及两个系统对象：一是事故系统，二是安全系统。事故系统包含四个要素，即人的不安全行为、机的不安全状态、不良的生产环境、管理措施不到位。人的不安全行为是导致事故的最直接的因素；机的不安全状态也是导致事故的最直接因素；不良的生产环境影响人的行为，对机械设备产生不良的作用；管理的欠缺也是大致事故发生的重要因素。安全系统的四要素，即人、物、能量、信息。人的安全素质（心理与生理、安全能力、文化素质）、设备与环境的安全可靠性（设计安全性、制造安全性、使用安全性）、生产过程能的安全作用（能的有效控制）、充分可靠的安全信息流（管理效能的充分发挥）是安全的基础保障。认识事故系统要素，对指导我们从打破事故系统来保障人类的安全具有实际的意义，这种认识带有事后型的色彩，是被动、滞后的。而从安全系统的角度出发，则具有超前和预防的意义。因此，从建设安全系统的角度来认识安全原理更具有理性的意义，更符合科学性原则。

根据安全系统科学的原理，预防为主是实现系统（工业生产）本质安全化的必由之路。

4. 依据安全经济学的结论

安全经济学研究的最基本的内容是安全的投资或成本规律、安全的产出规律、安全的效益规律等基本问题。安全经济学研究的成果能够使人们认识安全经济规律。如：事故损失占 GNP2.5%，安全投资占 GNP1.2%，事故直间损失系数为（1:4）~（1:>100），安全投入产出比为 1:6，安全生产贡献率为 1.5%~5%，预防型投入效果与事后整改效果的关系是 1 与 5 的关系。

预防型投入与事故整改的关系及安全效益金字塔法则都表明：预防型的"投入产出比"高于事后整改的"投入产出比"。

5. 从工业安全实践中证明

应用安全评价的理论，对一般工业安全措施实践的安全效益进行科学合理的评估，得到安全效益的金字塔法则，其结论是：系统设计 1 分安全性 = 10 倍制造安全性 = 1000 倍应用安全性。

由此可以说：超前型预防效果优于事后型整改效果。因此，主张在设计和策划阶段要充分地重视安全，落实预防为主的策略。

6. 根据事故致因理论

根据事故理论的研究，事故具有以下几种基本性质：①因果性。工业事故的因果性是指事故是由相互联系的多种因素共同作用的结果，引起事故的原因是多方面的，在伤亡事故调查分析过程中，应弄清事故发生的因果关系，找到事故发生的主要原因，才能对症下药。②随机性与偶然性。事故的随机性是指事故发生的时间、地点、事故后果的严重性是偶然的。这说明事故的预防具有一定的难度。但是，事故这种随机性在一定范畴内也遵循统计规律。从事故的统计资料中可以找到事故发生的规律性。因而，事故统计分析对制定正确的预防措施有重大的意义。③潜在性与必然性。表面上，事故是一种突发事件，但是事故发生之前有一段潜伏期。在事故发生前，人、机、环境系统所处的这种状态是不稳定的，也就是说系统存在着事故隐患，具有危险性。如果这时有一触发因素出现，就会导致事故的发生。在工业生产活动中，企业较长时间内未发生事故，如麻痹大意，就是忽视了事故的潜伏性，这是工业生产中的思想隐患，是应该克服的。

上述事故特性说明了一个根本的道理：现代工业生产系统是人造系统，这种客观实际为预防事故提供了基本的前提。所以说，任何事故从理论和客观上讲，都是可预防的。因此，人类应该通过各种合理的对策和努力，从根本上消除事故发生的隐患，把工业事故的发生降低到最小限度。

7. 基于国际安全管理之潮流

在企业的安全管理策略上推行预期型管理；在企业安全管理过程中采用无隐患管理法、安全目标管理法以及推行行为抽样管理技术；对重大工程项目进行安全预评价，对一般技术项目推行预审制；企业对于重大危险源进行监控和建立应急预案。这些做法都符合国际安全生产管理的现代潮流。

3.2.4 从文化学看安全哲学的发展

文化学的核心是观念文化和行为文化，观念文化体现认识论，行为文化体现方法论。"观"，观念，认识的表现，思想的基础，行为的准则。观念是方法和策略的基础，是活动艺术和技巧的灵魂。进行现代的安全生产和公共安全活动，需要正确的安全观指导，只有对人类的安全理念和观念有着正确的理解和认识，并有高明的安全行动艺术和技巧，人类的安全活动才算走入了文明的时代。观念文化是价值理性的具体反映，行为文化展现工具理性。人类不同时代安全观念文化和行为文化的变化和发展见表3-1。

表3-1　不同时代安全观念文化和行为文化的变化和发展

时代	观念文化-价值理性	行为文化-工具理性
古代安全文化	宿命论	被动承受型
近代安全文化	经验论	事后型、亡羊补牢式
现代安全文化	系统论	综合型、人机环策略
发展的安全文化	本质论	超前预防型、本质安全化

现代社会先进的安全文化观念具体表现为以下几点。

1. "安全第一"的哲学观

"安全第一"是一个相对、辩证的概念，它是在人类活动的方式上（或生产技术的层次上）相对于其他方式或手段而言，并在与之发生矛盾时，必须遵循的原则。"安全第一"的原则通过如下方式体现：在思想认识上安全高于其他工作；在组织机构上安全权威大于其他组织或部门；在资金安排上，安全强度重视程度重于其他工作所需的资金；在知识更新上，安全知识（规章）学习先于其他知识培训和学习；在检查考评上，安全的检查评比严于其他考核工作；当安全与生产、安全与经济、安全与效益发生矛盾时，安全优先。安全既是企业的目标，又是各项工作（技术、效益、生产等）的基础。建立起辩证的安全第一的哲学观，就能处理好安全与生产、安全与效益的关系，才能做好企业的安全工作。

2. 珍视生命的情感观

安全维系人的生命安全与健康，"生命只有一次""健康是人生之本"；反之，事故对人类安全的毁灭，则意味着生存、康乐、幸福、美好的毁灭。由此，充分认识人的生命与健康的价值，强化"善待生命，珍惜健康"的"人之常情"之理，是我们社会每一个人应该建立的情感观。不同的人应有不同层次的情感体现，员工或一般公民的安全情感主要体现在"爱人、爱己""有德、无违"。而对于管理者和组织领导，则应表现出：用"热情"的宣传教育激励教育职工；用"衷情"的服务支持安全技术人员；用"深情"的关怀保护和温暖职工；用"柔情"的举措规范职工安全行为；用"绝情"的管理严爱职工；用"无情"的事故启发职工。以人为本，尊重与爱护职工是企业法人代表或雇主应有的情感观。

3. 综合效益的经济观

实现安全生产，保护职工的生命安全与健康，不仅是企业的工作责任和任务，而且是保障生产顺利进行和实现企业效益的基本条件。"安全就是效益"、安全不仅能"减损"而且能"增值"，这是企业法人代表应建立的"安全经济观"。安全的投入不仅能给企业带来间接的回报，而且能产生直接的效益。

4. 预防为主的科学观

要高效、高质量地实现企业的安全生产，必须走预防为主之路，必须采用超前管理、预期型管理的方法，这是生产实践证实的科学真理。现代工业生产系统是人造系统，这种客观实际给预防事故提供了基本的前提。所以说，任何事故从理论和客观上讲，都是可预防的。因此，人类应该通过各种合理的对策和努力，从根本上消除事故发生的隐患，把工业事故的发生率降低到最小限度。采用现代的安全管理技术，变纵向单因素管理为横向综合管理；变事后处理为预先分析；变事故管理为隐患管理；变管理的对象为管理的动力；变静态被动管理为动态主动管理，实现本质安全化，这是我们应建立的安全生产科学观。根据安全系统科学的原理，预防为主是实现系统（工业生产）本质安全化的必由之路。

5. 人、机、环、管的系统观

从安全系统的动态特性出发，研究人、社会、环境、技术、经济等因素构成的安全大协调系统。建立生命保障、健康、财产安全、环保、信誉的目标体系。在认识了事故系统人—机—环境—管理四要素的基础上，更强调从建设安全系统的角度出发，认识安全系统的要素：人——人的安全素质（心理与生理；安全能力；文化素质）；物——设备与环境的安全可靠性（设计安全性；制造安全性；使用安全性）；能量——生产过程能的安全作用（能的有效控制）；信息——充分可靠的安全信息流（管理效能的充分发挥）是安全的基础保障。从安全系统的角度来认识安全原理更具有理性的意义，更具科学性原则。

3.2.5 从历史学的角度看安全哲学的进步

人类的发展历史一直伴随着人为或自然意外事故和灾难的挑战，从远古祖先们祈天保佑、被动承受到学会"亡羊补牢"凭经验应付，一步步到近代人类扬起"预防"之旗，直至现代社会全新的安全理念、观点、知识、策略、行为、对策等，人们以安全系统工程、本质安全化的事故预防科学和技术，把"事故忧患"的颓废认识变为安全科学的缜密思考；把现实社会"事故高峰"和"生存危机"的自扰情绪变为抗争和实现平安康乐的动力，最终创造人类安全生产和安全生存的安康世界。在人类历史进程中，包含着人类安全哲学——安全认识论和安全方法论的发展与进步。

1. 古代的国家安全哲学思想

重科技、善制作的科技强安战略。在先秦诸子中，墨子是最重视科技的。墨子本人精通数学、物理，精于器械制造，是个科学家兼能工巧匠。他在自然科学方面的成就，当时在世界上都居于领先地位。后世尊称他为"科圣"。充满科技知识的《墨经》是墨学的经典，也是墨家教育的主要教材。墨学之所以在军事上成为防御理论的经典，是以其先进的筑城和防御器械为条件的，而先进的筑城和器械又是以先进的科学技术为基础的。墨家重科技、善制作的优良传统，对于今天来说，更需要大力发扬。墨子的思想成就是中华民族宝贵的文化遗产，他的至善、和平的世界观一直被世人所赞誉和津津乐道，他的军事理论和其中对国家安全的丰富的思考不仅在当时，对现代来说仍有很高的研究价值。他反对不义战争，反对霸权主义，不畏强权，坚持正义的精神对现在世界有着很重要的借鉴意义。

战国时期政治家、思想家荀况针对军事策略说过："防为上、救次之、戒为下"。"防"主要是指超前教育，是一种事前的自我约束、软约束；"救"与"戒"则主要依靠检查监督，采用记录、谴责的手段督促纠正，带有强制性，是一种事中、事后的外在约束、硬约束。"救"与"戒"并非上策，只是安全的最后防线。这就是"先其未然、发而止之、行而责之"的安全哲学思想。

孔子在"论语"中针对学习方法论说过：生而知之者上也，学而知之者次也，困而学之又其次也，困而不学，民斯为下矣，从中我们悟出安全的4种策略方式：沉思是最高明的、模仿是最容易的、经历是最痛苦的、应付是最悲哀的学习方法。沉思是基于安全原理和科学规律的学习及工作方式；模仿是依据法规标准及别人成功案例的学习及工作方式；经历是迫于事故责任及血的教训的事后学习及工作方式；应付是无视教训表面作为的学习及工作方式。

古语指教我们的安全观念，不失为"警世良言"。但应注意的是，面对现代复杂多样的事故与灾祸大千世界，以教条不变的政策、简单的遵守规则，是必要的，但却是不够的。正如秘本兵法《三十六计·总说》中所云："阴阳燮理，机在其空；机不可设，设则不中。"只有以变化和发展的眼光，全面综合的对策，在安全活动中探求、体验和落实有效防范，才能在与事故和灾祸的较量中立于不败之地。

2. 近代的工业安全哲学思想

工业革命前，人类的安全哲学具有宿命论和被动型的特征；工业革命的爆发至20世纪初，由于技术的发展使人们的安全认识论提高到经验论水平，在事故的策略上有了"事后弥补"的特征，在方法论上有了很大的进步和飞跃，即从无意识发展到有意识，从被动变为主动；20世纪初至50年代，随着工业社会的发展和技术的不断进步，人类的安全认识论进入了系统论阶段，在方法论上能够推行安全生产与安全生活的综合型对策，进入了近代的安全哲学阶段；20世纪50年代到20世纪末，由于高新技术的不断涌现，如现代军事、宇航技术、核技术的利用以及信息化社会的出现，人类的安全认识论进入了本质论阶段，超前预防型成为现代安全哲学的主要特征，这样的安全认识论和方法论大大推进了现代工业社会的安全科学技术和人类征服意外事故的手段和方法。人类安全哲学发展进程见表 3-2。

表 3-2　人类安全哲学发展进程

阶段	时代	技术特征	认识论	方法论
I	工业革命前	农牧业及手工业	听天由命	无能为力
II	17 世纪至 20 世纪初	蒸汽机时代	局部安全	亡羊补牢，事后型
III	20 世纪初至 70 年代	电气化时代	系统安全	综合对策及系统工程
IV	20 世纪 70 年代以来	信息时代	安全系统	本质安全化，超前预防

1）宿命论与被动型的安全哲学

这样的认识论与方法论表现为：对于事故与灾害听天由命，无能为力。认为命运是老天的安排，神灵是人类的主宰。事故对生命的残酷践踏，但人类无所作为，自然或人为的灾难、事故只能是被动地承受，人类的生活质量无从谈起，生命与健康的价值被泯灭，这样的社会落后、愚昧。

2）经验论与事后型的安全哲学

随着生产方式的变更，人类从农牧业进入了早期的工业化社会——蒸汽机时代。由于事故与灾害类型的复杂多样和事故严重性的扩大，人类进入了局部安全认识阶段，哲学建立在事故与灾难经历的基础上来认识人类安全，有了与事故抗争的意识，学会了"亡羊补牢"的手段，常见的对策如：调查、处理事故时的"三不放过"的原则、事故统计学的致因理论研究、事后整改对策的完善、管理中的事故赔偿与事故保险制度等。

3）系统论与综合型的安全哲学

建立了事故系统的综合认识，认识到了人、机、环境、管理是事故综合要素，主张工程技术硬手段与教育、管理软手段的综合措施。其具体思想和方法有：全面安全管理的思想；安全与生产技术统一的原则；讲求安全人机设计；推行系统安全工程；企业、国家、工会、个人综合负责的体制；生产与安全的管理中要讲同时计划、布置、检查、总结、评比的"五同时"原则；企业各级生产领导在安全生产方面向上级、向职工、向自己的"三负责"制；安全生产过程中要查思想认识、查规章制度、查管理落实、查设备和环境隐患，定期与非定期检查相结合，普查与专查相结合，自查、互查、抽查相结合，生产企业岗位每天查、班组车间每周查、厂级每季查、公司年年查，定项目、定标准、定指标，科学定性与定量相结合等安全检查系统工程。

4）本质论与预防型的安全哲学

进入了信息化社会，随着高新技术的不断应用，人类在安全认识论上有了组织思想和本质安全化的认识，方法论上讲求安全的超前、主动。具体表现为：从人与机器和环境的本质安全入手，人的本质安全不但要解决人的知识、技能、意识素质，还要从人的观念、伦理、情感、态度、认知、品德等人文素质入手，从而提出安全文化建设的思路；物和环境的本质安全化就是要采用先进的安全科学技术，推广自组织、自适应、自动控制与闭锁的安全技术；研究人、物、能量、信息的安全系统论、安全控制论和安全信息论等现代工业安全原理；技术项目中要遵循安全措施与技术设施同时设计、施工、投产的"三同时"原则；企业在考虑经济发展、进行机制转换和技术改造时，安全生产方面要同时规划、发展，同时实施，即所谓"三同步"的原则；进行不伤害他人、不伤害自己、不被别人伤害的"三不伤害活动"，整理、整顿、清扫、清洁、态度"5S"活动，生产现场的工具、设备、材料、工件等物流与现场工人流动的定置管理，对生产现场的"危险点、危害点、事故多发点"的"三点控制工程"等超前预防型安全活动；推行安全目标管理、无隐患管理、安全经济分析、危险预知活动、事故判定技术等安全系统工程方法。

3.2.6 从思维科学看安全哲学的发展

思维科学（Thought Sciences），是研究思维活动规律和形式的科学。思维一直是哲学、心理学、神经生理学及其他一些学科的重要研究内容。辩证唯物主义认为，思维是高度组织起来的物质，即人脑的机能，人脑是思维的器官。思维是社会的人所特有的反映形式，它的产生和发展都同社会实践和语言紧密地联系在一起。思维是人所特有的认识能力，是人的意识掌握客观事物的高级形式。思维在社会实践的基础上，对感性材料进行分析和综合，通过概念、判断、推理的形式，形成合乎逻辑的理论体系，反映客观事物的本质属性和运动规律。思维过程是一个从具体到抽象，再从抽象到具体的过程，其目的是在思维中再现客观事物的本质，达到对客观事物的具体认识。思维规律由外部世界的规律所决定，是外部世界规律在人的思维过程中的反映。

我们的先哲——孔子早就说过：建立在"经历"方式上的学习和进步是痛苦的方式；而只有通过"沉思"的方式来学习，才是最高明的；当然，人们还可以通过"模仿"来学习和进步，这是最容易的。从这种思维方式出发，进行推理和思考，我们感悟到：人类在对待事故与灾害的问题上，千万不要试求通过事故的经历才汲取教训，因为这样的教训太惨痛，"人的生命只有一次，健康何等重要。"我们应该掌握正确的安全认识论与方法论，从理性与原理出发，通过"沉思"来防范和控制职业事故和灾害，至少我们要选择"模仿"之路，学会向先进的国家和行业学习，这才是正确的思想方法。

我国古代政治家荀况在总结军事和政治方法论时，曾总结出：先其未然谓之防，发而止之谓其救，行而责之谓之戒，但是防为上，救次之，戒为下。这归纳用于安全生产的事故预防上，也是精辟的方法论。因此，我们在实施安全生产保障对策时，也需要"狡兔三窟"，即要有"事前之策"——预防之策，也需要"事中之策"——救援之策和"事后之策"——整改和惩戒之策。但是预防是上策，所谓"事前预防是上策，事中应急次之，事后之策是下策"。

对于社会，安全是人类生活质量的反映；对于企业，安全也是一种生产力。我们人类已进入21世纪，我们国家正前进在高速的经济发展与文化进步的历史快车道。面对这样的现实和背景，面对这样的命题和时代要求，我们应该清醒地认识到，必须用现代的安全哲学来武装思想、指导职业安全行为，从而为推进人类安全文化的进步，为实现高质量的现代安全生产与安全生活而努力。

3.3 安全管理认识观

古语有云："有不尽者，亦宜防微杜渐而禁于未然。"

认识论是哲学的一个组成部分，是研究人类认识的本质及其发展过程的哲学理论，又称知识论。其研究的主要内容包括认识的本质、结构，认识与客观实在的关系，认识的前提和基础，认识发生、发展的过程及其规律，认识的真理标准等。安全科学的认识论是探讨人类对安全、风险、事故等现象的本质、结构的认识，揭示和阐述人类的安全观，是安全哲学的主体内容，是安全科学建设和发展的基础和引导。

3.3.1 事故认识论

我国很长时期普遍存在着"安全相对、事故绝对""安全事故不可防范，不以人的意志转移"的认识，即存在有生产安全事故的"宿命论""必然论"的观念。随着安全生产科学技术的发展和对事故规律的认识，人们已逐步建立了"事故可预防、人祸本可防"的观念。实践证明，如果做到"消除事故隐患，实现本质安全化，科学管理，依法监管，提高全民安全素质"，安全事故是可预防的。

1. 事故的概念

广义上的事故，指可能会带来损失或损伤的一切意外事件，在生活的各个方面都可能发生事故。狭义上的事故，指在工程建设、工业生产、交通运输等社会经济活动中发生的可能带来物质损失和人身伤害的意外事件。我们这里所说的事故，是指狭义上的事故。职业不同，发生事故的情况和事故种类也不尽相同。按事故责任范围可分为：责任事故，即由于设计、管理、施工或者操作的过失所导致的事故；非责任事故，即由于自然灾害或者其他原因所导致的非人力所能全部预防的事故。按事故对象可划分为：设备事故和伤亡事故等。

事故是技术风险、技术系统的不良产物。技术系统是"人造系统"，是可控的。我们可以从设计、制造、运行、检验、维修、保养、改造等环节，甚至对技术系统加以管理、监测、调适等，对技术进行有效控制，从而实现对技术风险的管理和控制，实现对事故的预防。

2. 事故的可预防性

事故的可预防性指从理论上和客观上讲，任何事故的发生都是可预防的，其后果是可控的。事故的可预防性与事故的因果性、随机性和潜伏性一样都是事故的基本性质。认识这一特性，对坚定信念、防止事故发生有促进作用。人类应该通过各种合理的对策和努力，从根本上消除事故发生的隐患，降低风险，把事故的发生及其损失降低到最小限度。

事故可预防性的理论基础是"安全性"理论。由安全科学的理论，安全性的计算公式如下：

$$S = 1 - R = 1 - R(p, l) \tag{3-1}$$

式中　R——系统的风险；

　　　p——事故的可能性（发生的概率）；

　　　l——可能发生事故的严重性。

事故的发生与否和后果的严重程度是由系统中的固有风险和现实风险决定的，所以控制了系统中的风险就能够预防事故的发生。

一个特定系统的风险是由事故的可能性（p）和可能事故的严重性（l）决定的，因此可以通过采取必要的措施控制事故的可能性来预防事故的发生；同时利用必要的手段控制可能事故后果的严重性来预防事故。

发生事故的可能性计算公式：

$$p = F(4m) = F(人，机，环，管) \tag{3-2}$$

式中　人——人的不安全行为；

机——机的不安全状态；

环——生产环境的不良；

管——管理的欠缺。

可能发生事故的严重性计算公式：

$$l = F[时态，危险性(能量、规模)，环境，应急] \tag{3-3}$$

式中　　时态——系统运行的时间因素；

危险性——系统中危险的大小，由系统中含有能量、规模等因素决定；

环境——事故发生时所处的环境状态或位置；

应急——发生事故后所具有的应急条件及能力。

事故的发生与否和后果的严重程度是由系统中的固有风险和现实风险决定的，所以控制了系统中的风险就能够预防事故的发生。

一个特定系统的风险是由事故的可能性（p）和可能事故的严重性（l）决定的，因此可以通过采取必要的措施控制事故的可能性来预防事救的发生；同时利用必要的手段控制可能事故后果的严重性，即可以利用安全科学的基本理论和技术，在事故发生之前就采取措施控制事故的发生可能性和事故的后果严重性，从而实现事故的可预防性。

人的不安全行为、物的不安全状态、环境的不良和管理的欠缺是构成事故系统的因素，决定事故发生的可能性和系统的现实安全风险，控制好这四个因素能够预防事故的发生。在一个特定系统或环境中存在的这四个因素是可控的，我们可以在安全科学的基本理论和技术的指导下，利用一定的手段和方法来消除人的不安全行为、机的不安全状态、环境的不良和管理的欠缺，从而实现预防事故的目的，因此我们说事故的发生是可预防的，事故具有可防性，比如说，我们都知道 220 V 或 360 V 因含有超过人体限值的能量而有触电的可能性，如果一个系统中采用 360 V 供电那就具有触电的危险，但是我们可以通过对人员进行安全教育和培训、对电源进行隔离或对机器进行漏电保护、控制空气湿度和加强管理等手段，从而预防触电事故的发生。

系统中的危险性、系统所处的环境或位置和应急条件或能力决定了可能发生事故的后果严重性，也就是说我们可以从上述三点来控制事故后果的严重性，从而实现事故的可预防。系统的危险性是由系统中所含有的能量决定的，系统中的能量决定了系统的固有风险。通过对系统能量的消除、限值、疏导、屏蔽、隔离、转移、距离控制、时间控制、局部弱化、局部强化、系统闭锁等技术措施来控制能量的大小及其不正常转移。系统所处的环境或位置也决定了可能事故的后果，我们可以通过厂址的选择、建筑的间距和减少人员聚集等措施控制事故后果。由于自然或人为、技术等原因，当事故和灾害不可能完全避免的时候，进一步落实加强应急管理工作，建立重大事故应急救援体系，组织及时有效的应急救援行动已成为抵御事故或控制灾害蔓延、降低危害后果的关键手段。通过增加应急救援体系的投入、应急预案的编制和演练、提高应急救援能力等措施来提高系统或组织的应急条件和能力。对于同样的 360 V 供电具有触电危险的问题，我们可以通过采用 36 V 安全电压来远程控制系统的危险性，从根本上消除触电危险；也可以将 360 V 电源设置到一个根本不会有人接触的位置，通过改变环境来控制事故后果；当然，我们也可以对人员进行触电急救方面的培训，增加医疗设施，避免触电事故造成严重后果。

通过上述分析，我们知道可以利用安全科学的基本理论和技术，采取适当的措施，避免事故的发生，控制事故的后果。也就是说，事故是可以预防的，事故后果是可以控制的，事故具有可预防性。事故的可预防性决定了安全科学技术存在和发展的必要性。

3.3.2 风险认识论

我国在 20 世纪 80 年代中期从发达国家引入了"安全系统工程"的理论，通过近 20 年的实践，在安全生产界"系统防范"的概念已深入人心。这在安全生产的方法论层面表明，我国安全生产和公共领域已从"无能为力，听天由命""就事论事，广羊补牢"的传统方式逐步地转变到现代的"系统防范，综合对策"的方法论。在我国的安全生产实践中，政府的"综合监管"、全社会的"综合对策和系统工程"、企业的"管理体系"无不表现出"系统防范"的高明对策。

1. 风险与危险的联系

在通常情况下，"风险"的概念往往与"危险"或"冒险"的概念相联系。危险是与安全相对立的一种事故潜在状态，人们有时用"风险"来描述与从事某项活动相联系的危险的可能性，即风险与危险的可能性有关，它表示某事件产生危险后果的概率。事件由潜在危险状态转化为伤害事故往往需要一定的激发条件，风险与激发事件的频率、强度以及持续时间的概率有关。

严格地讲，风险与危险是两个不同的概念。危险只是意味着一种现实的或潜在的、固有的、不安全的状态，危险可以转化为事故。而风险用于描述可能的不安全程度或水平，它不仅意味着事故现象的出现，更意味着不希望事件转化为事故的渠道和可能性。因此，有时虽然有危险存在，但并不一定要承担风险。例如，人类要应用核能，就有受辐射的危险，这种危险是客观存在的；使用危险化学品，就有火灾、爆炸、中毒的危险。但在生活实践中，人类采取各种措施使其应用中受辐射或化学事故的风险最小化，甚至人绝对地与之相隔离，尽管仍有受辐射和中毒的危险，但由于无发生渠道或可能，所以我们并没有受辐射或火灾事故的风险。这里也说明了人们更应该关心的是"风险"，而不仅仅是"危险"，因为直接与人发生联系的是"风险"。而"危险"是事物客观的属性，是风险的一种前提表征或存在状态。我们可以做到客观危险性很大，但实际承受的风险较小，所谓追求"高危低风险"的状态。

2. 风险的特征

风险是多种多样的，但只要我们对一定数量样本的综合分析，我们就可以发现风险具有以下特征：

（1）风险存在的客观性。自然界的地震、台风、洪水；社会领域的战争、冲突、瘟疫、意外事故等，都不以人的意志为转移，它们是独立于人的意识之外的客观存在。这是因为无论是自然界的物质运动，还是社会发展的规律，都是由事物的内部因素所决定，由超过人们主观意识所存在的客观规律所决定。人们只能在一定的时间和空间内改变风险存在和发生的条件，降低风险发生的频率和损失幅度，而不能彻底消除风险。

（2）风险存在的普遍性。在我们的社会经济生活中会遇到自然灾害、意外事故、决策失误等意外不幸事件，也就是说，我们面临着各种各样的风险。随着科学技术的进步、生产力的提高、社会的发展、人类的进化，一方面，人类预测、认识、控制和抵抗风险的能力不断增强，另一方面又产生新的风险，且风险造成的损失越来越大。在当今社会，个人面临生、老、病、死、意外伤害等风险；企业则面临着自然风险、市场风险、技术风险、政治风险等；甚至国家和政府机关也面临各种风险。总之，风险渗入到社会、企业、个人生活的方方面面，无时无处不在。

（3）风险的损害性。风险是与人们的经济利益密切相关的。风险的损害性是指风险损失发生后给人们的经济造成的损失以及对人的生命的伤害。

（4）某一风险发生的不确定性。虽然风险是客观存在的，但就某一具体风险而言，其发生是偶然的，是一种随机现象。风险必须是偶然的和意外的，即对某一个单位而言，风险事故是否发生不确定，何时发生不确定，造成何种程度的损失也不确定。必然发生的现象，既不是偶然的也不是意外的，如折旧、自然损耗等不是风险。

（5）总体风险发生的可测性。个别风险事故的发生是偶然的，而对大量风险事故的观察会发现，其往往呈现出明显的规律性，运用统计方法去处理大量相互独立的偶发风险事故，其结果可以比较准确地反映风险的规律性。根据以往大量的资料，利用概率论和数理统计方法可测算出风险事故发生的概率及其损失幅度，并且可以构成损失分布的模型。

（6）风险的变化发展性。风险是发展和变化的，主要表现在以下方面：一是风险性质的变化，如车祸，在汽车出现的初期是特定风险，在汽车成为主要交通工具后则成为基本风险；二是风险量的复杂化，随着人们对风险认识的增强和风险管理方法的完善，某些风险在一定程度上得以控制，可降低其发生频率和损失程度；三是某些风险在一定的时间和空间范围内被消除；四是新的风险产生。

3. 风险意识的科学内涵

在当今社会，构建社会主义和谐社会已成为全社会的共识。对于如何构建社会主义和谐社会，人们也从不同的视角做了探讨和论述。值得一提的是，任何和谐都是认识、规避和排除风险的和谐，如果整个社会的风险意识和风险观念不强，就会阻碍和谐社会的构建。在这个意义上，我们要构建社会主义和谐社会，必须在全社会树立强烈的风险意识。

所谓风险意识，是指人们对社会可能发生的突发性风险事件的一种思想准备、思想意识以及与之相应的应对态度和知识储备。一个社会是否具有很强的风险意识，是衡量其整体文明水平高低的重要标准，也是影响这一社会风险应对能力的重要因素之一。事实上，在欧美不少发达国家，风险意识被人们普遍重视，因而在政府的管理中，不仅有整套相应的应急措施和法规，还经常举行各种规模的应对危机的演练和风险意识教育活动，以此增强整个社会的抗拒风险能力。

科学的风险意识的树立，对于和谐社会的构建有着极为重要的意义，是整个社会良性运行和健康发展不可或缺的重要因素。树立科学的风险意识观念，学会正确处理风险危机，应当成为当代人的必修课和生存的基本技能。风险意识的科学内涵是非常丰富的，从不同的角度可以总结出不同的内容，但至少应该包括以下3个方面：

首先，要有风险是永恒存在的意识。从哲学的观点来看，风险现象之所以产生，是因为不确定因素、偶然性因素的始终存在。没有哪一个时代是确定必然地那样发展的，也没有哪一个人或哪一种事物的发展道路是预先设定好的，不确定因素、偶然性因素总是存在于社会发展的过程之中。因此，风险的存在也是必然的，就像德国社会学家贝克所说的，"风险是永恒存在的"。所不同的是，现代风险的破坏力、影响力和不可预测性都大大加剧了。明白了这一点，我们就要居安思危，建立健全各种风险应对机制，这样在面对某一具有巨大危害性的风险事件时，才不至于惊恐万分，不知所措，丧失理智。

其次，要以科学的态度认识风险，充分认识风险具有的两重性。风险不仅有其消极的一面，也有其积极的一面。人们通常从消极的角度去认识和评价风险，这当然没有错，问题在于，我们也不能由此忽视甚至否认风险的积极意义。从积极的角度来看，风险的存在扩大了人们的选择余地，给人们提供了选择自己的生活方式和发展道路的可能和机会，人们通过积极的创造去把握这种机会，就有可能把理想化为现实。这在经济领域中表现得尤为突出，积极地利用风险做出投资决策被看作是市场中最富有活力的一个方面。明白了风险的两重性，面对风险，我们才不至于产生悲观主义情绪，消极厌世，无所作为。

最后，要以健康的心态应对风险。当风险事件爆发、灾害降临的时候，人的心理状况和意志力是抵抗灾害、战胜灾害的有力保证。大量心理学研究已经证明，大多数人在面对灾害突然发生时都有可能产生害怕、担忧、惊慌和无助等心理体验，但过分的恐慌、焦虑、不安、紧张的情绪和过度的担心会削弱人们身体的抵抗力，降低人们应对灾害的心智水平。为此，面对风险的爆发，一方面，要坦然面对和承认自己的心理感受，不必刻意强迫自己否认存在负面的情绪；同时采取适当的方法处理这些情绪，以积极的方式来调整自己的心理状态，尽快恢复被灾害打乱的正常生活；另一方面，保持乐观自信的理智态度，树立战胜灾难的坚定信念。越是危难之时越能考验一个人的心理素质，战胜困难需要勇气和信心，更需要必胜的信念。总之，健康的心态是应对风险的必然要求，也是风险意识的基本内涵之一。

3.3.3　安全认识论

安全是人生存的第一要素，始终伴随着人类的生存、生活和生产过程。从这个意义上说，安全始终就应该放在第一位。安全是人类生存的最基本需要之一，没有安全就没有人类的生活和生产。"安全第一，预防为主"是我国安全生产指导方针，要求一切经济部门和企事业单位，都应"确立人是最宝贵的财富，人命关天，人的安全第一"的思想。

1. 本质安全的认识

"本质安全"的认识主要是意识到要想实现根本的安全需要从根源上减少或消除危险，而不是通过附加的安全防护措施来控制危险。通过采用没有危险或危险性小的材料和工艺条件，将风险减小到忽略不计的安全水平，生产过程对人、财产或环境没有危害威胁，不需要附加或应用程序安全措施。本质安全方法通过设备、工艺、系统、工厂的设计或改进来消除或减少危险。安全功能已融入生产过程、工厂或系统的基本功能或属性。

安全是人们的基本需要，人们追求本质安全，但本质安全是人们的一种期望，是相对安全的一种极限。人类在认识和改造客观世界的过程中，事故总是在人们追求上述的过程中不断发生，并难以完全避免。事故是人们最不愿发生的事，即追求零事故，但追求零事故，即绝对安全，在现实中是不可能的。只能让事故隐患趋近于零，也就是尽可能预防事故，或把事故的后果降至最小。

随着 20 世纪 50 年代世界宇航技术的发展，"本质安全"一词被提出并被广泛接受，这是与人类科学技术的进步以及对安全文化的认识密切相连的，是人类在生产、生活实践的发展过程中，对事故由被动接受到积极事先预防，以实现从源头杜绝事故和人类自身安全保护，是在安全认识上取得的一大进步。其发展经历了以下几个阶段：

（1）20 世纪 50 年代世界宇航技术的发展，"本质安全"一词被提出并被广泛接受。

（2）1974 年，英国的克莱兹提出了过程工业本质安全设计的理念。

（3）1978 年，英国化工安全专家克莱兹提出了本质安全的理念。

（4）2000 年，美国化工过程安全研究中心将本质安全列为重点研究课题之一，并指出："美国要维持化学工业未来的国际竞争力，必须重视化工本质安全的研究"。

本质安全的定义：预防事故的最佳方法不是依靠更加可靠的附加安全设施，而是通过消除危险或降低危险程度以取代那些安全装置，从而降低事故发生的可能性和严重性。

不同行业安全领域本质安全设计原则：

（1）化工、石油化工等过程工业领域工艺过程的本质安全设计归纳为消除、最小化、替代、缓和及简化五项技术原则。

（2）机械安全领域，机械本体的本质安全设计思路为：①采取措施消除或消减危险源；②尽可能减少人体进入危险区域的可能性。

（3）核安全领域，在本质安全设计的基础上采用了多重安全防护策略，建立了 4 道屏障和 5 道防线。

（4）美国化工过程安全中心提出了防护层的理念。针对本质安全设计之后的残余危险设置若干防护层，使过程危险降低到可接受的水平。防护层中往往既有被动防护措施，也有主动防护措施。

（5）国际电工标准 IEC 61511《机能安全——过程工业安全仪表系统》中介绍的典型的过程工业防护层，在工艺本质安全设计的基础上设置了 6 个防护层：①基本过程控制系统；②监测报警系统；③安全仪表系统；④机械防护；⑤结构防护；⑥程序防护。

2. 安全的相对性

安全的相对性指人类创造和实现的安全状态和条件是动态、变化的特性，是指安全的程度和水平是相对法规与标准要求、社会与行业需要存在的。安全没有绝对，只有相对；安全没有最好，只有更好；安全没有终点，只有起点。安全的相对性是安全社会属性的具体表现，是安全的基本而重要的特性。

1）绝对安全是一种理想化的安全

理想的安全或者绝对的安全，即 100% 的安全性，是一种纯粹完美，永远对人类的身心无损、无害，绝对保障人能安全、舒适、高效地从事一切活动的一种境界。绝对安全是安全性的最大值，即"无危则安，无损则全"。理论上讲，当风险等于"零"，安全等于"1"，即达到绝对安全或"本质安全"。

事实上，绝对安全、风险等于"零"是安全的理想值，要实现绝对安全是不可能的，但是却是社会和人们努力追求的目标。无论从理论上还是实践上，人类都无法制造出绝对安全的状况，这既有技术方面的限制，也有经济成本方面的限制。由于人类对自然的认识能力是有限的，对万物危害的机理或者系统风险的控制也是在不断地研究和探索中，所以，人类自身对外界危害的抵御能力是有限的，调节人与物之间的关系的系统控制和协调能力也是有限的，难以使人与物之间实现绝对和谐并存的状态，这就必然会引发事故和灾害，造成人和物的伤害和损失。

客观上，人类发展安全科学技术不能实现绝对的安全境界，只达到风险趋于"零"的状态，但这并不意味着事故不可避免。恰恰相反，人类通过安全科学技术的发展和进步，实现了"高危—低风险""无危—无风险""低风险—无事故"的安全状态。

2）相对安全是客观的现实

既然没有绝对的安全，那么在安全科学技术理论指导下，设计和构建的安全系统就必须考虑到最终的目标：多大的安全度才是安全的？这是一个很难回答但必须回答的问题，就是通过相对安全的概念来实现可接受的安全度水平。安全科学的最终目的就是应用现代科学技术将所产生的任何损害后果控制在绝对的最低限度，或者至少使其保持在可容许的限度内。

安全性具有明确的对象，有严格的时间、空间界限，但在一定的时间、空间条件下，人们只能达到相对的安全。人—机—环均充分实现的那种理想化的"绝对安全"，只是一种可以无限逼近的"极限"。

作为对客观存在的主观认识，人们对安全状态的理解，是主观和客观的统一。伤害、损失是一种概率事件，安全度是人们生理上和心理上对这种概率事件的接受程度。人们只能追求"最适安全"，就是在一定的时间、空间内，在有限的经济、科技能力状况下，在一定的生理条件和心理素质条件下，通过创造和控制事故、灾害发生的条件来减小事故、灾害发生的概率和规模，使事故、灾害的损失控制在尽可能低的限度内，求得尽可能高的安全度，以满足人们的接受水平。不同的民族、不同群体而言，人们能够承受的风险度是不同的。社会把能都满足大多数人安全需求的最低危险度定为安全指标，该指标随着经济、社会的发展变化而不断提高。

不同的时期、不同的客观条件下提出的满足人们需求的安全目标，即相对的安全标准，也就是说安全的相对性决定了安全标准的相对性。所以，可以从另一个方面来理解安全这一概念，可以理解为安全是人们可接受风险的程度。当实际状况达到这一程度时，人们就认为是安全的，低于这一程度时就认为是危险的，这一程度就叫作安全阈值。

3）做到相对安全的策略和智慧

相对安全是安全实践中的常态和普遍存在。做到相对安全有如下策略：

相对于规范和标准。一个管理者和决策者，在安全生产管理实践中，最基本的原则和策略就是实现"技术达标""行为规范"，使企业的生产状态及过程是规范和达标的。"技术达标"是指设备、装置等生产资料达到安全标准要求；"行为规范"是指管理者的安全决策和管理过程是符合国家安全规范要求的。安全规范和标准是人们可接受的安全的最低程度，因此说，"相对的安全规范和标准是符合的，则系统就是安全的"。在安全活动中，人人应该做到行为符合规范，事事做到技术达标。因此，安全的相对性首先是体现在"相对规范和标准"方面。

相对于时间和空间。安全相对于时间是变化和发展的，相对于作业或活动的场所、岗位，甚至行业、地区或国家，都具有差异和变化。在不同的时间和空间里，安全的要求和可接受的风险水平是变化的、不同的。这主要是在不同时间和空间，人们的安全认知水平不同、经济基础不同，因而人们可接受的风险程度也是不相同的。所以，在不同的时间和空间里，安全标准不同，安全水平也不相同，在从事安全活动时，一定要动态地看待安全，才能有效地预防事故发生。

相对于经济及技术。在不同时期，经济的发展程度是不同的，那么安全水平也会有所差异。随着人类经济水平的不断提高和人们生活水平的提高，对安全的认识也应该不断深化，进而对安全的要求提出更高的标准。因此，我们要做到安全认识与时俱进，安全技术水平不断提高，安全管理不断加强，应逐步降低事故的发生率，追求"零事故"的目标。人类的技术是发展的，因此安全标准和安全规范也是变化发展的，随着技术的不断变化，安全技术要与生产技术同行，甚至可以领先和超前于生产技术的发展和进步。

4）安全相对性与绝对性的辩证关系

安全科学是一门交叉科学，既有自然属性，也有社会属性。因此，从安全的社会属性角度看，安全的相对性是普遍存在的，而针对安全的自然属性，从微观和具体的技术对象而言，安全也存在着绝对性特征。如从物理或化学的角度，基于安全微观的技术标准而言，安全技术标准是绝对的。因此，我们认识安全相对性的同时，也必须认识到从自然属性方面安全技术标准的绝对性。

追溯人类的进化史，我们可以看到，安全是人类演化的"生命线"，这条线为人类正常可靠地进化铺垫了安全的轨道，稳固了人类进化的基础，保障了人类进化的进程。再看人类今天的生存状态，安全是人们生活依赖的保护绳，这条绳维系着生灵的生命安全与健康，稳定着社会的安定与和平。安全成为现代人类生活中最基本的，且最重要的需要之一。最后再观人类的发展史，安全是人类社会发展的"促进力"，这种力量推动人类文明的进程，创造美好和谐的世界——安全和健康的生活与生产成为人类文明的象征，创造安全的文明成为人类社会文明的重要组成部分。因此，可以不夸张地说：人类的进化、生存和发展，都与安全密切相关，不可分割，从生产到生活，从家庭到社会，从过去到现在，从现在到将来，整个时空世界，无时无处不在呼唤着安全。安全永远伴随着人类的演化和发展，安全是人类历史永恒的话题。

在进入21世纪之初，我们还深切地感受着过去百年人类安全科学技术的进步与发展光芒，同时，也对未来的安全科学技术充满期待和畅想。从安全立法到安全管理，从安全技术到安全工程，从安全科学到安全文化，人们期盼着安全科学技术不断发展和壮大，从而在安全生产和安全生活方面服务于人类、造福于人类。

3.4　安全科学的方法论

安全与生俱来，与生命、生产、生活所构成的生态息息相关。对安全的关注程度，与生命进化程度、生产发展程度、生活改善程度如影相随。安全在描述生命、生产、生活某一性状时，与高效、和谐、环保等，可以相类比。

安身立命，万全之本。在生命、生产、生活三者间，安全首要关注生命，然后关注对生产、生活的正负效应。安全不仅仅描述生命、生产、生活的性状，而且是生命、生产、生活的各要素中最革命、最积极、最具主观能动性的组成要素。

针对职业安全与健康，谈到安全，必定想到事故预防，必定想到职业危害防治，那么二者是一回事吗？什么关系？有学者干脆说，安全管理等于事故预防。事实上，安全的概念要宽泛得多、深邃得多，事故预防只是其中的一个方面。职业安全与健康，针对特定领域，对应事件的累加，同样难以概括安全。

从认识观来看，安全是一个正能量的概念，而事故预防等是从负面效应考察。与之对应的方法论，安全讲求自律，事故预防更侧重他律。找到系统原动力，驱动系统发展，达到安全的目的，这才是谈论安全最重要的理由，事故预防则不然。

关爱生命，关注安全。关爱生命，对象是个体，关注生命的孕育、健康、疾病和死亡。关注生产，对象是企业，关注生产的筹备、开展、干扰和中止。关注生活，对象是群体，关注生活的由来、合作、竞争和冲突。生命、生产、生活，是安全赖以滋长的依附，安全依附生命、生产、生活的全过程。

安全，连同其他词汇，共同描述生命、生产、生活的状态，是一个定性、模糊的概念。为定量、清晰地描述生命、生产、生活的状态，引入安全度、安全指数、安全等级、安全星级等概念。

方法论，就是人们认识世界、改造世界的方式方法，是人们用什么样的方式、方法来观察事物和解决问题，是从哲学的高度总结人类创造和运用各种方法的经验，探求关于方法的规律性知识。概括地说，认识论主要解决世界"是什么"的问题，方法论主要解决"怎么办"的问题。

人类防范事故的科学已经历了漫长的岁月，从事后型的经验论到预防型的本质论；从单因素的就事论事到安全系统工程；从事故致因理论到安全科学原理，工业安全科学的理论体系在不断完善和完善。追溯安全科学理论体系的发展轨迹，探讨其发展的规律和趋势，对于系统、完整和前瞻性地认识安全科学理论，并用其指导现代安全科学实践和事故预防工程具有现实的意义。

3.4.1　事故经验论

经验论就是人们基于事故经验改进安全的一种方法论。显然，经验论是必要的，但是事后改进型的方式，是传统的安全方法论。

17世纪前，人类安全的认识论是宿命论的，方法论是被动承受型的，这是人类古代安全文化的特征。17世纪末期至20世纪初，由于事故与灾害类型的复杂多样和事故严重性的扩大，人类进入了局部安全认识阶段。哲学上反映出：建立在事故与灾难的经历上来认识人类安全，有了与事故抗争的意识，人类的安全认识论提高到经验论水平，方法论有了"事后弥补"的特征。

1. 事后经验型安全管理模式

事后经验型安全管理模式的特点在于被动与滞后、凭感觉和靠直觉，是"亡羊补牢"的模式，突出表现为头痛医头、脚痛医脚、就事论事的对策方式。是一种事后经验型的、被动式的安全管理模式（图3-1）。

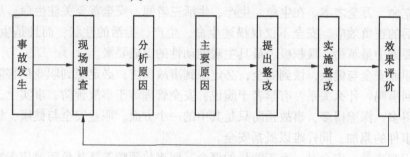

图 3-1 事后经验型安全管理模式图

2. 事故经验论的优缺点

从被动的接受事故的"宿命论"到可以依靠经验来处理一些事故的"经验论"，是一种进步，经验论具有一些"宿命论"无法比的优点。首先，经验论可以帮助我们处理一些常见的事故，使我们不再是听天由命的状态；其次，经验论有助于我们不犯同样的错误，减少事故的发生。即使在安全科学已经得到充分发展的今天，经验论也有其自身的价值，比如我们可以从近代世界大多数发达国家的发展进程中来寻求经验。一些国家的经历表明，随着人均 GDP 的提高（到一定水平），事故总体水平在降低，如美国、日本等一些发达国家发展过程表明，当人均 GDP 在 5000 美元以下，事故水平处于不稳定状态；人均 GDP 达到 1 万美元，事故率稳定下降。这是发达国家安全与经济因素关系的现实情况。但是，影响安全的因素是多样和复杂的，除了经济因素外（这是重要的因素之一），还与国家制度、社会文化（公民素质、安全意识）、科学技术（生产方式和生产力水平）等息息相关。而我国的国家制度、公民安全意识、现代生产力水平，总体上说已"今非昔比"，我们今天的社会总体安全环境（影响因素）：生产和生活环境（条件）、法制与管理环境、人民群众的意识和要求，都有利于安全标准的提高和改善。当然，安全科学的发展证明只凭经验是不行的，经验论也有缺点和不足，经验论具有预防性差、缺乏系统性等问题，并且经验的获得往往需要惨痛的代价。

我们的先哲——孔子早就说过：建立在"经历"方式上的学习和进步是痛苦的方式；而只有通过"沉思"的方式来学习，才是最高明的。当然，人们还可以通过"模仿"来学习和进步，这是最容易的。从这种思维方式出发，进行推理和思考，我们感悟到：人类在对待事故与灾害的问题上，千万不要试图通过事故的经历才得以明智，因为结果太痛苦、太沉重了，"人的生命只有一次，健康何等重要"。我们应该掌握正确的安全认识论与方法论，从理性与原理出发，通过"沉思"来防范和控制职业事故和灾害，至少我们要选择"模仿"之路，学会向先进的发达国家和行业学习，这才是正确的思想方法。

3. 事故经验论的理论基础

事故经验论的基本出发点是事故，是基于以事故为研究对象的认识，逐渐形成和发展为事故学的理论体系。

（1）事故分类方法：按管理要求的分类法，如加害物分类法、事故程度分类法、损失工日分类法、伤害程度与部位分类法等；按预防需要的分类法，如致因物分类法、原因体系分类法、时间规律分类法、空间特征分类法等。

（2）事故模型分析方法：因果连锁模型（多米诺骨牌模型）、综合模型、轨迹交叉模型、人为失误模型、生物节律模型、事故突变模型等。

（3）事故致因分析方法：事故频发倾向论、能量意外释放论、能量转移理论、两类危险源理论。

（4）事故预测方法：线性回归理论、趋势外推理论、规范反馈理论、灾变预测法、灰色预测法等。

（5）事故预防方法论：3E 对策理论、3P 策略论、安全生产 5 要素（安全文化、安全法制、安全责任、安全科技、安全投入）等。

（6）事故管理：事故调查、事故认定、事故追责、事故报告、事故结案等。

4. 事故经验论的方法特征

事故经验论的主要特征在于被动与滞后，是"亡羊补牢"的模式，多用"事后诸葛亮"的手段，突出表现为一种头痛医头、脚痛医脚、就事论事的对策方式。

意义：事故经验论对于研究事故规律，认识事故的本质，从而指导预防事故有重要的意义，在长期的事故预防与保障人类安全生产和生活过程中产生了重要的作用，是人类的安全活动实践的重要理论依据。

由于现代工业固有的安全性在不断提高，现代工业对系统安全性要求也在不断提高，事故发生频率逐步降低，直接从事故本身出发的研究思路和对策，其理论效果不能满足新时代的要求。

3.4.2 安全系统论

安全系统论是基于系统思想防范事故的一种方法论。系统思想即体现出综合策略、系统工程、全面防范的方法和方式。显然，安全系统论是先进和有效的安全方法论。

20 世纪初至 50 年代，随着工业社会的发展和技术的不断进步，人类的安全认识论和方法论进入了系统论阶段。

1. 系统的特性

系统理论是指把对象视为系统进行研究的一般理论。其基本概念是系统、要素。系统是指由若干相互联系、相互作用的要素所构成的有特定功能与目的的有机整体。系统按其组成性质，分为自然系统、社会系统、思维系统、人工系统、复合系统等，按系统与环境的关系分为孤立系统、封闭系统和开放系统。系统具有 6 个方面的特性：

（1）整体性。整体性是指充分发挥系统与系统、子系统与子系统之间的制约作用，以达到系统的整体效应。

（2）稳定性。系统由于内部子系统或要素的运动，总是使整个系统趋向某一个稳定状态。其表现是在外界干扰相对微小的情况下，系统的输出和输入之间的关系，系统的状态和系统的内部秩序（即结构）保持不变，或经过调节控制而保持不变的性质。

（3）有机联系性。系统内部各要素之间以及系统与环境之间存在着相互联系、相互作用。

（4）目的性。系统在一定的环境下，必然具有的达到最终状态的特性，它贯穿于系统发展的全过程。

（5）动态性。系统内部各要素间的关系及系统与环境的关系，是时间的函数，随着时间的推移而转变。

（6）结构决定功能的特性。系统的结构指系统内部各要素的排列组合方式。系统的整体功能是由各要素的组合方式决定的。要素是构成系统的基础，但一个系统的属性并不只由要素决定，它还依赖于系统的结构。

2. 安全系统论的理论基础

安全系统论以危险、隐患、风险作为研究对象，其理论的基础是对事故因果性的认识，以及对危险和隐患事件链过程的确认。由于研究对象和目标体系的转变，安全系统论的理论即风险分析与风险控制理论发展了以下理论体系：

（1）系统分析理论。事故系统要素理论、安全控制论、安全信息论、FTA 故障树分析理论、ETA 事件树分析理论、FMEA 故障及类型影响分析理论和方法等。

（2）安全评价理论。安全系统综合评价、安全模糊综合评价、安全灰色系统评价理论等。

（3）风险分析理论。风险辨识理论、风险评价理论、风险控制理论。

（4）系统可靠性理论。人机可靠性理论、系统可靠性理论等。

（5）隐患控制理论。重大危险源理论、重大隐患控制理论、无隐患管理理论等。

（6）失效学理论。危险源控制理论、故障模式分析、RBI 分析理论和方法等。

3. 安全系统要素及结构

从安全系统的动态特性出发，人类的安全系统是人、社会、环境、技术、经济等因素构成的大协调系统。无论从社会的局部还是整体来看，人类的安全生产与生存需要多因素的协调与组织才能实现。安全系统的基本功能和任务是满足人类安全的生产与生存，以及保障社会经济生产发展的需要，因此安全活动要以保障社会生产、促进社会经济发展、降低事故和灾害对人类自身生命和健康的影响为目的。为此，安全活动首先应与社会发展基础、科学技术背景和经济条件相适应和相协调。安全活动的进行需要经济和科学技术等资源的支持，安全活动既是一种消费活动（以生命与健康安全为目的），也是一种投资活动（以保障经济生产和社会发展为目的）。从安全系统的静态特性看，安全系统的要素及结构如图 3-2 所示。

研究和认识安全系统要素是非常重要的，其要素涉及：人——人的安全素质（心理与生理、安全能力、文化素质）；物——设备与环境的安全可靠性（设计安全性、制造安全性、使用安全性）；能量——生产过程能的安全状态和作用（能的有效控制）；信息——原始的安全一次信息，如作业现场、事故现场等，通过加工的安全二次信息，如法规、标准、制度、事故分析报告等，充分可靠的安全信息流（管理效能的充分发挥）是安全的基础保障。认识事故系统要素，对指导我们从打破事故系统来保障人类的安全具有实际的意

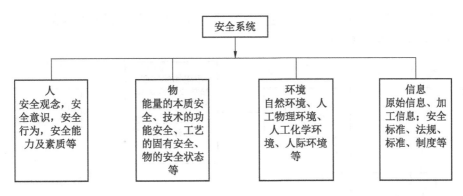

图 3-2 安全系统要素及结构

义，这种认识带有事后型的色彩，是被动、滞后的，而从安全系统的角度出发，则具有超前和预防的意义，因此，从创建安全系统的角度米认识安全原理更具有理性、预防的意义，更符合科学性原则。

4. 安全系统论的方法特征

安全系统论建立了事件链的概念，有了事故系统的超前意识流和动态认识论。确认了人、机、环境、管理事故综合要素，主张工程技术硬方法与教育、管理软方法综合措施，提出超前防范和预先评价的概念和思路。由于有了对事故的超前认识，安全系统的理论体系产生了比早期事故学理论下更为有效的方法和对策。从事故的因果性出发，着眼于事故的前期事件的控制，对实现超前和预期型的安全对策，提高事故预防的效果有着显著的意义和作用。具体的方法如预期型管理模式；危险分析、危险评价、危险控制的基本方法过程；推行安全预评价的系统安全工程；"四负责"的综合责任体制；管理中的"五同时"原则；企业安全生产的动态"四查工程"、科学检查制度等。安全系统理论即危险分析与风险控制理论指导下的方法，其特征体现了超前预防、系统综合、主动对策等。但是，这一层次的理论在安全科学理论体系上，还缺乏系统性、完整性和综合性。

3.4.3 本质安全论

20 世纪 50 年代到 20 世纪末，由于高技术的不断涌现，如现代军事、宇航技术、核技术的应用以及信息化社会的出现，人类的安全认识论进入了本质论阶段，超前预防型成为现代安全哲学的主要特征，这样的安全认识论和方法论大大推进了现代工业社会的安全科学技术和人类征服安全事故的手段和方法。

1. 本质安全的概念及内涵

本质是指"存在于事物之中的永久的、不可分割的要素、质量或属性"或者说是指"事物本身所固有的、决定事物性质面貌和发展的根本属性"。

本质安全，又称内在安全或本质安全化方法，最初的概念是指从根源上消除或减少危险，而不是依靠附加的安全防护和管理控制措施来控制危险源和风险的技术方法。它可以与传统的无源安全措施（不需能量或资源的安全技术措施，如保护性措施）、有源安全措施（具有独立能量系统的安全措施，如噪声的有源控制）和安全管理措施等综合应用，通过消除（避免）、阻止、控制和减缓危险等原理，为生产过程提供安全保障，本质安全与常规安全方法的关系如图3-3所示。

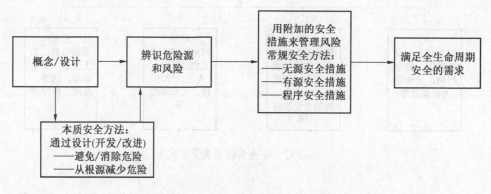

图3-3　本质安全与常规安全方法的关系

　　常规安全（也称外在安全）是通过附加安全防护装置来控制危险，从而减小风险；附加的安全装置需要花费额外的费用，还必须对其进行维修保养，由于固有的危险并没有消除，仍然存在发生事故的可能性，其后果可能会因为防护装置自身的故障而更加严重。本质安全方法主要应用在产品、工艺和设备的设计阶段，相对于传统的设计方法，本质安全设计方法在设计初始阶段需要的费用较大，但在整个生命周期的总费用相对较少。本质安全设计的实施可以减少操作和维护费用，提高工艺、设备的可靠性。常规安全措施的主要目的是控制危险，而不是消除危险，只要存在危险，就存在该危险引起事故的可能性；而本质安全主要是依靠物质或工艺本身特性来消除或减小危险，可以从根本上消除或减小事故发生的可能性。本质安全理论可广泛应用于各类生产活动的全生命周期，尤其是在设计和运行阶段。从纵深防御的安全保障作用上看，本质安全比常规安全方法效果更好。

　　为了应对事故风险，近代朦胧的本质安全思想伴随着工业革命而出现。一些近代本质安全应用事例见表3-3。

表3-3　近代本质安全应用事例

时间	发明人	应用方面	具体应用
1820 年	Robert Stevenson	蒸汽机车	简化控制系统
1867 年	Janies Howden	美国中央太平洋铁路	现场制造炸药
1867 年	AlfredNohel	炸药	TNT 炸药
1870 年	Ludwig Mond	碳酸钠	索尔韦法
19 世纪 70 年代		硝化甘油	搅拌反应釜代替间歇反应釜
1930 年	ThomasMidgely	制冷剂	CFC 制冷剂

人类古代就有本质安全的认识和措施，如人们建造村庄时，选择高处，用本质安全位置的方式避免洪水风险；四个轮子的马车就是一种本质安全设计，它比两个轮子的战车运输货物要更加安全；只允许单向行驶的两条并排铁路比供双向行使的一条铁路要安全。

随着视野和理解的升华，本质安全上升为本质安全论，其含义得到了深化和扩展。

本质论是人们从本质安全角度改进安全的一种方法论。目前从安全科学技术角度来讲，本质安全有以下3种理解，其中有一种狭义理解，两种广义理解。

定义1（狭义——设备）：本质安全是指设备、设施或技术工艺含有内在的能够从根本上防止发生事故的功能。本质安全是从根源上消除或减小生产过程中的危险。本质安全方法与传统安全方法不同，即不依靠附加的安全系统实现安全保障。

定义2（广义——系统）：本质安全是指安全系统中人、机、环境等要素从根本上防范事故的能力及功能。本质安全的特征表现为根本性、实质性、主体性、主动性、超前性。

定义3（广义——企业）：本质安全就是通过追求企业生产流程中人、物、系统、制度等诸要素的安全可靠和谐统一，使各种风险因素始终处于受控制状态，进而逐步趋近本质型、恒久型安全目标。

2. 本质安全论的理论基础

本质安全论以安全系统作为研究对象，建立了人—物—能量—信息的安全系统要素体系，提出系统安全的思路，确立了系统本质安全的目标。通过安全系统论、安全控制论、安全信息论、安全协同论、安全行为科学、安全环境学、安全文化建设等科学理论研究，提出在本质安全化认识论基础上全面、系统、综合地发展安全科学理论。目前已有的初步体系有：

（1）安全的哲学原理。历史学和思维学的角度研究实现人类安全生产和安全生存的认识论和方法论。如有了这样的归纳：远古人类的安全认识论是宿命论的，方法论是被动承受型的；近代人类的安全认识提高到了经验的水平；现代随着工业社会的发展和技术的进步，人类的安全认识论进入了系统论阶段，从而在方法论上能够推行安全生产与安全生活的综合型对策，甚至能够超前预防。有了正确的安全哲学思想的指导，人类现代生产与生活的安全才能获得高水平的保障。

（2）安全系统论原理。从安全系统的动态特性出发，研究人、社会、环境、技术、经济等因素构成的安全大协调系统。建立生命保障、健康、财产安全、环保、信誉的目标体系。在认识事故系统人—机—环境—管理四要素的基础上，更强调从建设安全系统的角度出发，认识安全系统的要素：人——人的安全素质（心理与生理、安全能力、文化素质）；物——设备与环境的安全可靠性（设计安全性、制造安全性、使用安全性）；能量——生产过程能的安全作用（能的有效控制）；信息——充分可靠的安全信息流（管理效能的充分发挥）是安全的基础保障。从安全系统的角度来认识安全原理更具有理性的意义，更具科学性原则。

（3）安全控制论原理。安全控制是最终实现人类安全生产和安全生存的根本措施。安全控制论提出了一系列有效的控制原则。安全控制论要求从本质上来认识事故（而不是从形式或后果），即事故的本质是能量不正常转移，由此推出了高效实现安全系统的方法和对策。

（4）安全信息论原理。安全信息是安全活动所依赖的资源。安全信息原理研究安全信息定义、类型，研究安全信息的获取、处理、存储、传输等技术。

（5）安全经济性原理。从安全经济学的角度，研究安全性与经济性的协调、统一。根据安全—效益原则，通过"有限成本—最大安全"，达到"安全标准—安全成本最小"，以及实现安全最大化与成本最小化的安全经济目标。

（6）安全管理学原理。安全管理最基本的原理首先是管理组织学的原理，即安全组织机构合理设置，安全机构职能的科学分工，安全管理体制协调高效，管理能力自组织发展，安全决策和事故预防决策的有效和高效。其次是专业人员保障系统的原理，即遵循专业人员的资格保证机制：通过发展学历教育和设置安全工程师职称系列的单列，对安全专业人员提出具体严格的任职要求；建立兼职人员网络系统：企业内部从上到下（班组）设置全面、系统、有效的安全管理组织网络等。三是投资保障机制，研究安全投资结构的关系，正确认识预防性投入与事后整改投入的关系，要研究和掌握安全措施投资政策和立法，讲求谁需要、谁受益、谁投资的原则；建立国家、企业、个人协调的投资保障系统等。

（7）安全工程技术原理。随着技术和环境的不同，发展相适应的硬技术原理，机电安全原理、防火原理、防爆原理、防毒原理等。

3. 本质安全的技术方法

通过采用没有危险或危险性小的材料和工艺条件，将风险减小到忽略不计的安全水平，生产过程对人、环境或财产没有危害威胁，不需要附加或应用程序安全措施。

本质安全的技术方法可以通过设备、工艺、系统、工厂的设计或改进来减少或消除危险，使安全技术功能融入生产过程、工厂或系统的基本功能或属性。通用的本质安全技术方法及关键词见表3-4。

表3-4　通用的本质安全技术方法及关键词

关键词	技术方法
最小化	减少危险物质的数量
替代	使用安全的物质或工艺
缓和	在安全的条件下操作，例如常温、常压和液态
限制影响	改进设计和操作使损失最小化，例如装置隔离等
简化	简化工艺、设备、任务或操作
容错	使工艺、设备具有容错功能
避免多米诺效应	设备、设施有充足的间隔布局，或使用开放式结构设计
避免组装错误	使用特定的阀门或管线系统避免人为失误
明确设备状况	避免复杂设备和信息过载
容易控制	减少手动装置和附加的控制装置

4. 本质安全的管理方法

根据广义的概念，本质安全的管理方法主要内容包括以下 4 个方面：

（1）人的本质安全。它是创建本质安全型企业的核心，即企业的决策者、管理者和生产作业人员，都具有正确的安全观念、较强的安全意识、充分的安全知识、合格的安全技能，人人安全素质达标，都能遵章守纪，按章办事，干标准活，干规矩活，杜绝"三违"，实现个体到群体的本质安全。

（2）物（装备、设施、原材料等）的本质安全。任何时候、任何地点，都始终处在安全运行的状态，即设备以良好的状态运转，不带故障；保护设施等齐全，动作灵敏可靠；原材料优质，符合规定和使用要求。

（3）工作环境的本质安全。生产系统工艺性能先进、可靠、安全；高危生产系统具有闭锁、联动、监控、自动监测等安全装置，如企业有提升、运输、通风、压风、排水、供电等主要系统及分支的单元系统，这些系统本身应该没有隐患或缺陷，且有良好的配合，在日常生产过程中，不会因为人的不安全行为或物的不安全状态而发生事故。

（4）管理体系的本质安全。建立健全完善的规章制度和规范、科学的管理制度，并规范地运行，实现管理零缺陷，安全检查经常化、时时化、处处化、人人化，使安全管理无处不在，无人不管，安全管理人人参与，变传统的被管理的对象为管理的动力。

本质安全管理方法的基本目标是创建本质安全型企业，其基本方法是：

（1）通过综合对策实现本质安全。综合对策就是要推行系统工程，懂得"人—机—环—管"安全系统原理，做到事前、事中、事后全面防范；技防、管防、人防的系统综合对策。有效预防各类生产安全事故，保障安全生产。

首先，是需要"技防"——安全技术保障，即通过工程技术措施来实现本质安全化。具体来讲，有以下几个方面：

①防火防爆技术措施：消除可燃可爆系统的形成；消除、控制引燃能源。

②电气安全技术措施：接零、接地保护系统；漏电保护；绝缘；电气隔离；安全电压（或称安全特低电压）；屏护和安全距离；联锁保护。

③机械伤害防护措施：采用本质安全技术；限制机械应力；材料和物的安全性；履行安全人机工程学原则；设计控制系统的安全原则；安全防护措施。

其次，是要求"管防"——安全管理防范，即通过监督管理措施来实现本质安全化。主要包括基础管理和现代管理两方面。基础管理包括完善组织机构、专业人员配备；投入保障；责任制度；规章制度；操作规程；检查制度；教育培训；防护用品配备等方面。现代管理指安全评价、预警机制、隐患管理、风险管理、管理体系、应急救援和安全文化等。

最后，是依靠"人防"——安全文化基础，即通过安全文化建设、教育培训来提高人的素质，从而实现本质安全。教育培训主要包括单位主要负责人的教育培训、安全生产专业管理人员的安全培训教育、生产管理人员的培训、从业人员的安全培训教育和特种作业人员教育培训等方面。各级政府和各行业、企业的决策者，要有安全生产永无止境、持续改进的认知，不能用突击、运动、热点、应付、过关的方式对待，既要重视安全技术硬实力，更要发展安全管理、安全文化软实力。

（2）通过"三基"建设实现本质安全。显然，要实现本质安全，必须重视事故源头，这就需要强化安全生产的根本，夯实"三基"，强化"三基"建设。强化"三基"就是要将安全工作的重点致力于"基层、基础、基本"因素，即抓好班组、岗位、员工三个安全的根本因素。班组是安全管理的基层细胞，岗位是安全生产保障的基本元素，员工是防范事故的基本要素。当前的安全工作要确立"依靠员工、面向岗位、重在班组、现场落实"的安全建设思路。"三基"建设涉及班组、员工、岗位、现场四元素，班组是安全之基、员工是安全之本、岗位是安全之源、现场是安全之实。元素是基础，"三基"是载体，而实质是文化；"三基"是目，文化是纲，通过"三基"联系四个元素，构建本质安全系统，而安全文化是本质安全系统的动力和能源。

（3）通过班组建设实现本质安全。班组是安全的最基本单元组织，是执行安全规程和各项规章制度的主体，是贯彻和实施各项安全要求和措施的实体，更是杜绝违章操作和杜绝安全事故的主体。因此，生产班组是安全生产的前沿阵地，班组长和班组成员是阵地上的组织员和战斗员。企业的各项工作都要通过班组去落实，上有千条线，班组一针穿。国家安全法规和政策的落实，安全生产方针的落实，安全规章制度和安全操作程序的执行，都要依靠和通过班组来实现。特别是作为现代企业，职业安全健康管理体系的运行，以及安全科学管理方法的应用和企业安全文化建设的落实，都必须依靠班组。反之，班组成员素质低，作业岗位安全措施不到位，班组安全规章制度得不到执行，将是事故发生的根本所在。

本质论是必需的，它表明了安全科学的进步，是一种超前预防型的方法。只有建立在超前预防的基础上，才能做到防患于未然，真正实现零事故目标。

3.5 现代安全哲学观

哲学观是指人们对哲学和与哲学相关的基本问题的根本观点和看法，这样的根本观点和看法集中体现为一种哲学学说或哲学理论所具有的核心理念和基本观念。那么，在当今社会飞速发展的时代，安全领域又需要怎样的哲学观呢？

3.5.1 安全社会发展观

安全生产作为保护和发展社会生产力、促进社会和经济持续健康发展的基本条件，是社会文明与进步的重要标志，是全面建成社会主义现代化强国的第二个百年奋斗目标的重要内涵。社会进步、国民经济发展和人民生活质量提高是安全生产的必然结果，重视和加强安全生产工作，是政府"执政为民"思想的基本要求，也是社会主义市场经济发展的客观需要，同时，提高安全生产保障水平，对于维护国家安全，保持社会稳定，实施可持续发展战略，都具有现实的意义。因此，安全生产对实现全面建成社会主义现代化强国的第二个百年奋斗目标具有重要的战略意义。

1. 安全生产事关社会的安全稳定

党和政府历来高度重视安全生产工作。我国《宪法》明确规定了劳动保护、安全生产是国家的一项基本政策。党的十六大报告中明确提出："高度重视安全生产，保护国家财产和人民生命的安全"的基本目标和要求。安全生产的基本目标与我党提出的"三个代表"重要思想的基本精神是一致的，即把人民群众的根本利益放在至高无上的地位。在人民群众的各种利益中，生命的安全和健康保障是最实在和最基本的利益。因此，要求各级政府和每一个党的领导要站在维护人民群众根本利益的角度来认识安全生产工作。"立党为民"是党的基本宗旨，满足人民群众的利益要求是国家稳定和发展的基础，而安全生产是人民根本利益的重要内容，因此，重视安全生产工作事关社会稳定、事关社会发展。

安全生产职业安全健康状况是国家经济发展和社会文明程度的反映，是所有劳动者具有安全与健康保障的工作环境和条件，是社会协调、安全、文明、健康发展的基础，也是保持社会安定团结和经济持续、快速、健康发展的重要条件。因此，安全生产不仅是"全面小康社会"的重要标准，而且是党的立党之基——"三个代表"的重要体现，因为，安全生产保障水平体现了"最广大人民群众根本利益"的要求。如果安全生产工作做不好，发生工伤事故和职业病，这对人民群众生命与健康，对社会基本细胞——家庭将产生极大的损害和威胁，由此导致广大人民群众和劳动者对社会制度，对党为人民服务的宗旨，对改革的目标产生疑虑和动摇。当这些问题积累到一定程度和突然发生震动性事件的时候，就有可能成为影响社会安全、稳定的因素之一。当人民群众的基本工作条件与生活条件得不到改善，甚至出现尖锐的矛盾时也会直接影响稳定发展大局。

2. 安全生产是以人为本的体现

以人为本，就是以"每个人"都作为"本"的主体，就是要把保障人民生命安全、维护广大人民群众的根本利益作为事故应急处置工作的出发点和落脚点，只有保证人的安全，才能从根本上实现公共安全。人民群众是构建社会主义和谐社会的根本力量，也是和谐社会的真正主人。安全生产是市场经济持续、稳定、快速、健康发展的根本保证，也是维护社会稳定的重要前提，是社会主义发展生产力的最根本的要求。"以人为本"是和谐社会的基本要义，是我们党的根本宗旨和执政理念的集中体现，是科学发展观的核心，也是和谐社会建设的主线，而安全就是人的全面发展的一个重要方面。

安全生产、以人为本，一方面是强调安全生产的根本性目的是保护人的生命健康和财产安全，实现人对幸福生活的追求；另一方面是要靠人的能动性工作，充分发挥人的积极性与创造性，实现安全生产。安全生产事关最广大人民群众的根本利益，事关改革发展和稳定大局，体现了党的立党为公、执政为民的执政理念，反映了科学发展观以人为本的本质特征。以人为本，首先要以人的生命为本。只有从根本上改善安全状况，大幅度减少各类安全事故对社会造成的创伤和振荡，国家才能富强安宁，百姓才能平安幸福，社会才能和谐安定。

3. 安全生产是科学发展的要求

科学发展观是党的十六大以来，我们党从新世纪新阶段党和人民事业发展全局出发提出的重大战略思想。发展是第一要务，要发展，必须讲安全。强化科学管理，确保安全生产。树立和落实科学发展观，实现强势、快速发展，首先是要实现安全生产。安全生产是科学发展的基础保证。

党的十六届五中全会、六中全会提出并确立了"安全发展"这一重要指导原则，党的十七大又重申了这一重要指导原则。把安全发展作为重要的指导原则之一写进党的重要文献中，这在我们党的历史上还是第一次。这是胡锦涛主席坚持与时俱进，对科学发展观思想内涵的进一步丰富和发展，充分体现了我们党对发展规律认识的进一步深化，是在发展指导思想上的又一个重大转变，体现了以人为本的执政理念和"三个代表"重要思想的本质要求。

安全发展是科学发展的必然要求，没有安全发展，就没有科学发展，只有真正地树立和落实科学发展观，用其统领安全生产工作，才能明确安全生产工作的方向，把握安全生产工作的大局；才能抓住安全生产中的主要矛盾和问题，夺取工作的主动权；才能理清思路、周密部署，强化措施、完善对策，加大力度、狠抓落实，不断推进、取得实效；才能做好安全生产工作，促进安全生产形势的稳定好转。

4. 公共安全是建设和谐社会的体现

我国政府提出"坚持改革开放，推动科学发展，促进社会和谐，为夺取全面建设小康社会新胜利而奋斗。"的战略目标，明确了"社会和谐是中国特色社会主义的本质属性"，社会主义和谐社会，是一个全体人民各尽其能、充满创造活力的社会，是诸方利益关系不断得到有效协调的社会，是稳定有序、安定团结、和谐共处并让社会平稳进步和发展的社会。安全生产是构建和谐社会的重要组成部分，是构建和谐社会的有力保障。只有搞好安全生产，真正做到以人为本，才能实现人自身的和谐，实现人与自然的和谐，实现人与人、人与社会和谐，最终实现国家内部系统诸要素间的和谐，才能构建起真正的和谐社会。

构建社会主义和谐社会的总体要求是民主法治、公平正义、诚信友爱、充满活力、安定有序、人与自然和谐相处。和谐社会的一个基本要求就是安定有序，安全促进安定，安定则社会有序，可见安全生产已成为维护社会稳定、构建和谐社会的重要内容。而安全生产也需要健全的法律法规和完善的法治秩序，需要保障劳动者的安全权益，需要建立安全诚信机制。只有生命安全得到切实保障，才能调动和激发人的创造活力和生活热情，才能实现社会的安定有序，才能实现人与自然的和谐相处，促进生产力的发展和人类社会的进步。因此我们说，安全生产是构建和谐社会的前提和必要条件之一。

构建和谐社会必须解决公共安全与安全生产问题，这是当代全民最为关心的问题。如果人的生命健康得不到保障，一旦发生事故灾难，势必造成人员伤亡、财产损失和家庭不幸，因此，安全发展，使人民群众的生命财产得到有效保障，国家才能富强永固，社会才能进步和谐，人民才能平安幸福。

5. 安全生产事关社会主义现代化建设

人民是社会主义现代化建设的主体，也是享受社会主义现代化的主体。安全是人的第一需求，也是建设社会主义现代化的首要条件。没有安全的现代化，不能称作是现代化；离开人民生命财产的安全，就谈不上社会主义现代化。不难设想，一个事故不断，人民群众终日处在各类事故的威胁中，老百姓没有安全感的社会，能叫社会主义现代化吗？党和国家对人民的生命财产的安全一向高度重视。因此，坚持以人民为中心，牢固树立安全发展理念，统筹推进安全生产领域改革发展，进一步健全完善安全生产责任体系、法治体系、风险防控体系和监管保障体系，抓住重点领域深入排查治理安全隐患，坚决防范遏制重特大事故，为推动经济高质量发展和民生改善做出新的贡献。

中国是一个发展中国家，面临着从全面建成小康社会到基本实现现代化，再到全面建成社会主义现代化强国目标的挑战，加快发展，是今后相当长历史时期的基本政策。为了尽快达到社会主义现代化的目标和中国可持续发展战略实施，迫切要求迅速扭转安全生产形势的不利局面，应从国家发展战略高度，把安全生产工作纳入国家总的经济社会发展规划中，应用管理、法制、经济和文化等一切可调动的资源，实现最优化配置，在发展的进程中，逐步和有效地降低国家和企业伤亡事故风险水平，将事故频率和伤亡人数都控制在可容许的范围内。而且，我国现已加入WTO，以美国为首的西方国家习惯把政治、社会问题与经济、贸易挂钩，要确保我国的政治经济利益不受到损害。因此，安全生产职业健康应纳入国家经济社会发展的总体规划，为适应社会主义市场经济体制，加强我国在国际上的竞争力，建立统一、高效的现代化职业安全健康监管体制与机制，与经济发展同步，逐渐增加国家和企业对安全生产投入和大力加强安全生产法制建设等。

"社会主义现代化"这一远大而现实的目标，不应仅仅反映在经济和消费指标上，它的"现代"的内涵还应该包括社会协调安定、人民生活安康、企业生产安全等反映社会协调稳定、家庭生活质量保障、人民生命安全健康等指标上。因此，社会公共安全、社区消防安全、交通安全、企业生产安全、家庭生活安全等"大安全"标准体系应纳入"社会主义现代化"的重要目标内容，纳入国家社会经济发展的总体规划和目标系统中。

6. 公共安全是"中国梦"的核心组成

2013年春，我国新一届政府提出"民族复兴、国家富强、人民幸福"的"中国梦"概念。中国梦、梦中国，必然需要强化安全、重视安全、发展安全。因为，安康是人民的期望，是强国的基础，是复兴的保障。

在我国的重要治国文件中，将安全发展的理念上升到安全发展的战略高度，并明确指出文化是民族的血脉，是人民的精神家园。全面建设社会主义现代化，实现中华民族伟大复兴，必须推动社会主义文化大发展大繁荣，掀起社会主义文化建设新高潮，提高国家文化软实力，发挥文化引领风尚、教育人民、服务社会、推动发展的作用，并在十八大报告中提出了：强化公共安全体系、强化企业安全生产基础建设、遏制重特大事故的要求。由此，在未来一段时期，安全界提出了"文化引领，文化兴安"的新战略、新理论、新体系。明确了强化公共安全体系、安全科学发展的宏观战略；加强安全基础建设，提升本质安全保障水平；遏制重大事故发生，创建和谐社会安全发展的宏伟目标。

3.5.2 安全经济发展观

安全是最好的经济效益，这一观念已经被很多企业家所接受。从国家角度来看，安全生产是推动一国经济可持续发展的一个必要条件。

1. 安全生产是国民经济的有机整体

国民经济是一个统一的有机整体，是由各部门、各地区、各生产企业及从业人员组成的，从业人员是企业、地区、各部门的主体，是生产过程的直接承担者，企业是国民经济的基本单位，是国民经济的重要细胞组织。

整个国民经济是由一个个相互联系、相互制约的相对独立的生产企业经济组织组成的。企业经济是构成国民经济的基础，企业经济目标的完成和发展需要安全生产的保障。因此，企业安全生产同国民经济是不可分割的整体。没有安全生产的保证体系，就不可能有企业的经济效益；没有企业的经济效益，国民经济目标就不可能实现。所以安全生产是实现国民经济目标的主要途径和基石。

2. 安全生产与综合国力和可持续发展战略

职业伤害使公众的健康水平下降，导致人力资本的减少。事故造成的财产损失直接导致创造性资本的减少，而事故和职业病使生产力中最核心的因素——人力资本受损，又间接地导致创造性资本的减少。特别是，受伤害者中很多是带领工人工作在生产第一线的先进生产者、劳动模范和班组长等生产骨干，这种情况对创造性资本减少的影响更大。因此，安全生产对提高一国的综合国力发挥着基础性作用。

从经济的可持续发展角度讲，安全生产又是推动一国经济可持续发展的一个必要条件。因为，我们所需要的发展不是一味追求 GNP 的增长，而是把社会、经济、环境、职业安全健康、人口、资源等各项指标综合起来评价发展的质量；强调经济发展和职业安全健康、环境保护、资源保护是相互联系和不可分割的，强调把眼前利益和长远利益、局部利益和整体利益结合起来，注重代与代之间的机会均等；强调建立和推行一种新型的生产和消费方式，应当尽可能有效地利用可再生资源，包括人力资源和自然资源；强调人类应当学会珍惜自己，爱护自然。这些都需要安全生产做后盾，安全生产对一国经济的可持续发展起着保障作用。

3. 安全生产状况是社会经济发展水平的标志

西方一些国家的研究表明，经济发展周期影响伤亡事故的发生。伤亡事故的发生及其严重程度与经济发展周期的变化是一致的，即在经济萧条时期，伤亡事故的发生及严重程度会下降，而在高度就业时期则会上升。经济学家对此的解释是，在萧条时期，更多有经验、受过高等训练的雇员被企业留下了，而没有经验，受训练较少的雇员则被解雇了。与此相反，在充分就业时期，大批无经验、稍受训练或者未受训练的工人都被引入一般企业中做工。因而造成事故比率增加。另外，萧条时期平均工作时间趋于减少，疲惫作为工伤事故的原因也减少了；相反，充分就业时期平均工作时间显著地增加，而且许多工人在同一时期内从事多种动作的机会也增多了。其结果，很可能是工人的平均疲惫程度大幅度提高，从而导致工伤事故的发生率和严重率显著上升。

这种理论在一定程度上可以解释我国目前的安全生产情况（我国目前正处于经济增长期，工矿事故率高发），但我国的制度毕竟与西方国家不同，体制也不一样，因此也决不能盲目地套用西方理论，必须具体问题具体分析。比如说，我国在这几年经济高速发展的时期，就业人口虽然大幅度地增加，但我国是一个人口大国，广大农村仍然有大批的剩余劳动力，我国的经济结构正处于调整和转型期，城镇工人也并没有达到上述理论所说的充分就业。在我国，我们考虑更多的应该是我国劳动力水平普遍低下，部分管理者缺乏应有的道德修养，有关的安全生产制度还不是很健全，甚至出现一些有法不依、执法不严等现象，特别是面临经济高速增长期，我们遇到了一些前所未有的问题，在这些问题的处理上我们还缺乏足够的经验等，所有这些因素混合在一起导致了这几年工矿事故的居高不下。

当今世界各国经济发展水平的差距是客观存在的，因此安全生产情况也不尽相同。在20世纪70年代之后，发达国家的职业伤害事故水平一直处于稳步下降的趋势。如日本在1975—1985 年的 10 余年间，职业伤害事故死亡总量下降了 50%，美国在 1970 年实施《职业安全健康法》后的 15 年间事故死亡总数降低近 18.8%，万人死亡率降低近 38.9%，英国 1972 年实施《职业安全健康法》后的 15 年间，死亡总数下降近 40%。

我国是发展中国家，工业基础比较薄弱，科学技术水平低，法律尚不够健全，管理水平不高，发展水平不平衡。从总体上看，安全生产还比较落后，工伤事故和职业危害比较严重，在未来的几年中，仍需加强安全生产工作，保证全国安全生产形势持续好转。

4. 安全生产对社会经济发展的影响

众所周知，事故发生的时候生产力水平会下降。安全生产对社会经济的影响，主要表现在事故造成的经济损失方面。事故经济损失对我国社会和经济的影响非常巨大，而且，安全生产问题所造成的负面效应不仅表现为人民生命财产的损失和经济损失，安全生产问题对于人们心理的间接效应远远不是这种量化的指标所能体现的。

安全生产对社会经济的影响，表现在减少事故造成的经济损失方面，同时，安全对经济具有"贡献率"，安全也是生产力。从社会经济发展的角度，在生产安全上加大投入，对于国家、社会和企业无论是社会效益和经济效益方面都具有现实的意义和价值。因此，重视安全生产工作，加大安全生产投入对促进国民经济持续、健康、快速发展和坚持以经济建设为中心是完全一致的。重视生产安全，加大安全投入，首先是社会发展的需要，这已获得社会普遍的认同。但是，安全对社会经济的发展具有直接的作用和意义，这在发达国家已成为一种普遍性的认识，而在我国还需要转变观念和加强认识。

"生产必须安全、安全促进生产"，这是整个经济活动最基本的指导原则之一，也是生产过程的必然规律和客观要求，因此，安全生产是发展国民经济的基本动力。

提高全社会的生产安全保障水平，对于维护国家安全，保持社会稳定，实施可持续发展战略，都具有现实的意义。因此，国家应将生产安全纳入全面建设社会主义现代化宏伟目标体系中，并将生产安全作为优先发展战略。

课程延伸（思考题）：

1. 简述安全哲学基于文化学、历史学以及思维科学的发展。

2. 简述事故认识论、风险认识论以及安全认识论的基础理论体系。

3. 简述事故经验论、安全系统论以及本质安全论的安全方法论。

4. 现代社会的安全哲学观念与思想是什么？

4 安全管理的系统理论基础

本章提示：

科学具有可检验性和可重复性，同时满足积累性、进步性和可预见性功能。科学是从宗教神学中解放出来的，科学不承认超自然的力量，与宗教在本质上是对立的，非白即黑。那么灰色地带如何理解？如何处理？社会经济系统就是灰色系统，发展了新老三论：系统论、信息论、控制论；协同论、结构论、突变论。安全管理运用好系统的思想、体系方法是本章的出发点和落脚点，但这一章我们主要谈基础，捎带在应用上带领大家领略一下系统理论的魅力。

本章知识框架：

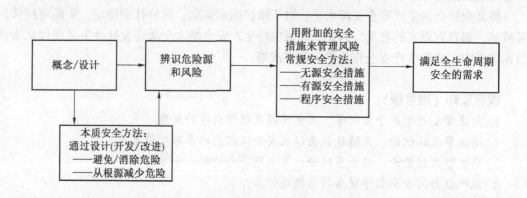

4.1 安全系统论原理

系统科学是研究系统一般规律、系统的结构和系统优化的科学，它对于管理也具有一般方法论的意义。因此，系统科学最基本的理论，即系统论、控制论和信息论，对现代企业的安全管理具有基本的理论指导意义。从系统科学原理出发，用系统论来指导认识安全管理的要素、关系和方向；用控制论来论证安全管理的对象、本质、目标和方法；用信息论来指导安全管理的过程、方式和策略。通过安全系统理论和原理的认识和研究，将能提高现代企业安全管理的层次和水平。

4.1.1 系统

1. 系统思想的产生与发展

社会实践的需要是系统工程产生和发展的动因。系统工程作为一门学科，虽形成于20

世纪50年代，但系统思想及其初步实践可以追溯到古代。了解系统思想的产生与发展过程，有助于加深对系统概念、系统工程产生背景和系统科学全貌的认识。

系统思想的产生分为朴素的系统思想及其初步实践、科学系统思想的形成两个阶段。

1) 朴素的系统思想及其初步实践

自从人类有了生产活动以后，由于不断地和自然界打交道，客观世界的系统性便逐渐反映到人的认识中来，从而自发地产生了朴素的系统思想。这种朴素的系统思想反映到哲学上，主要是把世界当作统一的整体。

古代朴素的系统思想用自发的系统概念考察自然现象，其理论是想象的，有时是凭灵感产生出来的，没有也不可能建立在对自然现象具体剖析的基础上，因而这种关于整体性和统一性的认识是不完全和难以用实践加以检验的。

2) 科学系统思想的形成

早期的系统思想具有"只见森林"和比较抽象的特点。15世纪下半叶以后，力学、天文学、物理学、化学、生物学等相继从哲学的统一体中分离出来，形成了自然科学。这时的系统思想具有"只见树木"和具体化的特点。19世纪自然科学取得了巨大成就，尤其是能量转化、细胞学说、进化论这三大发现，使人类对自然过程相互联系的认识有了质的飞跃，为辩证唯物主义的科学系统观奠定了物质基础。这个阶段的系统思想具有"先见森林、后见树木"的特点。

辩证唯物主义认为，世界是由无数相互关联、相互依赖、相互制约和相互作用的过程所形成的统一整体。这种普遍联系和整体性的思想，就是科学系统思想的实质。

2. 系统理论的形成与发展

(1) 从系统思想发展到（一般）系统论、控制论、信息论等系统理论是直到20世纪初中叶才实现。

(2) 控制论中"信息"与"控制"等是其核心概念，是由数学家维纳在20世纪40年代创立的。

(3) 从20世纪60年代中后期开始，我国著名的科学家钱学森对系统理论和系统科学的发展有独到的贡献。

(4) 20世纪下半叶以来，系统理论对管理科学与工程实践产生了深刻的影响。系统工程所取得的积极成果，又为系统理论的进一步发展提供了丰富的实践材料和广阔的应用天地。

3. 系统的定义及特点

系统是由两个及以上有机联系、相互作用的要素所组成，具有特定功能、结构和环境的整体。

该定义有以下四个要点：

(1) 系统及其要素。系统是由两个及以上要素组成的整体，构成这个整体的各个要素可以是单个事物（元素），也可以是一群事物组成的分系统、子系统等。系统与其构成要素是一组相对的概念，取决于所研究的具体对象及其范围。

(2) 系统和环境。任意一个本系统又是它所从属的一个更大系统（环境或超系统）的组成部分，并与其相互作用，保持较为密切的输入、输出关系。系统连同其环境超系统

一起形成系统总体。系统与环境也是两个相对的概念

（3）系统的结构。在构成系统的诸要素之间存在着一定的有机联系，这样在系统的内部形成一定的结构和秩序。结构即组成系统的诸要素之间相互关联的方式。

（4）系统的功能。任何系统都应有其存在的作用与价值，有其运作的具体目的，也即都有其特定的功能。系统功能的实现受到其环境和结构的影响。

4. 系统的一般属性

（1）整体性。整体性是系统最基本、最核心的特性，是系统性最集中的体现。集合的概念就是把具有某种属性的一些对象作为一个整体而形成的结果，因而系统集合性是整体性的具体体现。

（2）关联性。构成系统的要素是相互联系、相互作用的；同时，所有要素均隶属于系统整体，并具有互动关系。关联性表明这些联系或关系的特性，并且形成了系统结构问题的基础。

（3）环境适应性。环境的变化必然会引起系统功能及结构的变化。系统必须首先适应环境的变化，并在此基础上使环境得到持续改善。管理系统的环境适应性要求更高，通常应区分不同的环境类（技术环境、经济环境、社会环境等）和不同的环境域（外部环境、内部环境等）。

5. 系统多样性

系统就是若干相互联系、相互作用、相互依赖的要素结合而成的，具有一定的结构和功能，并处在一定环境下的有机整体。系统多种多样，可按按照不同标准进行分类（表4-1）。

表4-1 系统多样性描述表

序号	多样性标准	多样性分类				
1	尺度规模和范围	胀观	宇观	宏观	微观	渺观
2	要素间的相互关系	线性		非线性		
3	与环境间交换的内容差异	孤立	封闭		开放	
4	是否具有静止质量	实物		场态		
5	相对静或动的关系	运动		静止		
6	运动模式稳定性程度	平衡		非平衡		
7	运动方式的复杂程度	机械	物理	化学	生物	社会
8	人的加工改造程度	自然		人工	复合	
9	存在的大领域	自然		社会	思维	
10	认识程度	白		黑（深）	灰	
11	主客观的关系	客观		主观		
12	系统熵值大小	平衡态		近平衡态	远离平衡态	

系统具有以下本质特征：

（1）群体性特征。系统是由系统内的个体集合构成的。

（2）个体性特征。系统内的个体是构成系统的元素，没有个体就没有系统。

（3）关联性特征。系统内的个体是相互关联的。

（4）结构性特征。系统内相互关联的个体是按一定的结构框架存在的。

（5）层次性特征。系统与系统内的个体之间关联信息的传递路径是分层次的。

（6）模块性特征。系统母体内部是可以分成若干子块的。

（7）独立性特征。系统作为一个整体是相对独立的。

（8）开放性特征。系统作为一个整体又会与其他系统相互关联、相互影响。

（9）发展性特征。系统是随时演变的。

（10）自然性特征。系统必遵循自然的、科学的规律存在。

（11）实用性特征。系统是可以被研究、优化和利用的。

（12）模糊性特征。系统与系统内的个体之间关联信息及系统的自有特征通常是模糊的。

（13）模型性特征。系统是可以通过建立模型进行研究的。

（14）因果性特征。系统与系统内的个体是具有因果关系的。

（15）整体性特征。系统作为一个整体具有超越于系统内个体之上的整体性特征。

6. 大规模复杂系统的特点

系统工程研究对象系统的复杂性主要表现在：

（1）系统的功能和属性多样，由此而带来的多重目标间经常会出现相互消长或冲突的关系。

（2）系统通常由多维且不同质的要素所构成。

（3）一般为人机系统，而人及其组织或群体表现出固有的复杂性。

（4）由要素间相互作用关系所形成的系统结构日益复杂化和动态化。大规模复杂系统还具有规模庞大及经济性突出等特点。

7. 系统的类型

认识系统的类型，有助于人们在实际工作中对系统工程的性质有进一步的了解并进行分析。

（1）自然系统与人造系统。自然系统是主要由自然物（动物、植物、矿物、水资源等）自然形成的系统，如海洋系统、矿藏系统等；人造系统是根据特定的目标，通过人的主观努力所建成的系统，如生产系统、管理系统等。实际上，大多数系统是自然系统与人造系统的复合系统。近年来，系统工程越来越注意从自然系统的关系中探讨和研究人造系统。

（2）实体系统与概念系统。凡是以矿物、生物、机械和人群等实体为基本要素所组成的系统称为实体系统，凡是由概念、原理、原则、方法、制度、程序等概念性的非物质要素所构成的系统称为概念系统。在实际生活中，实体系统和概念系统在多数情况下是结合在一起的。实体系统是概念系统的物质基础；而概念系统往往是实体系统的中枢神经，指导实体系统的行动或为之服务。系统工程通常研究的是这两类系统的复合系统。

（3）动态系统和静态系统。动态系统就是系统的状态随时间而变化的系统；而静态系统则是表征系统运行规律的模型中不含有时间因素，即模型中的量不随时间而变化，它可视作动态系统的一种特殊情况，即状态处于稳定的系统。实际上多数系统是动态系统，但由于动态系统中各种参数之间的相互关系非常复杂，要找出其中的规律性有时是非常困难的，这时为了简化起见而假设系统是静态的，或使系统中的各种参数随时间变化的幅度很小，而视同稳态的。也可以说，系统工程研究的是在一定时期、一定范围内和一定条件下具有某种程度稳定性的动态系统。

（4）封闭系统与开放系统。封闭系统是指该系统与环境之间没有物质、能量和信息的交换，因而呈一种封闭状态的系统；开放系统是指系统与环境之间具有物质、能量与信息交换的系统。这类系统通过系统内部各子系统的不断调整来适应环境变化，以保持相对稳定状态，并谋求发展。开放系统一般具有自适应和自调节的功能。系统工程研究有特定输入、输出的相对孤立系统。

4.1.2 安全系统

1. 安全系统的概念

安全系统是由与生产安全问题有关的相互联系、相互作用、相互制约的若干个因素结合成的具有特定功能的有机整体。

安全依附于系统而存在。系统是物质的，第一性；安全是意识的，第二性。系统决定安全，安全与否是系统在人脑中的主观反映。安全与否的判断对系统具有能动反作用：安全与否的正确判断，促进系统发展；安全与否的错误判断阻碍系统的发展。对待安全，要做到一切从实际出发，实事求是；要充分重视意识的作用，充分发挥人的主观能动性。

在工业企业里，人机系统、安全技术、职业卫生和安全管理构成了一个安全系统。它除了具有一般系统的特点外，还有自己的结构特点。第一，它是以人为中心的人机匹配、有反馈过程的系统。因此，在系统安全模式中要充分考虑人与机器的互相协调。第二，安全系统是工程系统与社会系统的结合。在系统中处于中心地位的人要受到社会、政治、文化、经济技术和家庭的影响，要考虑以上各方面的因素，系统的安全控制才能更为有效。第三，安全事故（系统的不安全状态）的发生具有随机性，首先是事故的发生与否呈现出不确定性；其次是事故发生后将造成什么样的后果在事先不可能确切得知。第四，事故识别的模糊性。安全系统中存在一些无法进行定量的描述的因素，因此对系统安全状态的描述无法达到明确的量化。安全系统工程活动要根据以上这些特点来开展研究工作，寻求处理安全问题的有效方法。

2. 安全系统的构成

从安全系统的动态特性出发，人类的安全系统是人、社会、环境、技术、经济等因素构成的大协调系统。无论从社会的局部还是整体来看，人类的安全生产与生存需要多因素的协调与组织才能实现。安全系统的基本功能和任务是满足人类安全的生产与生存，以及保障社会经济生产发展的需要，因此安全活动要以保障社会生产、促进社会经济发展、降低事故和灾害对人类自身生命和健康的影响为目的。为此，安全活动首先应与社会发展基础、科学技术背景和经济条件相适应和相协调。安全活动的进行需要经济和科学技术等资源的支持，安全活动既是一种消费活动（以生命与健康安全为目的），也是一种投资活动

（以保障经济生产和社会发展为目的）。

从安全系统的静态特性看，安全系统论原理要研究两个系统对象：一是事故系统（图4-1）；二是安全系统（图4-2）。

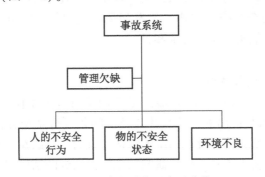

图4-1 事故系统要素及结构

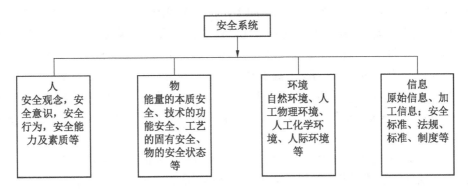

图4-2 安全系统要素及结构

事故系统涉及四个要素，通常称"4M"要素，即：人（Men）——人的不安全行为；物（Machine）——物的不安全状态；环境（Medium）——生产环境的不良；管理（Management）——管理的欠缺。但是重要的因素是管理，因为管理对人、机、环境都会产生作用和影响。

认识事故系统因素，使我们对防范事故有了基本的目标和对象。但是，要提高事故的防范水平，建立安全系统才是更为有意义的。安全系统的要素是：人——人的安全素质（心理与生理、安全能力、文化素质）；物——设备与环境的安全可靠性（设计安全性、制造安全性、使用安全性）；能量——生产过程能的安全作用（能的有效控制）；信息——充分可靠的安全信息流（管理效能的充分发挥）是安全的基础保障。认识事故系统要素，对指导我们从打破事故系统来保障人类的安全具有实际的意义，这种认识带有事后型的色彩，是被动、滞后的，而从安全系统的角度出发，则具有超前和预防的意义，因此，从建设安全系统的角度来认识安全原理更具有理性的意义，更符合科学性原则。

3. 安全系统的优化

可以说，安全科学、安全工程技术学科的任务就是实现安全系统的优化，特别是安全管理，更是控制人、机、环境三要素，以及协调人、物、能量、信息四元素的重要工具。

其中一个重要的认识是，不仅要从要素个别出发，研究和分析系统的元素，如安全教育、安全行为科学研究和分析人的要素；安全技术、工业卫生研究物的要素，更有意义的是要从整体出发研究安全系统的结构、关系和运行过程等。安全系统工程、安全人机工程、安全科学管理等则能实现这一要求和目标。

4.1.3 安全系统动力学

1. 系统动力学的发展及特点

系统动力学（Systems Dynamics，SD）是美国麻省理工学院（MIT）J. W. 弗雷斯特（J. W. Forrester）教授最早提出的一种对社会经济问题进行系统分析的方法论和定性与定量相结合的分析方法。研究信息反馈系统的结构和行为，目的在于综合控制论、信息论和决策论的成果，以计算机为工具，分析研究信息反馈系统的结构和行为。

SD 的出现始于 20 世纪 50 年代后期，当时主要应用于工商企业管理，处理诸如生产与雇员情况的波动、企业的供销、生产与库存、股票与市场增长的不稳定性等问题。1961年，弗雷斯特的《工业动力学》（Industrial Dynamics）出版。此后在整个 60 年代，动力学思想与方法的应用范围日益扩大，其应用几乎遍及各类系统，深入各种领域，作为方法论基础。1968 年，弗雷斯特的《系统原理》（Principles of Systems）出版，总结美国城市兴衰问题的理论与应用研究成果的《城市动力学》（Urban Dynamics）（1969）和著名的《世界动力学》（world Dynamics）（1971）等也是弗雷斯特等人的重要成就。1972 年正式提出"Systems Dynamics"。从 20 世纪 50 年代末到 70 年代初的 10 多年，是 SD 成长的重要时期。

近年来，SD 正在成为一种新的系统工程方法论和重要的模型方法，渗透到许多领域，尤其在国土规划、区域开发、环境治理和企业战略研究等方面，正显示出它的重要作用，尤其是随着国内外管理界对学习型组织的关注，SD 思想和方法的生命力更为强劲。但目前应更加注重 SD 的方法论意义，并注意其定量分析手段的应用场合及条件。

2. 研究对象

SD 的研究对象主要是社会（经济）系统。该类系统的突出特点是：

（1）社会系统中存在着决策环节。社会系统的行为总是经过采集信息，并按照某个政策进行信息加工处理做出决策后出现的。决策是一个经过多次比较、反复选择、优化的过程。

对于大规模复杂的社会系统来说，其决策环节所需要的信息量是十分庞大的。其中既有看得见、摸得着的实体，又看不见、摸不到的价值、伦理、道德观念及个人、团体的偏见等因素。

（2）社会系统具有自律性。自律性就是能进行自我决策，自己管理、控制、约束自身行为的能力和特性。

工程系统是由于导入反馈机构而具有自律性的；社会系统因其内部固有的"反馈机构"而具有自律性。因此，研究社会系统的结构与行为，首先（也是最重要的）就在于认识和发现社会系统中所存在着的由因果关系形成的反馈机制。

（3）社会系统的非线性。非线性是指社会现象中原因和结果之间所呈现出的极端非线性关系。例如：原因和结果在时间与空间上的分离性、出现事件的意外性、难以直观性等。

高度非线性是由社会问题的原因和结果相互作用的多样性、复杂性造成的。具体来说，一方面是由于社会问题的原因和结果在时间、空间上的滞后，另一方面是由于社会系统具有多重反馈结构。这种特性可以用社会系统的非线性多重反馈结构加以研究和解释。

SD 方法就是要把社会系统作为非线性多重信息反馈系统来研究，进行社会经济问题的模型化，对社会经济现象进行预测，对社会系统结构和行为进行分析，为组织、地区、国家等制定发展战略，进行决策，提供有用的信息。

3. 模型特点

（1）多变量。这主要是由 SD 对象系统的动态特性和复杂性决定的。SD 模型有三种基本变量、五到六种变量。

（2）定性分析与定量分析相结合。SD 模型由结构模型（流图）和数学模型（DYNAMO 方程）所组成。

（3）以仿真实验为基本手段和以计算机为工具。SD 实质上是一种计算机仿真分析方法，是实际系统的"实验室"。

（4）可处理高阶次、多回路、非线性的时变复杂系统问题。

控制论目前只是在线性系统中应用较成功，与其有关的方法（如状态空间方法）主要研究系统平衡点或工作点附近的特性，较适合做短期预测，较难进行长期过程的研究，经济计量学和经济控制论都十分重视真实系统的统计观测值和模型精确度。它们所依赖的经济理论大多是静态的而不是动态的，而且传统的数学工具很难分析研究非线性关系。因此，它们很难描述复杂的、非线性的动态系统。SD 与以上方法比较，更注重系统的内部机制及其结构，强调单元之间的关系和信息反馈。

4. 工作程序

SD 的工作程序如图 4-3 所示。

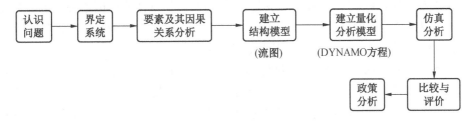

图 4-3 SD 的工作程序

5. 系统动力学（SD）结构模型化原理

1）SD 的基本原理

首先通过对实际系统进行观察，采集有关对象系统状态的信息，随后使用有关信息进行决策。决策的结果是采取行动。行动又作用于实际系统，使系统的状态发生变化。这种变化又为观察者提供新的信息，从而形成系统中的反馈回路（图 4-4a）。这个过程可用

SD 流（程）图表示（图 4-4b）。

据此可归结出 SD 的四个基本要素、两个基本变量和一个基本（核心）思想如下：

SD 的四个基本要素——状态或水准、信息、决策或速率、行动或实物流。

SD 的两个基本变量——水准变量（Level）、速率变量（Rate）。

SD 的一个基本思想——反馈控制。

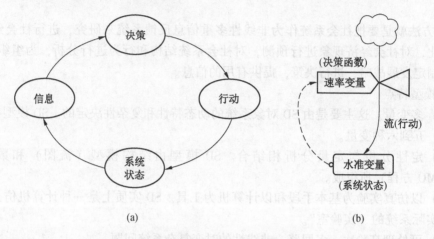

(a)   (b)

图 4-4　SD 的基本工作原理

还需要说明的是：①信息流与实体流不同，前者源于对象系统内部，后者源于系统外部；②信息是决策的基础，通过信息流形成反馈回路是构造 SD 模型的重要环节。

2）因果关系图和流（程）图

（1）因果关系图。因果（反馈）关系是 SD 方法的核心和基础。

①因果箭。连接因果要素的有向线段。箭尾始于原因，箭头终于结果。因果关系有正负极性之分。正（+）为加强，负（-）为削弱。

②因果链。因果关系具有传递性。用因果箭对具有递推性质的因素关系加以描绘即得到因果链。因果链极性的判别：在同一因果链中，若含有奇数条极性为负的因果箭，则整条因果链是负的因果链；否则，该条因果链极性为正。

③因果（反馈）回路。原因和结果的相互作用形成因果关系回路（因果反馈回路、环）。它是一种特殊的（封闭的、首尾相接的）因果链，其极性判别准则如因果链。

社会系统中的因果反馈环是社会系统中各要素的因果关系本身所固有的。正反馈回路起到自我强化的作用，负反馈回路具有"内部稳定器"的作用。

④多重因果（反馈）回路。社会系统的动态行为是由系统本身存在着的许多正反馈和负反馈回路决定的，从而形成多重反馈回路（图 4-5）。

SD 方法认为，系统的性质和行为主要取决于系统中存在的反馈回路，系统的结构主要是指系统中反馈回路的结构。

因果关系图例图如图 4-5 所示，其中包含了因果箭、因果链、因果反馈回路和多重因果反馈回路等。

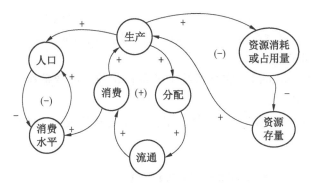

图 4-5　因果关系例图

反馈的过程是一个"学习"的过程，SD 与学习型组织或组织学习具有内在联系。学习型组织的基本原理可用图 4-6 所示的因果反馈关系来简要表达。图 4-6 中，组织目标与组织所处的内外部环境密切相关，可看作"组织学习"三要素间主回路的外生变量（用双圆圈表示）。系统比较主要是通过对组织目标（愿景）与组织效能（现状）的比较，找出问题（差距、不足、缺陷），明确改进的方向。系统比较还与本组织纵向（历史）比较和同类组织间横向比较结果有关，并共同构成了多重比较。整个回路各要素的相互作用和有序运行，是一个完整的组织学习或组织进化的过程，也是一个组织"自我净化、自我完善、自我革新、自我提高"的过程，揭示了学习型组织在结构及行为上的本质特征。该结构与切克兰德方法论、圣吉"（第）五项修炼"（自我超越、改善心智模式、共同愿景、团队学习、系统思考）有相通之处，均体现了对组织学习与发展机制的系统化思考。另外，图 4-6 与图 4-5（部分）还有一定的同构关系。

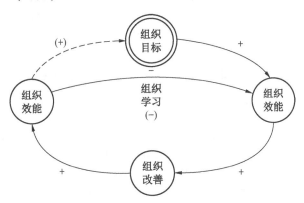

图 4-6　学习型组织的因果反馈关系

（2）流（程）图。流（程）图（Flow Diagram）是 SD 结构模型的基本形式，绘制流（程）图是 SD 建模的核心内容。流（程）图通常由以下各要素构成：

流（Flow）。它是系统中的活动和行为，通常只区分出实体流和信息流。其符号如图 4-7a 所示。

水准（Level）。它是系统中子系统的状态，是实物流的积累。其符号如图 4-7b 所示。

速率（Rate）。它表示系统中流的活动状态，是流的时间变化。在 SD 中，*R* 表示决策函数。其符号如图 4-7c 所示。

参数（量）（Parameter）。它是系统中的各种常数，或者是在一次运行中保持不变的量。其符号如图 4-7d 所示。

辅助变量（Auxiliary Variable）。其作用在于简化 *R* 的表示，使复杂的决策函数易于理解。其符号如图 4-7e 所示。

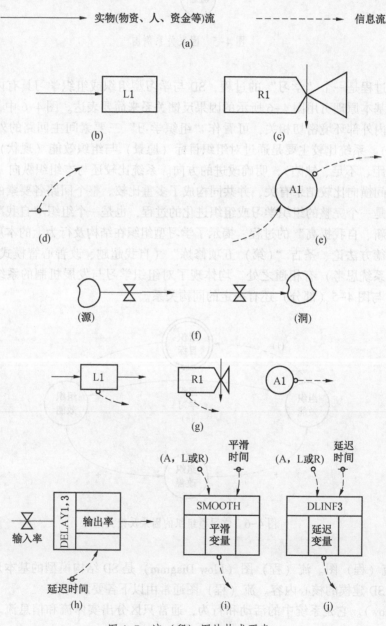

图 4-7 流（程）图的构成要素

源（Source）与洞（Sink）。其含义和符号如图 4-7f 所示。

信息（Information）。信息的取出常见情况及其符号如图 4-7g 所示。

滞后或延迟（Delay）。由于信息和物质运动需要一定的时间，于是就带来原因和结果、输入和输出、发送和接收等之间的时差，并有实物流和信息流滞后之分。在 SD 中共有以下四种情况：

DELAY1——对实物流速率进行一阶指数延迟运算（一阶指数物质延迟）。其符号如图 4-7h 所示。

DELAY3——三阶指数物质延迟。其符号如图 4-6h 所示。

SMOOTH——对信息流进行一阶平滑（一阶信息延迟）。其符号如图 4-7i 所示。

DLINF3——三阶信息延迟。其符号如图 4-7j 所示。

3）SD 结构模型的建模步骤

建立 SD 结构模型或得到 SD 流图的一般过程：

（1）明确系统边界，即确定对象系统的范围。

（2）阐明形成系统结构的反馈回路，即明确系统内部活动的因果关系链。

（3）确定反馈回路中的水准变量和速率变量。水准变量是由系统内的活动产生的量，是由流的积累形成的，说明系统某个时点状态的变量；速率变量是控制流的变量，表示活动进行的状态。

（4）阐明速率变量的子结构或完善、形成各个决策函数，建立起 SD 结构模型（流图）。

6. 安全系统动力模型

从动力学视角看待安全系统，揭示安全系统的驱动原理，是"安全科学及工程"学科建设全新的一个研究领域。

将系统动力学引入安全生产系统，深入分析企业安全生产的系统性和动力学特征，明确安全系统动力学学科的内涵，形成企业安全生产系统动力学基本原理；通过调研企业安全生产关键要素，构建企业安全生产状况动态评价指标体系研究；进一步构建企业安全系统动力学的关系框图、因果图和流图模型，并通过模型仿真分析，发掘推动系统良性反馈的关键技术路径和敏感性指标。最后，通过将建立的动力学模型方程嵌入原有的评估系统，经测试完成原有评估系统的改进提升。

安全系统动力分他动力和自动力。他动力指带动、推动、驱动等动力，自动力也可称原动力。无论他动力还是自动力，发挥作用，靠他律，也靠自律。

安全系统动力模型中，社会生态的带动力、安全行政的驱动力、组织内部的推动力，都要依靠个体的原动力发挥作用，作用在安全行为中，实现安全目标。

1）安全结构理论模型研究

安全是作为主体的系统控制者借助作为客体的有机系统，在实施某一行动、达到某一目的过程中的相对稳定性，以及主、客体相互作用过程中对所处环境产生影响的相对可接受程度。从安全的概念来看，安全考量的是系统，亦即安全系统；系统关注的是安全，亦即系统安全。

安全结构理论模型研究试图从安全行为的视角，揭示激励组织安全行为、个人安全行为的理论路径（图4-8），从而为安全系统动力学的研究打下基础。

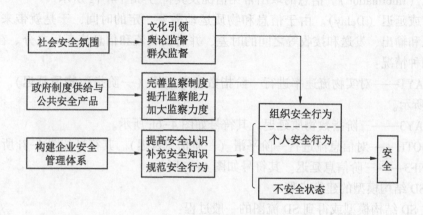

图4-8 安全结构理论模型图

2）安全系统动力学因果关系分析、流图分析

针对安全系统，运用系统动力学原理和方法，通过建立系统动力学模型，研究安全要素、安全流程、安全行为与系统安全之间的关系，就是安全系统动力学。安全系统动力学基础理论以企业安全生产和公共安全的相互关系为突破口，试图揭示不同安全门类的关键共性规律。

从微观角度考虑，根据安全科学与系统工程相关理论，企业安全生产与人、机、管子系统密切相关，采用系统动力学建模软件 Vensim 进行因果关系分析，建立系统的因果图。图中，人的行为能力可以集成为安全行为能力，管理能力可以集成为工序流程管理，设备因素可以集成为作业条件监控能力，人、机、管分别影响企业安全生产指数。同时，人、机、管之间相互影响，形成系统反馈（图4-9）。

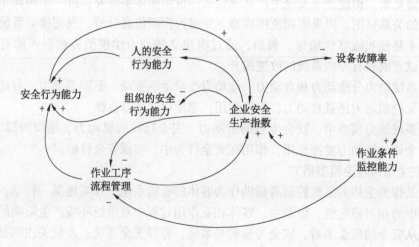

图4-9 企业安全生产指数——人、机、管—系统因果关系图

系统动力学因果关系图可以清楚地展示因素之间的反馈关系。主要代表性因果链有以下几条：

（1）企业安全生产指数↑→人的安全行为能力↓→安全行为能力↑→企业安全生产指数↑。

（2）企业安全生产指数↑→组织安全行为能力↓→安全行为能力↑→企业安全生产指数↑。

（3）企业安全生产指数↑→设备故障率↓→作业条件监控能力↑→企业安全生产指数↑。

（4）企业安全生产指数↑→设备故障率↓→作业条件监控能力↑→作业工序流程管理↓→企业安全生产指数↑。

（5）企业安全生产指数↑→作业工序流程管理↓→安全行为能力↑→企业安全生产指数↑。

（6）企业安全生产指数↑→作业工序流程管理↓→企业安全生产指数↑。

在系统流图4-10中，组织安全落实程度是指企业管理层在规章制度和安全检查制度上的落实程度，作业人员标准化程度指在生产过程中，作业人员是否按照规定标准作业，可通过安全系统动力学评价指标体系和数学模型得出结果。作业环境合规程度指企业内部的生产环境，通常包括光照、温度、化学因素等，受组织的直接影响。流图中的各个因素可以通过专家打分或者定期检查进行量化，本书主要采用模拟仿真的形式进行说明。

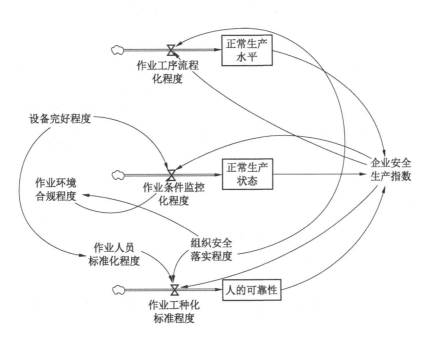

图4-10 企业安全生产指数——人、机、管—系统流图

7. 安全系统动力学评价

基于系统动力学方法构建企业安全生产系统动力学模型，分析企业安全生产要素间定量传导关系、发掘安全生产敏感性指标，通过模型的运行，得出企业安全生产指数及变化趋势。

通过对安全生产流图模型的动态仿真，发掘推动系统良性反馈的关键技术路径和敏感性指标，从而为解决企业安全生产问题提出有针对性的对策措施。

1）企业安全生产状况动态评价模型研究

基于系统动力学方法构建企业安全生产系统流图模型，分析企业安全生产要素间定量传导关系、发掘安全生产敏感性指标，通过模型的运行，得出企业安全生产指数及变化趋势。总体技术路线图如图 4-11 所示。

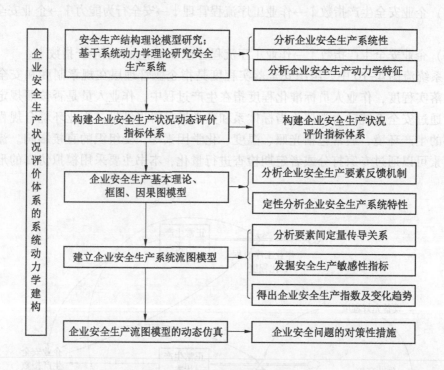

图 4-11　总体技术路线图

2）安全系统动力学评价指标体系构建与敏感指标筛选分析技术

拟根据国内外研究现状和高危行业企业安全生产实际进行广泛分析，"人、机、环、管、法"五要素中，"环"和"法"为外部因素，"人、机、管"是企业安全生产的内部核心要素。"人、机"是企业安全生产基础，"管"是基础建设的手段，企业安全生产基础建设是"人、机、管"的结合。

从人、机、管的微观要素及其关系出发，以实现"三化（作业工种标准化、作业工序流程化、作业条件监控化）"和"三能力（安全行为能力、安全管理能力和作业条件监控能力）"为标准进行指标筛选和敏感指标分析（如人员作业可靠性、人员心理素质、光照、温度、设备故障率、规章制度的落实等），最终构建安全系统动力学评价指标体系。指标选取技术如图4-12所示。

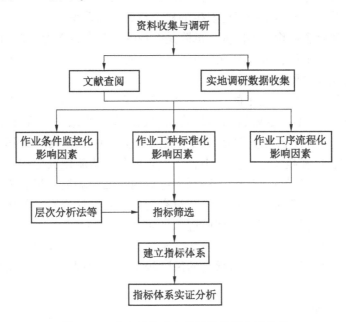

图4-12 安全系统动力学评价指标选取技术

4.2 安全风险指数

风险是某一有害事故发生的可能性及其事故后果的总和。企业所面临的风险包括生产事故、自然事故和经济、法律、社会等方面的事件或事故。企业在生产、经营过程中遇到的这些意外事件，其后果可能严重到足以把企业拖入困境甚至破产的境地。对安全风险指数进行研究，有助于改善工业企业的风险管理和风险分析，更好地确定企业生产、经营中所存在的风险，完善风险控制管理措施，以降低损失。

工业企业在生产作业过程中面临着许多职业安全卫生方面的风险，这些风险可能来自日常的生产活动中所使用的油气原料和石化产品、材料等方面。风险可能会伤害企业职工的生命与健康，损坏企业的设备及财产，使国家、企业和个人遭受名誉、生命、健康、经济的损害，这些都会影响到国家、企业或职工的利益。如何对生产作业中的风险进行管理，是一个工业企业保障安全生产的重要内容。风险管理的方法是现代企业管理，特别是建立职业安全健康管理体系的重要方法，也是一种实施预防为主的重要手段。因此，对安全风险指数的研究尤为重要。

4.2.1 风险的概念

根据国际标准化组织的定义（ISO 13702：1999），风险是某一有害事故发生的可能性与事故后果的组合。我们对于安全生产风险的定义是：安全生产不期望事件的发生或存在概率与可能发生事故后果的组合。这一概念既包含了风险的定性概念，也包含了风险的定量概念。

通俗地讲，风险的定性概念首先是指那些人们活动过程中不期望的事件、事故、隐患、缺陷、不符合、违章、违规等，这是风险因子或风险管理的对象；而定量的概念则表达了风险的度量是取决于不期望事件发生的概率与后果的乘积。

严格地说，风险和危险是不同的，危险是客观的，常常表现为潜在的危害或可能的破坏性影响，而风险则不仅意味着这种能量或客观性的存在，而且还包含破坏性影响的可能性。风险的概念比危险要科学、全面。

在生产和生活实践中，技术的危险是客观存在的，但风险的水平是可控的，也就是"存在客观的危险，但不一定要冒高的风险"，安全活动的意义就在于实现"高危低风险"。例如，人类要利用核能，就有可能核泄漏产生的辐射影响或破坏的危险，这种危险是客观固有的，但在核发电的实践中，人类采取各种措施使其应用中受辐射的风险最小化，使之控制在可接受的范围内，甚至人绝对地与之相隔离，尽管人们仍有受辐射的危险，但由于无发生的渠道，所以我们并没有受到辐射破坏或影响的风险。这说明人们关心系统的危险是必要的，但归根结底应该注重的是"风险"，因为直接与系统或人员发生联系的是"风险"，而"危险"是事物客观的属性，是风险的一种前提表征。我们可以做到客观危险性很大，但实际承受的风险较小，即"固有危险性很大，但实现风险很低"。

4.2.2 安全风险定量

1. 安全风险的数学表达

1) 风险数学模型

根据上述风险的概念，这样，风险可表示为事件发生概率及其后果的函数：

$$风险 \ R = f(p, \ l) \tag{4-1}$$

式中，p 为事件发生概率；l 为事件发生后果。对于事故风险来说，l 就是事故的损失（生命损失及财产损失）后果。

风险分为个体风险和整体风险。个体风险是一组观察人群中每一个体（个人）所承担的风险。总体风险是所观察的全体承担的风险。

在 Δt 时间内，涉及 N 个个体组成的一群人，其中每一个体所承担的风险可由下式确定：

$$R_{个体} = E(L)/N\Delta t [损失单位／个体数 \times 时间单位] \tag{4-2}$$

$$E(L) = \int L \mathrm{d}F(L)$$

式中　　L——危害程度或损失量；

$F(L)$——L 的分布函数（累积概率函数）。

其中对于损失量 L 以死亡人次、受伤人次或经济价值等来表示。由于有

$$\int L \mathrm{d}F(L) = \sum L_k n P L_i \tag{4-3}$$

式中　　n——损失事件总数；

PL_i——一组被观察的人中一段时间内发生第 i 次事故的概率；

L_k——每次事件所产生同一种损失类型的损失量。

因此，式（4-1）可写为

$$R_{个体} = L_{\text{k}} \frac{\sum iP L_i}{N\Delta t} = L_{\text{k}} H_{\text{s}} \qquad (4-4)$$

式中　H_{s} —— 单位时间内损失或伤亡事件的平均频率。

所以，个体风险的定义是：

$$个体风险 = 损失量 \times 损失或伤亡事件的平均频率 \qquad (4-5)$$

如果在给定时间内，每个人只会发生一次损失事件，或者这样的事件发生频率很低，使得几种损失连续发生的可能性可忽略不计，则单位时间内每个人遭受损失或伤亡的平均频率等于事故发生概率 P_k。因此，个体风险公式为

$$R_{个体} = L_{\text{k}} p_k \qquad (4-6)$$

式（4-6）的意思是：个体风险 = 损失量 × 事件概率。还应说明的是 $R_{个体}$ 是指所观察人群的平均个体风险；而时间 Δt 是说明所研究的风险在人生活中的某一特定时间，比如是工作时实际暴露于危险区域的时间。

对于总体风险有：

$$R_{总体} = \frac{E(L)}{\Delta t \left[\dfrac{损失单位}{时间单位}\right]} \qquad (4-7)$$

或

$$R_{总体} = N R_{个体} \qquad (4-8)$$

即：总体风险 = 个体风险 × 观察范围内的总人数。

2. 安全风险定量计算

认识风险的数学理论内涵，可针对个体风险的分析应用来认识。见表4-2和表4-3数据，给出了发生1次事故（即 $n=1$）条件下的一人次事故经济损失统计值，应用个体风险的数学模型，其均值是：

$$\begin{aligned}
\sum L_i n P_i &= \sum L_i P_i \\
&= 0.5 \times 0.91 + 0.3 \times 0.052 + 2.0 \times 0.022 + \\
&\quad 8.0 \times 0.011 + 20 \times 0.0037 \\
&= 0.2671(万元)
\end{aligned}$$

表4-2　$n=1$ 时的一人次事故经济损失均值统计分析表

伤害类型	轻伤	局部失能伤害	严重失能伤害	全部失能	死亡
经济损失（万元）L_i	0.05	0.3	2.0	8.0	20.0
频率（概率）P_i	0.91	0.052	0.022	0.011	0.0037
发生人次	245	14	6	3	1
$L_i P_i$	0.0455	0.0156	0.044	0.088	0.074

表4-3　$n=1$时的一人次事故伤害损失工日均值统计分析表

伤害类型	轻伤	局部失能伤害	严重失能伤害	全部失能	死亡
损失工日（日）L_i	2	250	500	2000	7500
频率（概率）P_i	0.91	0.052	0.022	0.011	0.0037
发生人次	245	14	6	3	1
$L_i P_i$	3.64	13	11	22	27.75

发生事故一人次的伤害损失工日均值是：

$$\sum L_i n P_i = \sum L_i P_i$$
$$= 2 \times 0.91 + 250 \times 0.052 + 500 \times 0.022 +$$
$$2000 \times 0.011 + 7500 \times 0.0037$$
$$= 77.39(日)$$

3. 个体风险定量计算

风险的定量分析表示方法中以发生事故造成人员死亡人数为风险衡量标准的生命风险又可分为个人风险和社会风险。

个人风险 *IR*（individual risk），定义为：一个未采取保护措施的人，永久地处于某一个地点，在一个危害活动导致的偶然事故中死亡的概率，以年死亡概率度量，公式如下：

$$IR = P_f \times P_{d/f} \qquad (4-9)$$

式中　　IR——个人风险；

　　　　P_f——事故发生频率；

　　　　$P_{d/f}$——假定事故发生情况下个人发生死亡的条件概率。

个人风险具有很强的主观性，主要取决于个人偏好；同时，个人风险具有自愿性，即根据人们从事的活动特性，可以将风险分自愿的或非自愿的。为了进一步表述个人风险，还有其他4种定义方式：①寿命期望损失（the loss of life expectancy）；②年死亡概率（the delta yearly probability of death）；③单位时间内工作伤亡率（the activity specific hourly mortality rate）；④单位工作伤亡率（the death perunit activity）。目前，个人风险确定的方法主要有：风险矩阵、年死亡风险 *AFR*（Annual Fatality Risk）、平均个人风险 *AIR*（average individual risk）和聚合指数 *AI*（Aggregated Indicator）等。

（1）风险矩阵。由于量化风险往往受到资料收集不完善或技术上无法精确估算的限制，其量化的数据存在着极大的不确定性，而且实施它需花费较多的时间与精力。因此，以相对的风险来表示是一种可行的方法，风险矩阵即是其中一个较为实用的方法。风险矩阵以决定风险的两大变量——事故可能性与后果为两个维度，采用相对的方法，分别大致地分成数个不同的等级，经过相互的匹配，确定最终风险的高低。表4-4 即是一个典型的风险矩阵。表中横排为事故后果严重程度，纵列为事故可能性。

表4-4 典型的风险矩阵

R	后果分级				
	I	II	III	IV	V
可能性分级 A	中	中	高	高	
B	中	中	高	高	
C	低	中	中	高	
D	低	低	中	中	
E	低	低	低	低	

（2）年死亡风险 AFR（annual fatality risk）。是指一个人在一年时间内的死亡概率，它是一种常用的衡量个人风险的指标。国际健康、安全与环境委员会（HSE）建议，普通工业的员工最大可接受的风险为 $AFR = 10^{-3}$；大型化工厂的员工和周边一定范围内的群众最大可接受的风险为 $AFR = 10^{-4}$；从事特别危险活动的人员以及该活动可能影响到的群众的最大可接受的风险为 $AFR = 10^{-6}$。

（3）平均个人风险 AIR（average individual risk）。其定义为

$$AIR = \frac{PLL}{POB_{av} \times \frac{8760}{H}} \tag{4-10}$$

式中　　PLL——潜在生命丧失；

　　　　H——个人在一年内从事海洋活动的时间；

　　　　POB_{av}——某设备上全部工作人员的年平均数目。

（4）聚合指数 AI（aggregated indicator）。指单位国民生产总值的平均死亡率，其定义为

$$AI = \frac{N}{GNP} \tag{4-11}$$

式中　　N——死亡人数；

　　　　GNP——国民生产总值。

4. 社会风险定量计算

英国化学工程师协会（IchemE，Institution of Chemical Engineers）将社会风险定义为：社会风险 SR（social risk）指某特定群体遭受特定水平灾害的人数和频率的关系。社会风险用于描述整个地区的整体风险情况，而非具体的某个点，其风险的大小与该范围内的人口密度成正比关系，这点是与个人风险不同的。目前，社会风险接受准则的确定方法有：风险矩阵法、F-N 曲线、潜在生命丧失 PLL（potential loss of life）、致命事故率 FAR（fatal accident rate）、设备安全成本 ICAF（implied cost of averting a facility）、社会效益优化法等。

（1）F-N 曲线。所谓 F-N 曲线，早在 1967 年，Frarmer 首先采用概率论的方法，建

立了一条各种风险事故所容许发生概率的限制曲线。起初主要用于核电站的社会风险可接受水平的研究，后来被广泛运用到各行业社会风险、可接受准则等风险分析方法当中，其理论表达式为

$$P_f(x) = 1 - F_N(x) = P(N > x) = \int_x^\infty f_N(x)\,\mathrm{d}x \tag{4-12}$$

式中　$P_f(x)$——年死亡人数大于 N 的概率；

　　　$F_N(x)$——年死亡人数 N 的概率分布函数；

　　　$f_N(x)$——年死亡人数 N 的概率密度函数。

$F\text{-}N$ 曲线在表达上具有直观、简便，可操作性与可分析性强的特点。然而在实际中，事故发生的概率是难以得到的，分析时往往以单位时间内事故发生的频率来代替，其横坐标一般定义为事故造成的死亡人数 N，纵坐标为造成 N 或 N 人以上死亡的事故发生频率 F。

$$F = \sum f(N) \tag{4-13}$$

式中　$f(N)$——年死亡人数为 N 的事故发生频率；

　　　F——年内死亡事故的累积频率。

目前，国内外的许多国家常用式（4-14）确定 $F\text{-}N$ 曲线社会风险可接受准则。

$$1 - F_N(x) < \frac{C}{x^n} \tag{4-14}$$

式中　C——风险极限曲线位置确定常数；

　　　n——风险极限曲线的斜率。

式中，n 值说明了社会对于风险的关注程度。绝大多数情况下，决策者和公众在对损失后果大的风险事故的关注度上要明显大于对损失后果小的事故的关注度。如：他们会更加关心死亡人数为 10 人的一次大事故而相对会忽略每次死亡 1 人的 10 次小事故，这种倾向被称为风险厌恶，即在 $F\text{-}N$ 曲线中 $n = 2$；而 $n = 1$ 则称为风险中立。

（2）潜在生命丧失 PLL（potential loss of life）。指某种范围内的全部人员在特定周期内可能蒙受某种风险的频率，其定义为

$$PLL = P_f \times POB_{av} \tag{4-15}$$

式中　P_f——事故年发生概率；

　　　POB_{av}——某设备上全部工作人员的年平均数目。

（3）致命事故率 FAR（fatal accident rate）。表示单位时间某范围内全部人员中可能死亡人员的数目。通常是用一项活动 108 h（大约等于 1000 个人在 40 年职业生涯中的全部工作时间）内发生的事故来计算 FAR 值，其计算公式为

$$FAR = \frac{PLL \times 10^8}{POB_{av} \times 8760} \tag{4-16}$$

在比较不同的职业风险时，FAR 值是一种非常有用的指标，但是 FAR 值也常常容易令人误解，这是因为在许多情况下，人们只花了一小部分时间从事某项活动。比如，当一个人步行穿过街道时具有很高的 FAR 值，但是，当他花很少的时间穿过街道时，穿

过街道这项活动的风险只占总体风险很小的一部分，此时如何衡量 *FAR* 值有待进一步研究。

（4）设备安全成本 *ICAF*（implied cost of averting a facility）。可用避免一个人死亡所需成本来表示。*ICAF* 越低，表明风险减小措施越符合低成本高效益的原则，即所花费的单位货币可以挽救更多人的生命。通过计算比较减小风险的各种措施的 *ICAF* 值，决策人员能够在既定费用基础上选择一个最能减小人员伤亡的风险控制方法，其定义为

$$ICAF = \frac{g \times e \times (1 - w)}{4w} \tag{4-17}$$

式中　*g*——人均国内生产总值，其范围是 2600~14000 美元；

　　　e——人的寿命，发展中国家 *e*=56a，中等发达国家 *e*=67a，发达国家 *e*=73a；

　　　w——人工作所花费的生命时间。

（5）社会效益优化法。从社会效应的角度确定风险接受准则的优化是目前最高水准的方法。从事这方面研究的代表人物有加拿大的 Lind 等人。Lind 从社会影响的角度，选择一个合适的社会指数，它能比较准确地反映社会或一部分人生活质量的某些方面，他推荐了生命质量指数 *LQI*（life quality index）。这种方法本质上是认为一项活动对社会的有利影响应当尽可能大，其计算比较复杂。

特种设备社会风险即是我国各类特种设备所发生的死亡事故频率与其造成的死亡人数的关系，在一定程度上反映了特种设备的宏观整体安全水平，它是对特种设备安全性分析评判的重要标准之一，能够反映特种设备综合性、动态性、现实性的风险水平。从社会风险的一般研究方法来看，利用 *F-N* 曲线法分析研究特种设备社会风险，不但能够简便、直观地反映特种设备的社会风险规律性，更具有实用性与可操作性，为后续制定特种设备社会风险可接受准则打下基础。

5. 危险点（源）风险强度定量计算

危险点是指在作业中有可能发生危险的地点、部位、场所、工器具或动作等。危险点包括 3 个方面：一是有可能造成危害的作业环境，直接或间接地危害作业人员的身体健康，诱发职业病；二是有可能造成危害的机器设备等物质，如转机对轮无安全罩，与人体接触造成伤害；三是作业人员在作业中违反有关安全技术或工艺规定，随心所欲地作业。如：有的作业人中在高处作业不系安全带，即使系了安全带也不按规定挂牢等。

危险源指可能导致死亡、伤害、职业病、财产损失、工作环境破坏或这些情况组合的根源或状态。危险源由 3 个要素构成：潜在危险性、存在条件和触发因素。工业生产作业过程的危险源一般分为 5 类。危险源是指一个系统中具有潜在能量和物质释放危险的、可造成人员伤害、在一定的触发因素作用下可转化为事故的部位、区域、场所、空间、岗位、设备及其位置。它的实质是具有潜在危险的源点或部位，是爆发事故的源头，是能量、危险物质集中的核心，是能量从那里传出来或爆发的地方。危险源存在于确定的系统中，不同的系统范围，危险源的区域也不同。例如，从全国范围来说，对于危险行业（如石油、化工等）具体的一个企业（如炼油厂）就是一个危险源。而从一个企业系统来说，可能是某个车间、仓库就是危险源，一个车间系统可能是某台设备是危险源。因此，风险

定量分析应用于危险点（源）的绝对风险和相对风险计算，可以为辨识、监控和治理提供科学的理论分析方法。

1）绝对风险强度

绝对风险强度是基于事故概率和事故后果严重度计算的，反映整类设备危险点（源）宏观综合固有风险水平的指标。其理论基础是基于风险模型 $R = F(p, l)$，然后引入概率指标和事故危害当量指标对基本理论进行拓展。

若某一事故情景频繁发生或事故数据较多，则最好使用历史数据来估算该事件的概率，概率最常见的度量是频率。事故发生的可能性（P）则可以用事故频率指标表示，如万台设备事故率、万台设备死亡率、万车事故率、千人伤亡率、百万工时伤害频率、亿元GDP事故率等。不同的行业采用不同的事故指标，例如，特种设备、核设施、石油化工装置、交通工具等可以用万台设备事故率和万台设备死亡率等，工业企业则可以用百万工时伤害频率和亿元GDP事故率等。事故后果严重度采用事故危害当量指数，则危险点（源）绝对风险强度模型为

$$R_a = W_j \cdot \sum_{i=1}^{n} L_i \tag{4-18}$$

式中　R_a——整类设备危险点（源）绝对风险强度；

　　　W_j——危险点（源）j 的事故发生频率指标；

　　　i——事故发生后引起的某种后果，如人员死亡、人员受伤、职业病、经济损失、环境破坏、社会影响等；

　　　n——事故后果类型总数；

　　　L_i——事故引起后果 i 的危害当量，单位为当量。

当缺乏历史数据时，可使用积木法，将事故情景所有单元的估算概率加以组合，以联合概率预测该情景的总体概率，结合事故危害当量模型，危险点（源）绝对风险强度模型为

$$R_a = P_a \cdot \prod_{i=1}^{n} P_{ci} \cdot \sum_{i=1}^{n} L_i \tag{4-19}$$

式中　R_a——危险点（源）绝对风险强度；

　　　i——事故发生后引起的某种后果，如人员死亡、人员受伤、职业病、经济损失、环境破坏、社会影响等；

　　　n——事故后果总数；

　　　P_a——事故发生的概率；

　　　P_{ci}——事故发生后引起后果 i 的概率；

　　　L_i——事故引起后果 i 的危害当量，单位为当量。

2）相对风险强度

相对风险强度，又称风险强度系数，是绝对风险强度进行归一化后的无量纲系数。相对风险强度的计算主要以量纲归一理论和数值归一理论为基础。特种设备作为重大危险点（源），其相对风险强度主要是以某类设备绝对风险强度为基准进行归一化处理，能直观地反映各类设备的相对风险水平和风险强度关系。

在相对风险强度计算中，利用绝对风险强度，以某指定设备绝对风险强度为基准，对其进行归一化处理，建立相对风险强度模型，计算各类设备相对风险强度。相对风险强度模型见下式：

$$R_r = \frac{R_a}{R_0} \tag{4-20}$$

式中 R_r——设备相对风险强度；

       R_a——设备绝对风险强度，起·当量/台；

       R_0——某指定设备绝对风险强度，起·当量/台。

3）特种设备绝对和相对风险强度

由于特种设备种类多、数量大、环境复杂，采用积木法直接计算事故发生概率比较困难，并且特种设备历史事故数据足够多，适宜采用各类设备历史事故数据来估算事故发生的概率，采用模型进行特种设备绝对风险强度计算。根据行业事故指标，特种设备事故发生的频率指标 W_j 可以用万台设备事故率表示；事故发生的后果危害当量 L 用综合当量指标来表示，包括死亡当量、伤残当量和经济损失当量。由此延伸建立特种设备绝对风险强度数学模型见下式：

$$R_a = W_j \cdot \sum_{i=1}^{n} L_i = \frac{\sum_{\lambda=1}^{N} \sum_{i=1}^{n} m_i}{\sum_{\lambda=1}^{N} C_\lambda} \cdot (l_1 + l_2 + l_3) \tag{4-21}$$

式中 R_a——特种设备绝对风险强度，起·当量/台；

       λ——某时间段，这里以一年为一段，年；

       N——总时间段，年；

       i——事故发生后引起的某种后果，如人员死亡、人员受伤、职业病、经济损失、环境破坏、社会影响等；

       n——事故后果类型总数；

       m——事故起数；

       C——特种设备总台数，台；

       l_1——事故死亡当量，事故死亡当量=每起事故死亡人数×20当量/人，当量；

       l_2——事故伤残人员损失当量，事故伤残人员损失当量=每起事故重伤人员数×13当量/人，当量；

       l_3——事故经济损失当量，事故经济损失当量=事故经济损失×10000当量/（人均净劳动生产率+人均工资+人均医疗费用），当量。

4.3 职业危害指数

目前，国内的风险评估主要是针对安全方面的危害或意外，也就是强调鉴别出各项作业可能发生的事故，如火灾、爆炸、化学品泄漏或人员受伤等紧急性的危害。但对于长期的职业危害风险评估，目前研究报道较少。健康危害的特性不同于安全危害，安全危害具有实时性、明显易观察等特点，而健康危害却相对有影响时间长、浓度低、不易察觉等特点，要将这两种属性完全不同的危害特性使用一套相同的标准加以评估难免会有所偏差。

然而，我们仍可以利用安全风险评估的原理对职业健康风险评估方法进行探索，有利于对工作场所职业危害进行综合评估和干预。

4.3.1 评估步骤

（1）收集工作场所相关的基础资料和辨识危险源。在对企业工作场所进行职业危害评估之前，需要收集相关的一些基础资料，如人员组织、工艺流程、各作业接触状况及可能接触的职业危害因素，尤其是有毒有害的化学物质等相关的资料。充分辨识各工作场所存在的各种化学、物理、生物等职业性危害因素。

（2）划分作业单元。根据工种或工序明确划分作业单元，使同一作业单元的人员暴露在相似的职业危害因素下，以便进行风险评估和管理。

（3）现场作业条件的调查。记录同一作业单元的暴露人数，每个工作班的作业时间以及个体防护用品的使用率和工程控制措施的情况，其中个体防护措施的使用率＝现场使用个体防护用品的人数/现场应该使用个体防护用品的总人数×100%。

（4）职业危害因素浓度或强度的现场检测。充分辨识工作场所内可能接触的职业危害因素，按照《工作场所空气中有毒物质监测的采样规范》（GBZ 159—2004）对作业场所有害因素进行采样和检测。

（5）职业危害风险的计算。根据安全风险评估原理，即考虑发生安全事故的可能性和后果的严重性来判断安全风险的大小。按照作业条件危险性评价 LEC 法，考虑事故发生的可能性、接触频繁程度、造成后果严重性来综合定性评估作业条件的危险性，即：

$$D(风险值) = L(事故的可能性) \times E(暴露在危险环境的频繁程度) \times$$
$$C(发生事故产生的后果)$$

同理，在职业危害风险评估中，我们也需综合考虑职业危害的可能性（接触时间和接触强度）、危害的严重性（健康效应）以及接触人数和防护措施。参考英国职业健康安全管理体系标准和美国职业接触的评估和管理策略，根据我国台湾学者 wang 等对工作场所健康安全综合危害进行风险评估的计算公式进行修订，初步建立了本次研究的职业危害风险指数计算公式：风险指数 $= 2^{健康效应等级} \times 2^{暴露比值} \times$ 作业条件等级，其中健康效应等级划分标准见表 4-5，暴露比值 ＝ 平均实测值 / 职业接触限值，作业条件等级 ＝（暴露时间等级 × 暴露人数等级 × 工程控制措施等级 × 个体防护措施等级）$^{1/4}$，等式右边各项划分标准见表4-6。

表4-5 职业危害因素健康效应等级划分标准

等级	毒物	粉尘	噪声
3	Ⅰ（极度危害）	≥70%或石棉	
2	Ⅱ（高度危害）	40%～70%	脉冲
1	Ⅲ（中度危害）	10%～40%	连续
0	Ⅳ（轻度危害）	≤10%	

表4-6 作业条件各项等级划分标准

等级	暴露人数	暴露时间 (h/工作班)	工程控制措施等级	个体防护措施等级 (使用率PPE/%)
5	>50	>12	无	~20
4	26~50	~12	整体控制(整体换气、消噪或防尘)	~50
3	16~25	~8	局部控制,有运转但效果不确定	~80
2	6~15	~5	局部控制,效果明确	~90
1	~5	~2	密闭设施	>90

4.3.2 方法应用举例

职业危害风险等级的划分:应用矩阵和排列组合的方式,计算所有可能的职业危害风险指数,根据四分位数将职业危害风险指数大小初步划分为5级,分别为无危害(~6)、轻度危害(~11)、中度危害(~23)、高度危害(~80)和极度危害(>80),应采取相应的控制干预措施为:无危害作业可视为可接受作业;轻度危害的作业应进一步评估;中度危害的作业,除进一步评估外还需进行风险控制,如加强防护或减少暴露时间;高度危害的作业则必须采取措施减少职业危害风险;而极度危害的作业应停止作业,尽可能寻找新的方法(包括新的替代品或改革工艺流程)或加强工程控制等综合措施来降低危害风险。

例:选择某汽车制造厂部分工序,应用此次建立的风险指数法进行职业危害风险的评估,结果显示,同一职业危害因素,接触强度相近的情况下,不同工序因作业环境条件的不同,其危害风险指数亦不同。由表4-7可见,因工程控制和个体防护措施等级不同,成车小修工序中铅的危害风险大于点漆工序中铅的危害风险,同样结果也表现在不同工序中的粉尘与噪声危害;传统的单项标准评价结果则均为合格。

表4-7 汽车制造部分工序职业危害风险评估

有害 因素	工序	健康效应 等级	暴露 比值	暴露时间 等级	暴露人数 等级	工程控制 措施等级	个体防护 措施等级	风险 指数	风险指数 评价结果	传统评价 结果
铅	成车小修	2	0.93	3	1	4	4	20.09	中度危害	合格
	点漆	2	0.88	3	1	2	1	11.56	中度危害	合格
粉尘*	涂装小修	1	0.19	3	1	3	3	3.91	无危害	合格
	焊接组	1	0.17	3	1	1	1	2.98	无危害	合格
噪声#	钣修	1	0.85	3	1	5	5	10.58	轻度危害	合格
	模修	1	0.89	3	1	5	1	7.29	轻度危害	合格

工作场所职业危害风险是指某工作场所或建设项目存在职业危害因素可能对作业者产生不良健康影响的概率。本书研究建立的风险指数法综合考虑工作场所中存在的危害因素

对健康的效应作用（即可能造成的后果严重性）、作业环境中危害因素的强度和接触时间（危害的可能性）以及防护措施与接触人数，结合现行的国家卫生标准，合理地给予一定的等级权重，计算方法简单易行，具有一定的科学性和实用性。此外，该计算方法充分考虑到第一级预防的最佳效果，即病因预防，当工作场所消除职业危害因素、应用毒性较低的替代品或者降低工作场所中危害因素的强度时，反映在健康风险的降低是以 2 的指数下降；进一步说明消除职业危害因素或降低危害因素强度是预防职业病的根本措施。

根据此次建立的方法计算的风险指数，不但能为建立职业健康安全管理体系的企业提供绩效测量监视和持续改进的依据，也可以为职业卫生管理工作的重点提供依据。

职业危害风险指数可以对工作场所职业卫生状况进行定性或半定量评估，与系统的接触评定有所区别，前者包含现场环境监测和询问调查，而后者除此之外还包含有生物监测的内容，故不能替代系统的接触评定。此法在评估作业条件各项等级中可能带有主观性，但作为一种定性或半定量的评估方法，相对于传统的单项评价法，结果更为详细实用，更能体现工作场所职业危害的系统综合性。同时，其评估的结果不但有利于针对性地选择降低风险的控制措施，也为职业卫生的持续改进以及职业病诊断和鉴定提供现场依据。本次初步建立的职业危害风险评估方法是基于安全风险评估原理基础上，尚属于一种职业危害评估新方法的探索，存在不足和局限，如在作业条件等级评估中未考虑作业环境温度、化学品通过皮肤吸收的可能性以及风险结果的等级划分合理性等，且此次研究应用具体例子过少，有待于今后扩大该方法在其他行业领域的应用，为建立更为合理的职业危害评估方法提供参考。

至于其他的职业危害因素的风险评估如不良气象高温、低温、高压和低压等、振动和电离辐射等因素，也可根据现行的国家卫生标准，参照本计算方法原理进行工作场所职业危害风险指数的计算。另外，对于风险的等级划分，目前只是初步的划分，更为合理的划分需对工作场所中的作业人员进行大量的健康监护甚至是长期的追踪观察，以期了解其风险大小与职业病之间的潜在关系，从而不断地完善，制定出更为科学的职业危害评估方法。

课程延伸（思考题）：

1. 简述安全系统动力学在安全评价中的发展前景。
2. 你是怎样看待"黑天鹅""灰犀牛"的提法的？
3. 简述"风险管理""危机管理"在金融行业的运行模式。
4. 简述系统的可靠性、脆弱性、连续性等和安全性的关系。

5 安全管理的法学基础

本章提示:

谈"法"必谈"政","政法"常联系在一起。"政、正"相通,意为"处理不平之事"。站在治理的立场,处理的方式分"人治"与"法治";从第三者角度看,处理的方式有"自律"与"他律";其共识常说道"道德底线""法律底线"。本章重点谈"法治""他律""法律红线",从立法、执法、守法三个方面,讲清楚"法理不外人情",对安全法治中重要问题进行阐释,推进以安全生产治理能力为核心的安全生产治理体系建设。

本章知识框架:

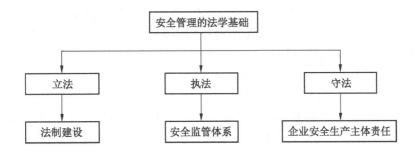

5.1 立法

5.1.1 《安全生产法》与法制建设

1.《安全生产法》主要内容

安全法律法规是国家安全监管的基础,它规定了企业安全生产的主体责任、国家安全监管部门的监管责任,以及企业安全生产和政府监管部门安全监管的关系。企业安全生产主体责任的履行,既要求企业履行法律法规制定的义务,还须通过政府的有效监管。政府安全监管要明确职责,依法行使安全监管。

经过多年的努力,我国安全生产法制建设取得了显著成效,初步形成了以安全生产法为主体,矿山安全法、道路交通安全法、消防法、铁路法、煤炭法、电力法等相关法律为配套,行政法规、部门规章、地方法规及相关标准为支持的安全生产法律法规体系。特别是《安全生产法》的出台,标志着我国安全生产的法制建设进入了一个新的阶段。《安全生产法》以基本法的形式,对安全生产工作的方针、生产经营单位的安全生产保障、从业人员的权利义务、生产安全事故的应急救援和调查处理，以及违法行为的法律责任等都做出了明确的规定，是加强安全生产管理，搞好安全生产工作的重要法律依据。

《安全生产法》是我国第一部有关安全生产管理的综合性法律，分为总则、生产经营单位的安全生产保障、从业人员的权利和义务、安全生产的监督管理、生产安全事故的应急救援和调查处理、法律责任和附则等七章，共119条。《安全生产法》确立了以下四项基本法律制度：

（1）生产经营单位安全保障制度。主要包括生产经营单位的安全生产条件、安全管理机构及其人员配置、安全投入、从业人员安全资质、安全条件论证和安全评价、建设工程"三同时"、安全设施的设计审查和竣工验收、安全技术装备管理、生产经营场所安全管理、社会工伤保险等。

（2）从业人员安全生产权利义务制度。主要包括生产经营单位的从业人员在生产经营活动中的基本权利和义务，以及应当承担的法律责任。

（3）安全生产的监督管理。主要包括安全生产监督管理体制、各级人民政府和安全生产监督管理部门以及其他有关部门各自的安全监督管理职责、安全监督检查人员职责、社区基层组织和新闻媒体进行安全生产监督的权利和义务等。

（4）安全生产事故的应急救援和调查处理制度。主要包括事故应急预案的制度、事故应急体系的建立、事故报告、调查处理的原则和程序、事故责任的追究、事故信息发布等。包括安全生产的责任主体、安全生产责任的确定和责任形式、追究安全责任的机关、依据、程序和安全生产法律责任。

2. 《安全生产法》是开展安全监管的基础和保障

1）《安全生产法》规定了政府职责

《安全生产法》明确各级政府应当加强对安全生产工作的领导。各级政府都要制定安全生产规划并纳入国民经济和社会发展的总体规划，认真研究解决本地区安全生产中的重大问题；要做到有法必依、执法必严、违法必究，确保有关法律、法规和国家关于安全生产的方针政策的贯彻执行；要加强对事故预防工作的领导，按规定对危险性大、职业危害严重及重点项目的建设把好审批立项关，对威胁公众安全的重大事故隐患和危险设施、场所，要组织有关部门进行安全性评估，要落实整改责任单位，对不能立即消除的重大事故隐患，必须采取严密的防范措施并制定应急计划；要加强安全生产的宣传教育，努力提高广大人民群众遵章守纪的自觉性和安全生产意识等。

各级政府应当支持、督促各有关部门依法履行安全生产监督管理职责。县级以上各级政府对本级政府所属各有关部门依法履行安全生产监督管理的职责，负有领导和督促的责任；包括乡、镇政府在内的各级地方政府对上级政府有关部门对安全生产的监督管理，应当给予支持、配合。县级以上政府对安全生产监督管理中存在的重大问题，应当及时予以协调、解决。

2）规定了生产经营单位的安全责任和义务

生产经营单位是生产、经营活动的主体，在安全生产工作中处于核心地位。保障安全生产，生产经营单位是关键。《安全生产法》规定生产经营单位必须遵守安全生产法和其他有关安全生产的法律、法规。生产经营单位必须按照法律、法规和国家有关规定，结合本单位具体情况，做好安全生产的计划、组织、指挥、控制、协调等各项管理工作。要依法设置安全生产的管理机构、管理人员，建立健全本单位安全生产的各项规章制度并组织实施，做好对从业人员的安全生产教育和培训，搞好生产作业场所、设备、设施的安全管理等。在安全生产管理工作中，特别要注意尊重科学，探求和把握规律，运用安全目标管理、事故预测、标准化作业、人体生物节律等安全生产的现代化管理方法，更为有效地做好安全生产管理工作。

生产经营单位必须建立、健全安全生产责任制度。在企业安全生产责任制中，企业的主要负责人应对本单位的安全生产工作全面负责，其他各级管理人员、职能部门、技术人员和各岗位操作人员，应当根据各自的工作任务、岗位特点，确定其在安全生产方面应做的工作和应负的责任，并与奖惩制度挂钩。企业必须具备保障安全生产的各项物质技术条件，其作业场所和各项生产经营设施、设备、器材和从业人员的安全防护用品等方面，都必须符合保障安全生产的要求。

生产经营单位的主要负责人应对本单位安全生产工作全面负责。生产经营单位主要负责人对本单位安全生产工作所负的职责包括：保证本单位安全生产所需的资金投入；建立健全本单位安全生产责任制，组织制定本单位的安全生产规章制度和操作规程；督促、检查本单位的安全生产工作，及时消除生产安全事故隐患；组织制定并实施本单位的安全事故应急救援预案；及时、如实报告生产安全事故等。生产经营单位的主要负责人应当依法履行自己在安全生产方面的职责，做好本单位的安全生产工作。

3）从业人员安全生产权利义务

生产经营单位的从业人员是各项生产经营活动最直接的劳动者，是各项安全生产法律权利和义务的承担者。该项制度主要规定了生产经营单位的从业人员在生产经营活动中的基本权利和义务。主要包括：有权了解其作业场所和工作岗位存在的危险因素、防范措施及事故应急措施，这是从业人员对所在生产经营单位的知情权；同时也有权对本单位的安全生产工作提出建议；有权对本单位安全生产工作中存在的问题提出批评、检举、控告；有权拒绝违章指挥和强令冒险作业；发现直接危及人身安全的紧急情况时，有权停止作业或者在采取可能的应急措施后撤离作业场所；因生产安全事故受到损害时有权向本单位提出赔偿要求。除了上述权利外，从业人员还要遵守以下义务：有义务严格遵守本单位的安全生产规章制度和操作规程，服从管理，正确佩戴和使用劳动保护用品；有义务接受安全生产教育和培训；有义务及时报告事故隐患或者其他不安全因素。重视和保护从业人员的生命权，是贯穿《安全生产法》的主线。从业人员既是各类生产经营活动的直接承担者，又是生产安全事故的受害者或责任者，只有高度重视和充分发挥从业人员在生产经营活动中的主观能动性，最大限度地提高从业人员的安全素质，严格从业人员的权利和义务，才能把不安全因素和事故隐患降到最低限度。

4）安全生产监督管理

生产经营单位的生产经营活动离不开安全生产监督管理。该项制度包括：安全生产监督管理体制、各级人民政府和安全生产监督管理部门以及其他有关部门各自的安全监督管理职责，安全监督检查人员职责，社区基层组织和新闻媒体进行安全生产监督的权利和义务等。从根本上说，生产经营单位是生产经营活动的主体，在安全生产工作中居于关键地位，生产经营单位的安全生产管理是做好安全生产工作的内因。但是，强化外部的监督管理同样不可缺少。由于安全生产的监督管理工作，仅靠政府及其有关部门是不够的，必须走专门机关和群众相结合的道路，充分调动和发挥社会各界的积极性，齐抓共管，群防群治，才能建立起经常性的有效的监督体制，从根本上保障生产经营单位的安全生产。

5）事故应急救援和处理

及时、正确运用事故应急救援和处理制度对强化事故的应急救援，规范事故报告和调查处理，吸取事故教训具有重要意义，此项制度主要规定了生产安全事故的应急救援和生产安全事故的调查处理，以及事故应急预案的制定、事故应急体系的建立、事故报告、调查处理的原则和程序、事故责任的追究、事故信息发布等。具体为：县级以上地方各级人民政府应当组织有关部门制定特大生产安全事故应急救援预案，建立应急救援体系；有关生产经营单位应当建立应急救援组织，指定应急救援人员，配备、维护应急救援器材、设备；发生生产安全事故时，生产经营单位负责人应当迅速采取有效措施，组织抢救，防止事故扩大，并按规定上报政府有关部门；有关地方人民政府及负有安全生产监督管理职责的部门负责人应当立即赶到重大生产安全事故现场组织、指挥事故抢救。

对于生产安全的调查处理，主要是在事故发生后，及时、准确地查清事故原因，查明事故性质和责任，总结教训，进行整改。对责任事故，不但要追究生产经营单位的责任，还要追究有失职、渎职行为的行政部门的法律责任。对依法进行的事故调查处理活动，任何单位和个人不得阻挠和干涉，负责安全生产监督管理的部门应当定期统计分析本行政区域内发生的生产安全事故，并定期向社会公布。

6）安全中介服务

安全生产责任重于泰山，与其相联系的中介服务因此也至关重要。该项制度主要包括从事安全评价、评估、检测、检验、咨询服务等工作的安全中介机构和安全专业技术人员的法律地位、任务和责任。随着社会主义市场经济体制的建立和完善以及政府职能的进一步转变，越来越多的安全生产技术服务工作将转向专门的中介机构承担。因此，《安全生产法》专门把安全中介服务加以规定，由于为安全生产提供技术服务的中介机构负有重要的责任，必须对这类机构进行规范，以保证其质量、保障安全生产。所以，为安全生产提供技术服务的中介机构必须依法设立。依法设立的为安全生产提供技术服务的中介机构接受生产经营单位的委托，为其安全生产工作提供技术服务。未经生产经营单位的委托，中介机构不得强行为其提供服务。中介机构既不同于行政机关，也不同于一般的生产经营单位和事业组织，中介机构依法独立履行职责的权利受法律保护，任何单位和个人不得非法干预。同时，中介组织依法独立执业，并对其结果负责，承担法律责任。

7）安全生产责任追究制度

依照《安全生产法》的规定，各类安全生产法律关系的主体必须履行各自的安全生产法律义务，保障安全生产。否则将追究安全生产违法的法律责任，对有关生产经营单位给予法律制裁。此项制度主要规定安全生产的责任主体，安全生产责任的确定和责任形式，追究安全责任的机关、依据、程序和安全生产法律责任。安全生产责任追究制度就是对安全生产违法行为的追究。安全生产违法行为是危害社会和公民人身安全的行为，是导致生产事故多发和人员伤亡的直接原因。安全生产法律责任方式有三种，即行政责任、民事责任、刑事责任。

5.1.2 安全法制建设

1. 安全法律法规体系存在的主要问题

我国虽已初步建立起安全生产法律法规和制度体系，但还很不完善。一方面现有安全法律法规欠缺，覆盖面窄；另一方面，随着我国社会主义市场经济体制改革的不断深入，安全生产执法主体及其执法对象都发生了很大变化，有些法律法规已不能适应我国社会主义市场经济体制的需要，法的严密性、封闭性、可操作性等方面也存在许多不足，一些法律法规间的协调性较差，有的甚至相互抵触。存在以下特点：

（1）部门规章多，法律法规少。从法律层次和数量上看，在现有安全法律法规体系中，高层次的法律法规少，低层次的部门规章多。

（2）经济、技术规范多，行政管理规范少。为了保证安全生产，国家除了要通过经济、技术规范解决安全生产中的问题外，还需要比较全面、概括地体现理顺管理关系、健全管理体制、强化监督管理等方面的行政管理法规。

（3）调整内部关系的规范多，调整外部关系的规范少。以往各行业部门采用行政手段，通过部门规章管理所属企业，即使存在着一些外部关系，通过协商也能解决。

（4）原则性规定多，可操作性规定少。仅就行政规章、行政法规而言，现行安全生产立法缺乏相应的配套规定加以细化、解释、补充和完善，可操作性差，执法中的误解和纠纷较多。

（5）中央制定的规定多，地方配套的规定少。由于缺乏地方配套法规的支持，法规不封闭，很多法规的执行情况较差，没有起到应有的作用。

（6）安全生产标准化体系还不完善。思想认识不到位，为搞标准而标准；安全投入不足，设备老化，作业场地狭小，作业环境差；标准执行不严格，在执行、培训、检查、考核等环节都存在执行走样的现象。因此，还需要建立全面、完整的标准体系。

2. 安全法律法规体系的完善与发展

建立和完善安全生产法律法规体系是促进安全生产，使安全工作法制化的基础和重要工作。依法安全监管，需要完备的安全监管法律体系。我国已经制定了《安全生产法》，对安全监管的诸多重要问题做出了规定，为完备的安全监管法律体系搭建了坚实的框架。还需要各相关部门在法律规定职责范围内，制定各种配套法律法规和规章，形成一个由法律、行政法规、地方性法规、部门规章和地方政府规章共同组成的完备的安全监管法律体系，从而为安全监管提供完善的法律依据。

1）完善现有安全生产管理法律制度

（1）完善安全生产监察检查制度。设立独立、垂直的安全监察体制，严格执法程序，加大执法力度，加强安全检查，增加检查频率，使安全检查常态化，尤其是突出不定期的突袭检查，防止企业有准备地临时应付心态，增加企业的安全危机意识。加强监管部门保密性建设，推行交叉监察，对于泄露安全检查信息的检查人员要给予处罚，情节严重的必须追究刑事责任。

企业内部要进行常态化的安全检查，推广实行每日安全生产调度会制度。安全调度会由企业负责人主持，针对每天各类安全信息，共同分析问题，提出解决方案，并由专人负责落实和监督。建立联合执法机制，国家安全监察机构、地方安全生产监督管理部门、行业主管部门、国土资源部门、劳动保障部门、公安部门要紧密协作，有机协调，杜绝重复执法和"一事两罚"，努力提高执法效率，真正起到联合执法的效能，严厉打击无视法律、无视监管、无视生命的非法违法行为。同时，对联合执法的处罚结果建立结果追踪机制，对重特大事故要启动专门程序"全程紧盯"。

强化事故责任追究机制，实行"有权定有责、有责必追究"。落实好企业的安全生产责任制和政府的安全生产责任制，检查人员和安全设备供应商对安全事故负有连带责任。对安全监察人员在履行职责中滥用职权、玩忽职守、违反廉政规定等行为，必须承担相应责任，构成犯罪的，依法追究刑事责任。

（2）完善安全生产培训制度。重视安全生产培训，改善培训条件和优化培训方式，建立安全培训档案制度，使安全生产培训真正发挥作用。实行强制性培训制度，工作人员安全培训不合格严禁进入企业工作。在国家或主要企业要建立安全培训中心，建立对相关人员进行安全培训认证资格，以及事故伤亡情况等方面的考核指标，强化对企业安监人员的培训，定期考试，合格者才能继续担任安监工作。

大力发展中介培训组织，制定发展规划，建立培训市场。规范中介培训组织，充分发挥中介组织的力量，担负起社会安全文化和安全法律的普及任务。从高等学府和专业院校中挑选一批专业好、技术强的研究院、所，经考核后授予培训资质，对企业职工进行技术培训。

（3）完善安全生产文化制度。人是生产中最活跃的因素，要提高人的安全素质，就要加强安全生产文化制度建设，在安全生产领域要重视人的健康和生存价值，尊重人的精神、情感意识。要用法律制度来保证安全生产文化制度的建设，用法律明确规定安全生产观念，以严格的法律手段来规范安全生产文化制度，加强宏观管理，进行监督和检查。

开展多种形式多样的安全生产文化活动，创造良好的安全生产文化环境，培养人的安全生产意识和全面的安全素质。

2）完善企业安全生产管理体制

坚持国家监察和地方监管相结合的管理体制，明确企业安全监察的职责与定位、安全监管的职责与定位以及二者的关系和工作协调，做到二者各负其责，形成监察合力，以加强安全生产监督管理机构的权威性、专业性。规范地方监管机构设置，以法规的形式明确地方各级政府哪些部门承担安全监管职责，正确区分各自的职责范围，防止政出多门，法规自相矛盾，使地方监管与国家监察职能相衔接。建立执法信息交流披露制度，有效沟通信息，在安全生产监察监管上共享信息资源，提高执法的有效性和针对性，防止出现越位执法和互相推诿的局面。

严格执行安全监管法律法规，对违抗安全监管法律的企业和个人要严惩，对安全监管执法人员违法失职的要严肃查处。

3）加强安全诚信立法建设

法规约束可以强化安全生产诚信的法律价值和意义，通过他律达到保障效果。法律在社会生活中具有至高无上的威严，它体现时代的特征和社会价值目标。法律的运行使公共权利受到制约，公众权利得以保护，在安全诚信建设方面法律具有重要地位。第一，确立安全诚信规范内容的合法性。以立法的形式规范安全诚信的原则、内容，确立安全诚信规范的权威性。第二，保障安全诚信实践的合法性。法律对企业法人平等地赋予各种权利，规定各自的义务并确立了法律秩序，这有利于安全诚信活动的开展。第三，对不诚信的行为进行矫正。安全诚信的法律约束作用在于对不诚信行为的排除与否定，以法律权威支持并保障被侵权主体的权利实现或不受侵害。而且，法律的强制作用，加大了安全诚信建设的速度和效率，是道德约束自身无法做到的。安全诚信法规的制定，使安全诚信具有了威严，强化了对安全诚信的理解，迫使人们按规范行事。在古罗马法中就有关于诚实信用的法律规定，它起源于罗马法中的一般恶意抗辩诉权，是法官为合理断案，在裁判案中寻找当事人真意的方法。在中国，自秦汉以来，就有关于涉及诚信内容的法律的记载。诬告反坐就是对不诚实、不讲信用的人的最典型、最严厉的制裁。在市场经济环境下，人们对诚信的要求更加强烈，各国的法律都体现了这种要求，许多国家的民法、商法、公司法、反垄断法、产品质量法、刑法等法律中详细提出了诚信的具体要求，并明确了法律责任，在社会的诚信方面，起到了规范作用。对于企业尤其是高危行业企业，安全诚信建设更需要法律体系的支撑。

我国现行民事立法较为滞后，至今没有一部有关诚信的完整而统一的法律、法规，更不要说安全生产诚信方面的法律了。而在一些发达国家，有关诚信方面的立法相当完善。例如美国在 20 世纪 60 年代末到 80 年代的短短 20 年中，有关立法至今已达 14 部之多，包括公平信用报告法、公平债务催收作业法、平等信用机会法等。随机抽查机制和偷税重罚规则，使得美国人什么都敢忘就是不敢忘纳税申报。在我国，诚实信用只是作为一项基本原则，缺乏具体化的操作性规定。要知道，仅有关于诚实信用原则上的规定是远远不够的，还必须有一套可供操作的明细规则，用以明确判断何种行为是诚信的，何种行为是不诚信的。国家可以考虑这样一些立法途径，建立健全安全生产诚信的法律法规。

一是修订和完善主体法律。通过修订《安全生产法》《劳动法》《矿山安全法》《职业病防治法》《消防法》等安全生产主体法律，在这些法律的条文中增加安全生产诚信方面的内容，比如规定企业、政府和社会中介组织对安全诚信应负的责任、义务以及相应的主体地位，规定违背安全诚信所应负担的法律责任。从而对安全诚信进行法律界定，并对有关主体的法律责任进行规定。

二是制定和完善相关法规。比如可以制定《安全生产诚信建设条例》，修订和完善《矿山安全条例》《矿山安全监察条例》《危险化学品安全管理条例》《特种设备安全监察条例》《安全生产许可证条例》《建筑工程安全生产管理条例》《民用爆炸物品管理条例》《使用有毒物品作业场所劳动保护条例》等法规，增加有关安全生产诚信方面的内容，使安全诚信成为行业进入的门槛和生产经营活动务必遵守的准则。

三是制定和完善规章办法。中央和地方安全监管部门可以出台安全诚信方面的规章，比如可以制定《关于建立企业安全生产诚信制度的规定》，修订和完善《安全生产违法行为行政处罚办法》《煤矿安全生产基本条件规定》《煤矿建设项目安全设施监察规定》《安全评价机构管理规定》《危险化学品生产储存建设项目安全审查办法》《非煤矿矿山建设项目安全设施设计审查与竣工验收办法》等规章，增加有关安全生产诚信方面的内容，对安全诚信建设的具体措施以及违反安全诚信行为应受到的处罚做出明确规定。

总之，我国应加快以安全生产诚信的立法建设，把诚实信用原则在各单行法中具体化，强化诚实信用原则的可操作性构建，这样有利于有效界定安全诚信建设主体之间的权利义务，明晰其法律责任，使那些违反安全诚信原则者在侵害他人权利时可以受到相关的具体处罚。

5.2 执法

5.2.1 安全监管体系的构建

1. 政府安全监管体系的构成

政府安全监管是以法律法规为基础，是对市场失灵的校正，进而实现资源的优化配置，促进经济效率，增进社会整体利益。安全生产是重要的社会公益性事业，在社会主义市场经济体制下，虽然企业是自主经营的实体，享有充分的自主权，对安全生产实施自主管理、自我制约、自负责任，但在经济利益最大化的影响下，企业安全生产往往不能自动产生，必须依靠各级政府依法对企业安全工作实施指导和监督，乃至强制企业执行安全法律法规、安全技术标准才能实现。因此，开展安全生产监管是政府的重要职责。

政府安全监管体系是一个复杂的系统，包括信息网络系统、人力资源系统、技术装备保障系统、应急救援系统、政策法规系统、政府监督监察系统等诸子系统，各系统相互联系、相互作用、相互制约、相互促进，形成完整的政府安全监管体系。

按照各系统的功能划分，政府安全监管体系又可以分为安全法规制度系统、安全监管组织系统和安全监管辅助系统。政府安全监管是一个系统工程，需要建立在各种支持和保障体系之上，其中安全法律法规体系最为重要，安全法规又可分为行政法律法规和技术法规，行政法规包括宪法、法律、行政管理法规和地方性法规，如《安全生产法》《煤矿安全监察条例》等，技术法规则包括国家、行业和地方制定的各种技术标准、规范和规程，如《煤矿安全规程》等，完善的安全政策法规体系是安全监管工作有效开展的基础。

政府安全监管组织系统指国家设立的依法行使国家安全监督管理职权，依法监督工矿商贸生产经营单位安全生产管理工作，依法开展安全生产宣传、教育、培训工作等的政府组织机构。安全监管组织系统分为国家安全监管机构、地方安全监管机构和各级安全生产应急指挥机构。高效的政府安全监管系统能够监察有关法律、法规等执行情况，保障安全生产的顺利进行，是做好安全监管的关键。

政府安全监管辅助系统包括安全生产技术支撑体系、安全宣传教育体系、事故调查处理体系、安全培训体系、事故应急救援体系、行业安全生产协会、安全生产中介机构服务体系和全社会监督体系等。健全的安全监管辅助系统是安全监管工作有效开展的保障。

2. 完善的安全生产政策法规体系是政府安全监管的基础

1）安全生产政策法规体系构建

安全生产是一个系统工程，需要建立在各种支持和保障体系之上，其中安全生产法律法规体系最为重要。安全生产法律、法规、制度以规定权利和义务的方式，规范人在安全生产中的行为，调整各成员的相互关系。建立和完善安全生产法律法规体系，是实现安全生产的基础和前提，安全法律法规体系应该公正、周全、严密，尽可能涵盖经济生活的各个领域，科学界定市场失灵和政府监管的行为边界，规范统一的监管机构及制定、发布和执行规章的事前分析和事后评估程序，并严格规范政府的监管行为。

随着市场要素的不断变化，安全法律法规体系也须做出相应的调整，以适应已经变化了的环境。在工业化国家百年的活动中，美国、欧盟以及其成员国内部有大量规范监管机构的法律法规，由于这些法律颁布的时间不同，规范监管机构和行政机构的原则、程序、方法和衡量标准存在差异，出现规章发生重复和冲突，监管机构之间产生对问题判断不一致、行为不协调、重复监管、过度监管或者监管真空等现象，导致监管失灵，扭曲市场行为，降低竞争效益等问题，但是，发达国家坚持监管是基于法律法规的监管理念，准确界定市场失灵与政府监管的行为边界，并把监管与市场行为相融合、相激励，不断调整修改安全法律法规，形成了国家统一、有效、动态的法律法规体系，这既是安全监管体制的不断和完善，也是经济社会发展的必然要求。

2）安全生产法律法规体系建立的基本原则

在建立完善安全法律法规体系的过程中，既要考虑安全生产的特殊性，也要注意与行业之间的联系，尽可能在现行法律、通行的一般性规定指导下，确定各行业安全法律法规应规定的特殊内容，避免与相关法的抵触和冲突，并应坚持以下基本原则：

（1）国家和地方两级立法并举原则。发挥中央和地方两个积极性，加大立法力度，完善以法律、法规、行政和地方规章为基本结构的法律法规体系。在国家法律法规、政策的统一指导下，要充分发挥地方立法的积极性。地方性立法活动的广泛开展，不仅有利于推动当地的工作，为制定国家法律法规提供实践经验和基础条件；也有利于提高法律法规的封闭性、实践性和可操作性，使法律法规真正得到遵守和贯彻执行，保证安全生产。

（2）法律法规协调配合原则。安全生产法律法规体系是涉及安全生产范围内的法律、法规有机联系的统一整体。各项法律法规虽在形式上多种多样，在内容上各不相同，但在整体上都应该是相互联系、相互衔接、彼此协调的，具有自己的逻辑体系。因此，在安全生产法律、法规、制度体系建设过程中，要注意法规内部的衔接和配套，主要是专门性规章与实施细则的配套，程序法与实体法的配套，技术标准与行为规范的配套，提高安全生产法律法规的系统性、严密性和可操作性，克服法规不封闭、实施无保障的缺陷。

各级部门必须以宪法和安全法律为依据，按照安全生产法律法规体系中的层次和法律关系，在各自职权范围内制定有关的配套法规、规章和地方性法规、规章，建立完善的、配套的、相互协调的安全法律法规体系，使安全生产有法可依。

（3）既要肯定当前，又要适当超前的原则。将现行的有关方针、政策和改革成果、安全生产经验上升为法律法规，使其具有连续性和稳定性。同时，还应站在未来发展的高度，兼顾当前国际先进安全生产技术与管理技术的广度，将今后可能出现的问题、带有方向性、超前性的问题，在新制定的法律法规中做出原则性规定，发挥法律对生产力和生产关系发展的预测和指导作用。为此，在立法过程中，应广泛收集现行的立法资料，吸收先进经验，提高立法技术。特别是应注意研究分析国内外有关立法的成功经验，进行安全生产法律法规的比较和借鉴。要正确处理原有法律和新制定法律之间的关系。在新的法律生效之前，原有法律必须继续有效，新法律也必须吸收原有法律中那些合理的、仍然有用的成分。

（4）坚持"责、权、利"统一的原则。制定或修改完善相关的法律制度，由法律设定各个监管主体的职权，对机构的权力、责任、程序等做出明确规定。同时，加大受监管主体的违法责任后果，给予相关责任人从重处罚，增加违法成本。通过立法和修法，使企业真正成为安全生产的责任主体，将企业和有关管理部门安全生产的"责、权、利"统一于法律，建立起高效的安全生产管理体系和管理机制。

3. 高效的安全监管组织机构是政府安全监管的核心

1）高效的政府安全监管组织机构要求

安全监管是国家行使公共服务的重要内容，是保障各行各业实施安全生产管理的强有力的手段，高效、权威的国家安全监管组织机构是安全监管体系建设和实现安全监管的核心。作为公共服务的重要内容，政府监管机构应该在法律的授权和公众的控制下独立地、负责任地开展工作。国家安全监管组织机构要依据法律法规设立并依法监管，监管机构之间职能协调，避免监管重复、监管冲突和监管真空。政府监管机构要置于法律和社会监督之下，保证安全监管的公正性。国家安全监管组织机构要具有精深的专业知识和灵活的运行机制，能应对现代市场交易活动的复杂多变。同时，还要建立公正廉洁、高效权威的安全生产行政执法队伍，通过建章立制，明确义务和责任，促使执法人员增强责任意识，提高执法者的法律素质，依法开展安全监管。

2）政府安全监管组织机构设计

作为政府安全监管的主体，政府安全监管行政组织的设计要坚持以下原则：一是监管行政组织的设置必须依据政府职能目标，二是机构设置要精干高效，降低安全监管行政成本，三是安全监管行政组织设置要做到协调统一，避免行政组织内部的冲突和矛盾，四是安全监管行政组织的设置必须是法制性和权变性的统一。行政组织必须建立在法制的基础之上，同时又要对不断变化的客观环境做出反应，具有应变和适应能力。政府要做好法制建设、监督执法、规范和培育安全生产服务体系三方面的职能工作，建立起统一、效能的安全生产监督管理机构，实现决策、执法、监督分离。

建立高效、权威、集中的国家安全生产监督机构是非常必要的。目前世界主要发达国家的安全生产监管大都是国家集中管理和行业垂直管理，我国的煤矿安全生产也实施了国家垂直管理的安全监察体制，对非煤矿山、危险化学品等高危险行业要加强国家的安全监察垂直管理体制建设。

4. 有效的监管措施是政府安全监管的关键

政府安全监管措施包括政策手段和技术措施，政策手段主要包括制定法规、颁发许可证、发布命令、进行处罚和实施援助等，安全监管技术措施主要包括安全技术装备保障、安全信息保障、安全投入保障、人力资源保障、事故应急救援、安全生产评估认证等。有效的政策手段和技术措施是实现安全生产监管的关键。

政府安全监管的具体政策手段多种多样，大致有行政审批、听证制度、价格上限管制、特许经营、普遍服务基金、稀缺资源的公开拍卖等手段。在市场经济下，政府选择与运用政策手段要按照市场经济规律，深入分析各安全监管主体的经济利益，调查、分析和确定安全监管政策手段的有效性、风险、不确定性，量化监管的成本和收益，衡量和选择有效成本投入，以使监管政策有效、有力。

政府有效安全监管更重要的是要依靠科技进步和装备水平的提高，安全生产监管技术措施不仅对企业安全生提供支撑和保障，也是实现安全监管工作目标的重要途径。提高技术装备保障水平是安全生产的重要因素，较好的安全技术装备保障，能够提供优良的工作环境和条件，是消除生产中的安全隐患的关键。信息网络体系能够更好地进行事故原因分析、事故预测、安全措施建立，能够为生产事故的发生、发展和预测提供必要的数据和途径，信息网络体系是安全生产的必要保障和信息来源。应急救援体系包含对危机事前、事中、事后所有方面的管理，应急救援就是要最大限度地防止事故扩大，降低事故危害，减少人员伤亡，减少经济损失。

5. 广泛的安全宣传教育培训是政府安全监管的支持

1）安全宣传教育系统

人是安全生产的核心，保障人的安全健康是安全监管工作的目的，同时，加强安全宣传教育、提高人员安全素质是安全生产的根本保障。因此，要经常性地开展人员安全法规、安全文化、安全知识、安全技术、安全技能等方面的宣传教育培训。根据安全生产的要求，安全宣传教育体系应以安全技术培训为基础、宣传教育为保证、人员安全资格认证为手段。通过安全技术培训强化人员的安全技能和综合素质；通过安全生产宣传教育营造全社会关心安全生产、重视安全生产、促进安全生产的氛围，强化人员安全意识；通过人员安全资格认证保证人员的基本安全素质与技能。

2）安全生产宣传教育体系的构成

安全生产宣传教育体系的建设应坚持以"三个代表"重要思想为指导，从讲政治、促发展、保稳定的高度，开辟多元化的宣传教育途径，努力营造全社会关注安全、关爱生命的舆论氛围，教育企业的经营者、管理者和政府部门正确把握和处理安全与生产、安全与改革、安全与效益、安全与稳定的关系，真正把安全工作摆在首要位置来抓。通过安全生产宣传教育，促使企业依法抓好安全，广大职工依法保护身安全，政府主管部门依法监督管理安全，执法部门依法监察安全。

安全生产宣传教育应动用一切媒体、一切力量，采用所有可能的方式，包括各传媒（报刊、影视、网络等）、各种活动（安全生产月、安全知识竞赛、实地安全生产宣传、安全文艺演出、安全工艺广告等）、各种方式（安全张贴画、板报、宣传闭路电视等）。国家安全生产监督管理部门负责全国安全生产的宣传教育规划、计划和组织领导。

3）安全技术培训体系

安全技术培训是安全生产的基础工作，必须建立与安全生产要求相适应，协调、合作、互补的全国安全生产培训体制，加强监督管理，完善制约机制，促进规范运作，形成分层次、分类别、多渠道、多形式、重实效、充满活力的安全生产技术培训格局。

（1）安全生产技术培训基地。安全生产技术培训要坚持"统一领导、归口管理、分级培训、培考分离"的原则，充分利用现有的行业和企业安全培训中心、高等院校等资源，统筹规划、分级建设，建立起完整的安全生产技术培训体系。

国家建立国家安全生产培训中心，各行业根据现有资源情况，建立国家级安全技术培训中心，各省根据情况，建立省级、地市级安全技术培训中心。矿山等危险性较大的行业应建立企业安全培训中心和矿级安全教室，并逐步建立起远程安全生产技术培训体系。

（2）安全生产技术培训的制约机制。主要包括开展安全生产培训基地资格认证，建立培训质量评估制度和优胜劣汰机制，各级安全生产技术培训中心必须经过评估、评价和认证，取得培训资格，方可从事安全生产技术培训工作。实行任职和岗位资格证制度，培训与实用相结合，坚持先培训、后上岗和持证上岗制度。特种作业人员、煤矿矿长、矿山井下作业人员必须经过安全技术培训，并经考试和实践考核合格，取得任职和岗位资格证书，未经培训的人员，不准上岗指挥或操作。建立培训与考核（考试）相独立的管理体系。实行安全技术培训教师资格证制度，未取得资格证的人员不得担任安全技训中心的教学工作。实行安全技术培训计划管理。国家安全生产监督管理部门负责编制安全技术培训发展规划，制订年度培训计划，审定、评估培训机构，下达培训任务，企业按照培训规划和培训年度计划，制定具体的职工培训计划。

4）人员安全资格认证体系

为保证各级管理人员、特殊岗位操作人员具备必要的安全生产知识和安全技能，必须建立人员安全资格认证体系。建立起企业法人、经营者、特种作业人员、安全生产监督管理（煤矿安全监察人员）、国家公务员安全资格认证制度，完善安全中介机构评估、评价、认证、咨询服务人员、安全技术培训机构师资等的资格认证体系，并逐步扩展安全资格认证范围。矿山等危险性较大行业现场操作人员应全部实行安全资格认证。

应制定各级、各类人员安全资格取证标准，建立评价体系，完善认证机构管理制度。企业安全专业人员素质对企业安全生产具有重要作用。国家对从事安全生产管理和安全工作技术的专业人员实行职业资格制度、注册安全工程师的制度。企业应依法配备注册安全工程师。

6. 全社会参与监督是政府安全监管的保障

社会监督是对社会力量安全生产活动所进行的监督，具体包括人民政协的监督、社会团体的监督、社会舆论的监督以及人民群众的直接监督等。社会监督虽然不具有法律效力，但它与国家监督密切相连、相辅相成，是监督体系的重要组成部分。一个有效的安全监管体系，除了政府、企业、个人参与安全监管之外，建立社会监管网络是不可缺少的。社会参与监管本质是整合社会资源，利用整个社会的力量来实现监管目标，即调动政府立法、执法、司法监管、中介部门、媒体舆论监督等，并利用网络平台，及时通报、发布安全信息，并且实现在各监管主体之间信息共享，在全社会形成安全生产监管的保障。

1）发挥中介部门的安全监管

安全监管中介部门是指介于国家和市场之间的非营利组织、非政府组织，主要包括行业协会、安全标准研究机构、安全设施的检测机构、安全的风险评估机构、企业安全信用评估机构、安全信息收集、分析、披露机构等。中介部门是一个体系完整、相对独立、分工合作、相互配合的组织架构体。只有中介部门参与安全监管，才能实现对安全生产的全方位监管。政府要培育和支持安全中介部门的发展。通过立法确定安全中介部门的法律地位，使中介部门拥有安全监管的权力，并保障它们的独立性、权威性、公正性。

中介部门对安全生产监管更具有效率性、公正性、互动性、可接受性、专业性、参与性和开放性，能够降低安全监管的社会成本。第一，降低安全监管的立法、执法、司法成本。中介部门的融入，促成了政府、受监管主体之间的互动，一定程度上克服了信息不对称，使国家在进行安全生产的立法时，充分考虑了其他监管主体和利害关系人的利益，增加了国家安全立法的科学性。第二，中介部门在提供技术、标准方面的专业、中立、公正，提高了安全监管的权威，增加社会受监管主体对监管行为的接受程度，使安全监管的规定利于执行，减少了安全监管的执行成本。第三，降低安全监管制度的变革、创新的成本。

2）社会团体的监督

社会团体中最有力量的监督应该是工会的监督，《安全生产法》第七条、第六十条，用专条对工会在生产单位安全生产方面的职责，及在安全生产工作中的监督职责做出了规定。工会是职工自愿结合的工人阶级的群众组织，维护职工合法权益是工会的基本职责，另外《中华人民共和国工会法》也对工会维护职工在安全生产方面的合法权益做出了具体规定。工会职权有：对建设项目安全设施有监督权；对生产经营单位违反安全生产法律、法规，侵犯从业人员合法权益的行为有监督权；发现生产经营单位违章指挥，强令冒险作业或者发现重大事故隐患时有权提出解决的建议；发现危及从业人员生命安全的情况时有建议撤离权；有权依法参加事故调查处理，并有权向有关部门提出关于事故处理的意见和要求追究有关责任人员的法律责任。

3）发挥媒体的舆论监督

舆论监督具有事实公开、传播快速、影响广泛、揭露深刻、导向明显、处置及时等优势，它虽然没有强制力，却在一个国家的政治、经济和社会生活中极具影响力。在社会主体日益增加的今天，新闻舆论监督对政府依法行政起到积极的作用。对公民而言，新闻舆论监督本质上是公众通过媒体对政府部门以及社会经济生活中的违法进行监督的一种形式。

发挥媒体舆论监督作用，要求媒介能够客观地报道新闻事实，要求记者遵从客观性原则、真实性原则、独立性原则和自由性原则，坚持报道新闻真相，树立科学精神，实事求是，牢记自己的使命和肩负的社会责任，提高自身的职业道德修养，实事求是地满足公众的知情权，正确引导社会舆论。

5.2.2 政府安全监管的组织与运作

1. 政府安全监管的组织结构及其主要的职责

具体而言，安全监管是指管理者通过对安全生产工作的计划、组织、协调、指挥、控制、监督、检查等一系列活动，使参加生产作业的人员按照规定的原则和命令行动，以保障人员生命、财产不受损失，生产顺利进行，达到安全生产的目的。

政府安全生产监管的主体是国家安全生产监督管理部门及地方各级安全生产监督管理部门，其代表国家行使安全生产监察权，对政府机关、企业、事业单位、有关单位和个体经济组织执行安全生产法的情况进行依法监督、检查，通过国家干预、纠正和惩罚违法行为。

1）我国政府安全监管的组织结构

目前，我国安全生产监督管理机关在中央和地方都有设置。在中央，国家安全生产监督管理总局是国务院主管安全生产综合监督管理的直属机构，也是国务院安全生产委员会的办事机构。国家煤矿安全监察局作为单设机关，是由国家安全生产监督管理总局管理的国家局，可以独立实施煤矿安全监察活动。设在地方的煤矿安全监察局由国家安全生产监督管理总局领导，国家煤矿安全监察局负责业务管理，实行垂直领导。

2）国家安全生产监督管理总局的主要职责

（1）组织协调机关办公，拟订和监督执行机关的各项工作规定和制度。承担机关文秘、政务信息、保密、档案、提案、信访和行政事务等方面的工作；研究承办所属单位管理体制、机构编制工作；承担机关和所属单位的财务、经费、资产管理和审计工作；组织开展与外国政府、国际组织及民间组织安全生产面的国际交流合作；承担有关外事管理工作。

（2）起草安全生产方面的法律和行政法规。组织研究拟定工矿商贸行业及有关综合性安全生产规章、规程和工矿商贸安全生产标准；承办安全生产方面的行政复议，指导安全生产系统的法制建设，监督执法行为；组织研究安全生产重大政策；组织起草重要文件、重要会议报告；承担全国安全生产信息发布工作；组织、指导安全生产新闻和宣传教育工作。

（3）组织研究拟定安全生产发展规划和科技规划。组织、指导和协调安全生产重大科学技术研究、技术示范及安全生产科研成果鉴定和技术推广工作；负责安全生产信息化建设工作；负责相应的固定资产投资项目管理；负责国家安全生产专家组工作；负责劳动防护用品和安全标志的监督管理工作；实施对工矿商贸生产经营单位安全生产条件和有关设备（特种设备除外）进行检测检验、安全评价、安全培训、安全咨询等社会中介机构的资质管理，并进行监督检查。

（4）承担国务院安全生产委员会办公司日常工作。分析和预测全国安全生产形势；联系国务院有关部门和各省、自治区、直辖市的安全生产工作，及时掌握重要情况和重要事项；组织、协调全国性的安全生产大检查、专项督查和安全生产专项整治工作；负责组织特别重大事故调查处理工作；负责国家安全生产监察专员日常管理工作；承担综合监督管理煤矿安全监察的日常工作；负责作业场所（煤矿作业场所除外）职业卫生的监督检查工作，组织查处职业危害事故和有关违法行为。

（5）研究起草安全生产应急救援的相关法律、法规和有关规章、规程、标准；组织安全生产应急救援预案的编制和安全生产应急救援体系建设；组织指挥安全生产应急救援演习；统一指挥、协调特别重大安全生产事故应急救援工作；分析预测特别重大事故风险，及时发布预警信息。

（6）依法监督检查非煤矿山、石油、冶金、有色、建材、地质等行业的工况商贸生产经营单位贯彻执行安全生产法律、法规情况及安全生产条件、设备设施安全情况；组织相关的大型建设项目安全设施设计审查和竣工验收；负责非煤矿山企业安全生产许可证的颁布和管理工作；指导和监督相关的安全评估工作；参与相关行业特别重大事故的调查处理，并监督事故查处的落实情况；指导、协调或参与相关的事故应急救援工作；承担海上石油安全生产的综合监督管理工作。

（7）依法监督检查机械、轻工、纺织、烟草、贸易行业的工矿商贸生产经营单位执行安全生产法律、法规情况及安全生产条件、设备设施安全情况；指导、监督相关的安全评估工作；组织相关的大型建设项目安全设施设计审查和竣工验收；指导、协调和监督公路、水运、铁路、民航、建筑、水利、电力、邮政、通信、林业、军工、旅游等行业的安全生产工作；参与调查处理相关的特别重大事故，并监督事故查处的落实情况；指导、协调或参与相关的事故应急救援工作。

（8）综合监督管理危险化学品安全生产工作；依法负责危险化学品生产和储存企业设立及其改建和扩建的安全审查、危险化学品包装物和容器专业生产企业的安全审查和定点、危险化学品经营许可证的发放、国内危险化学品登记工作并监督检查；依法监督检查化工（含石油化工）、医药和烟花爆竹行业生产经营单位贯彻执行安全生产法律、法规情况及其安全生产条件、设备设施安全状况；组织查处不具备安全生产基本条件的生产经营单位；组织相关的大型建设项目安全设施设计审查和竣工验收；负责危险化学品、烟花爆竹生产经营单位安全生产许可证的颁发和管理工作；指导和监督相关的安全评估工作；参与调查处理相关的特别重大事故，并监督事故查处的落实情况；指导、协调或参与相关的事故应急救援工作。

（9）承担总局机关和直属单位干部管理及人事、劳动工资和职称管理工作；组织落实注册安全工程师执业资格考试及注册管理工作；指导全国安全生产培训工作，负责本系统安全生产监督管理人员的安全培训和考核；依法组织、指导和监督特种作业人员（煤矿特种作业人员、特种设备作业人员除外）和工矿商贸生产经营单位管理者、安全生产管理人员的安全资格（煤矿矿长安全资格除外）考核工作；监督检查工矿商贸生产经营单位安全培训工作。

2. 政府安全监管体系的运行机制

1）政府安全监管的主体、内容及特征

国家安全监管的主要任务是：制定安全监管战略和重大方针，制定安全法律和法规，并负责监督相关部门组织的实施，监督、指导企业的安全管理活动，组织全面的安全检查，处理重特大事故，组织力量开展安全科学和技术研究，组织指导安全生产宣传教育培训工作等。

国家安全生产监督管理具有以下特征：

（1）强制性。负责安全监管职责的部门和机构具有一定的强制权限，能够对监督管理对象依法进行监督、检查，并纠正和惩戒其违章失职行为，以保证国家安全生产政策、法规的施行。

（2）特殊性。国家安全监管和机构具有特殊的行政执法地位。其设置原则、领导体制、职责权限、监督管理人员的任免等都是由国家法律规范所确定的，与被监督对象没有上下级关系，但构成了行政执法机构与法人之间的行政法律关系。国家安全生产监督管理部门和机构的监督管理活动是从国家的整体利益出发，向政府和法律负责，不受部门和行业的限制，不受用人方面或被用人方面的约束，具有很强的公正性，可以采取包括强制性手段在内的多种监督、检查形式和方法执行监督、管理任务。

2）我国安全监管体制的运行

我国的安全生产监管体系运行是按照分级管理和行业管理相结合，各级安全监管部门在各自的职责范围内对有关的安全生产工作实施监督管理，各部门之间相互独立同时又彼此联系。

安全生产监督管理部门包括综合监督管理部门及其"有关部门"。根据《安全生产法》第九条规定，对安全生产负有监督管理职责的部门是：国务院负责安全生产监督管理的部门依照本法，对国家安全生产工作实施综合监督管理；国务院有关部门依照本法和其他有关法律、行政法规的规定，在各自的职责范围内对有关的安全生产工作实施监督管理；县级以上地方各级人民政府负责安全生产监督管理的部门依照本法，对本行政区域内安全生产工作实施综合监督管理。

我国政府中负责安全生产监督管理的部门是国务院和地方各级政府内对安全生产实施综合监督管理的部门，即国家安全生产监督管理总局和地方各级政府内的安全生产监督管理机构。负有安全生产监督管理职责的"有关部门"指的是国务院和地方各级政府内的各有关行业、业务主管部门。我国的安全监管体系是按照国家、省、地、县、乡的组织管理形式来进行分级监管的，分级监管又称纵向监管，体现的是不同监管层次各部门间的权责关系。

国家安全生产监督管理总局的职责前面已经提到，国家煤炭安全生产管理总局的职责主要包括：研究煤矿安全生产工作的方针、政策，参与起草有关煤矿安全生产的法律、法规，拟定煤矿安全生产规章、规程和安全标准，提出煤矿安全生产规划和目标。依法行使国家煤矿安全监察职权，依法监察煤矿企业贯彻执行安全生产法律、法规情况及其安全审查条件、设备设施安全和作业场所职业卫生情况，负责职业卫生安全许可证的颁发管理工作，对煤矿安全实施重点监察、专项监察和定期监察，对煤矿违法违规行为做出现场处理或实施行政处罚。组织或参与煤矿重大、特大和特别重大事故调查处理，负责全国煤矿事故与职业危害的统计分析，发布全国煤矿安全生产信息。指导煤矿安全生产科研工作，组织煤矿使用的设备、材料、仪器仪表的安全监察工作。负责煤矿安全生产许可证的颁发和矿长安全资格、煤矿特种作业人员（含煤矿矿井使用的特种设备作业人员）的培训发证工作。组织煤矿建设工程安全设施的设计审查和竣工验收，对不符合安全生产标准的煤矿企业进行查处。检查指导地方煤矿安全监督管理工作，对地方贯彻落实煤矿安全生产法律法规、标准，关闭不具备安全生产条件的矿井，煤矿安全监督检查执法，煤矿安全生产专项整治、事故隐患整改及复查，煤矿事故责任人的责任追究落实等情况进行监督检查，并向有关地方人民政府及其有关部门提出意见和建议。组织、指导和协调煤矿应急救援工作。

安全生产监督管理机关与其他部门的职责主要包括：工矿商贸生产经营单位的安全生产监督管理实行分级、属地管理。国家安全生产监督管理总局负责中央管理的工矿商贸生产经营单位总公司（总厂、集团公司）的安全生产监督管理工作。除工矿商贸行业外，交通、铁路、民航、水利、电力、建筑、国防工业、邮政、电信、旅游、特种设备、消防、核安全等有专门的安全生产主管部门的行业和领域的安全监督管理工作分别由公安、交通、铁道、民航、水利、电监、建设、国防科技、邮政、信息产业、旅游、质检、环保等国务院部门负责，国家安全生产监督管理总局从综合监督管理安全生产工作的角度，指导、协调和监督上述部门的安全生产监督管理工作，不取代这些部门的安全生产监督管理工作。特种设备的安全监督管理、特种设备作业人员的考核、特种设备事故的调查处理由国家质量监督检验检疫总局负责。国家安全生产监督管理总局负责作业场所（煤矿作业场所除外）职业卫生的监督检查工作，组织查处职业危害事故和有关的违法行为；国家煤矿安全监察局负责煤矿作业场所职业卫生的监督检查工作，组织查处职业危害事故和有关违法行为；卫生部负责拟定职业卫生技术服务机构资质的认定和职业卫生评价及化学品毒性鉴定工作。

地方各级监管体系的职责主要包括：在地方，安全生产是由县级以上地方政府和各个行业的专门安全生产监督主管部门共同来完成，其职责由《安全生产法》以及相关的单项法律规范做出具体规定。县级以上地方各级人民政府应当根据本行政区域内的安全生产状况，组织有关部门按照职责分工，对本行政区域内容易发生重大生产安全事故的生产经营单位进行严格检查；发现事故隐患，应当及时处理。安全生产监察人员应听取生产经营单位负责人对执行国家安全生产法律、法规情况和存在的问题及改进措施的汇报，以了解生产经营单位的安全生产措施、安全防范措施和安全管理措施是否到位。有关人员应当如实反映情况，不得提供虚假情况，不得隐瞒存在的事故隐患以及其他安全问题。安全生产监察人员向生产经营单位负责人或有关人员通报监督检查情况，指出存在问题，提出限期整改意见和建议。县级以上地方各级人民政府应当组织有关部门制定本行政区域内特大生产安全事故应急救援预案，建立应急救援体系。

居民委员会、村民委员会发现其所在区域内的生产经营单位存在事故隐患或者安全生产违法行为时，应当向当地人民政府或者有关部门报告。各级单位的安全生产监督检查人员应当将检查的时间、地点、内容、发现的问题及其处理情况，做出书面记录，并由检查人员和被检查单位的负责人签字；被检查单位的负责人拒绝签字的，检查人员应当将情况记录在案，并向负有安全生产监督管理职责的部门报告。任何单位或者个人对事故隐患或者安全生产违法行为，均有权向负有安全生产监督管理职责的部门报告或者举报。

5.2.3 高危行业安全监管

1. 高危行业安全监管的特点

1）高危行业的特征

所谓高危行业是指生产危险系数较高，事故发生率较高，财产损失较大，短时间难以恢复或无法恢复的行业。如矿山开采、危险化学品、烟花爆竹、民用爆破、建筑施工和交通运输等行业，由于生产作业的特殊性，容易对参与生产过程中的劳动者、相关第三者及环境等造成伤害。根据我国现行的相关法律法规，煤矿行业、非煤矿山行业、烟花爆竹行业、危险化学品行业、民用爆破行业、建筑行业和交通行业六大行业属于高危行业，高危行业是国家安全监督管理的重点。

高危行业因其危险大、损失严重而具有独特的特点：

（1）风险因素难以消除。与其他行业相比，高危行业的风险因素要复杂得多，也更加难以消除。以煤矿开采为例，煤矿井下地质情况复杂，生产过程中会不断出现水、火、瓦斯、煤尘或冲击地压等自然灾害威胁，容易造成煤矿事故。但这些导致事故发生的风险因素是行业生产的本质及其特定的生产方式决定的，是高危行业危险事故发生的内因，一般很难消除。

（2）事故危害性巨大。高危行业一旦发生风险事故，便会造成严重的人身伤亡及财产损失。

（3）事故损失超出企业承受能力。在高危行业中，发生风险事故损失既包括受伤害人的医疗、补助和其他费用，还有财产损失、生产损失及环境污染的清除费用等，其损失也难以承担。

（4）社会影响广泛。高危行业因其行业地位的特殊性，当事故发生时，常常引起广泛的社会影响。

2）高危行业安全监管措施

高危行业安全监管是国家安全监管的重要工作，对高危行业安全监管除了加强风险防范监督检查，督促企业采用安全质量标准化工作、生产设备及时维修和更新、增加安全预警设备投入和维修、及时排查潜在危险源、提高员工安全操作技能和安全意识等常规监管外，还要建立高危行业专业应急救援体系和责任保险制度。

专业应急救援体系能够在风险事故发生后，防止事故扩大，降低事故危害，减少人员伤亡，将事故的损失降到最低程度。而风险责任保险制度能够将企业按所面临的责任风险转移给他人或其他机构承担，企业通过和保险公司订立保险合同，缴纳一定的保险费，将责任转移给保险公司。购买保险进行风险转移的实质是由面临相同责任风险的多数企业来共同承担责任风险所面临的损失。

2. 高危行业安全应急救援体系

《安全生产法》原则上要求各类生产经营单位建立生产安全事故应急救援制度和应急救援预案，配置应急救援组织或者应急救援人员，"危险物品的生产、经营、储存单位以及矿山、建筑施工单位应当建立应急救援组织；生产经营单位规模较小，可以不建立应急救援组织的，应当指定兼职的应急救援人员。危险物品的生产、经营、储存单位以及矿山、建筑施工单位应当配备必要的应急救援器材、设备，并进行经常性维护、保养，保证正常运转。"高危行业要制定事故应急救援预案，高危生产经营单位应当根据本单位安全生产的情况，制定切实可行的事故应急救援预案。应急救援预案应当体现企业的特点，需要明确本单位应急救援指挥机构及其负责人，有关单位的职责分工，重大危险源、危险物品和安全设备的监控预警措施，应急救援装备的配备和维护，事故现场的应急救援保障措施等内容。那些发生事故可能危及企业周边地区的单位、居民的生命和财产安全的，生产经营单位的应急救援预案中还应包括及时告知有关单位、居民以及采取防护自救、疏散撤离、医疗救治等必要措施。

高危行业根据专业领域应急救援工作的特殊性建立安全生产应急救援体系，按照条块结合的原则，专业应急救援体系由有关部门和行业的专业安全生产应急救援指挥机构、本专业的区域重点救援基地（队伍），以及各地方政府及部门的专业应急救援队伍等系统组成。

这里以矿山应急救援体系和化学应急救援体系为例，对高危行业专业应急救援体系进行介绍。

1）矿山应急救援体系

矿山是国民经济的基础产业部门，但矿山点多面广，从业人员多，每年发生各类事故多，事故死亡多。加强矿山应急救援工作，尽量减少人员伤亡，控制受灾范围，是矿山企业安全生产面临的重大问题，也是社会和国民经济可持续发展的重要方面。矿山应急救援体系包括应急救护队伍、应急救援管理组织体系、矿山应急救援技术支持体系、矿山应急救援装备保障体系、矿山应急救援信息网络体系以及矿山应急救援资金保障体系。

（1）矿山应急救援组织体系。国家安全生产监督管理总局成立矿山救援指挥中心，负责组织、指导和协调全国矿山应急救援的日常工作；组织研究有关矿山救护的工作条例、技术规程、方针政策；组织开展矿山救护技术国际交流等。当矿山发生重大（复杂）灾变事故，协助制定救灾方案，提出技术意见。

省级矿山救援指挥中心。在省级煤矿安全监察机构或省负责煤矿安全监察的部门设立省级矿山救援指挥中心，负责组织、指导和协调所辖区域的矿山应急救援工作。省级矿山救援指挥中心业务上接受国家局矿山救援指挥中心的领导。

区域性救护队。区域性救护队由区域内救灾专家、救护设备和演习训练中心组成，主要任务是对区域内煤矿复杂灾害事故制定救灾方案，调用大型救灾设备，出动人员，实施抢救，培训矿山救护队指战员，参与矿山救护队技术装备开发、试验，必要时跨区域应急救援。

矿山救护队。煤炭企业要建设企业自己的矿山救护队，矿山救护队的设置要充分利用现有救护资源。

（2）矿山应急救援技术支持体系。矿山应急救援工作具有技术强、难度大，情况复杂多变、处理困难等特点，一旦发生爆炸或火灾等灾变事故，往往需要动用数支矿山救护队。为了保证矿山应急救援的有效、顺利进行，必须建立应急救援技术支持体系。

国家安全生产监督管理总局矿山救援指挥中心，负责全国技术支持能力建设，对重大恶性事故、极复杂灾变事故的救护及其应急救援提供技术支持。区域性救护队是区域内矿山应急救援技术支持中心，对本区域的应急救援提供支持和保障。在国家安全生产监督管理总局矿山救援指挥中心的协调和指导下，提供跨区域应急救援技术支持和帮助。

（3）矿山应急救援装备保障体系。为保证矿山应急救援的及时、有效，具备重大、复杂灾变事故的应急处理能力，必须建立矿山应急救援装备保障体系，形成全方位应急救援装备支持和保障。国家安全生产监督管理总局矿山救援指挥中心配备先进、具备较高技术含量的救灾技术装备，为重大、复杂事故的应急救援提供装备支持。区域性救护队除按矿山救护队进行装备外，还应根据区域内矿山灾害特点，配备较先进、关键性的救灾技术装备，以防发生较大灾变事故，矿山和救护队装备不能满足要求时，迅速投入使用，对其他矿山救护队形成装备支持。

矿山救护队根据有关要求进行装备，建立应急救援设施、设备、材料储备，如建立消防系统、消防材料库等。矿山救护队对矿山应急救援装备材料的储备、布局和状态实施监督。

（4）矿山应急救援信息网络体系。矿山应急救援信息网络和通信体系把国家局矿山救援指挥中心、各省矿山救援指挥中心与区域性救援大队、矿山救护队之间联成网络，提高快速反应能力。在矿山应急救援信息网络体系中，既要包含矿山应急救援工作信息网络，也应包含为矿山服务的信息系统。

（5）矿山应急救援资金保障体系。矿山应急救援工作是重要的社会公益性事业，矿山应急救援资金保障应实行国家、地方、矿山企业共同保障体制。国家资金支持应急救援技术及装备的研制开发，提高矿山应急救援技术水平。地方政府对矿山应急救援体系的建设和发展，也应有必要的资金支持，以保证所辖区域矿山应急救援工作的有效进行。矿山企业必须保证所属矿山救护队的资金投入，保障矿山救护队应急救援正常运行。

2）化学事故应急救援体系

化学事故应急救援涉及化工、石油和石化行业的恶性事故救援，是国家安全监管工作的一项重要内容。

（1）化学事故应急救援体系由国家化学事故应急救援中心和区域性化学事故应急救援和抢救中心组成。在国家安全生产应急救援指挥中心建立国家化学事故应急救援中心，具体负责组织、指导和协调化学事故应急救援和事故预防工作，对各级化学应急救援中心和区域应急救援中心指导和技术支持，负责拟订国家化学事故应急预案及省市、地化学事故应急预案编制指南，指导省、自治区、直辖市编制化学事故应急预案，负责化学事故应急救援有关人员的培训、化学事故应急救援技术开发，对重大化学危险源进行定期监测和安全评价工作。在交通便利、化工行业密集的地区，选择有一定工作基础和有处理化学事故经验和组织指挥能力的企业职防院或劳保所，建立区域性化学事故应急救援和抢救中心。平常为本企业服务，当事故应急救援需要时，接受上级部门的协调、指挥，担负跨地区、跨企业的救援任务。国家对区域性化学事故应急救援和抢救中心在资金上给予补助，并对人员进行培训、认证。

（2）化学事故应急救援体系的资金保障。以消防应急反应体系、医疗救护体系、中毒控制体系，以及化学事故应急救援抢救中心为基础，添置专用应急救援装备，形成我国化学事故应急救援网络。为有效地开展化学事故应急救援体系工作，体系运转所需经费应坚持国家、地方和企业投入相结合的原则。化学事故应急救援是重要的社会公益性事业，国家应有必要的投入，有关费用纳入国家财政预算。

5.2.4 安全监管人员的素质要求与能力培养

1. 提高安全监管人员素质与能力的重要意义

安全监管人员是煤矿安全生产的"卫士"，肩负着监督检查安全方针的贯彻落实、保证职工生命安全以及保护国家资源和财产不受损失的重要使命。然而，目前的安全监管人员队伍却不容乐观：①组建时间较短，不少人员来自企业，政治理论素养不足，缺乏执法经验；②有些安全监管人员责任心不够、作风不严谨、工作马虎，与安监工作的要求相去甚远；③由于安监工作任务重、责任大、容易得罪人，安全监管人员队伍不够稳定，新的安监干部熟悉工作又需要一段时间，不利于安全监察工作的正常开展；④安监工作发展较快，安全生产的法律法规逐步完善，对安全监管人员提出了更高的要求；⑤安全监管人员忙于应付日常繁重的现场工作，无暇学习、掌握并推广现代化安全管理理论与方法。

总之，安全监管人员的素质和能力问题亟待解决，否则势必影响政府安全监管工作的正常开展以及效果和质量。

2. 安全监管人员的素质要求

1）政治素质

江泽民同志曾指出："只有讲政治，才能提高广大干部特别是各级领导干部的思想政治素质，增强总揽和驾驭全局的能力，从而提高领导经济建设和现代化建设的水平。"安全生产事关经济发展和社会稳定、事关保护生产力，是维护广大人民群众根本利益的体现。因此，对安全监管人员的素质要求，任何时候都要把政治素质放在首位，政治标准是硬标准。广大安全监管人员应始终以"三个代表"重要思想为指导，在安全生产这个体现广大人民根本利益的问题上，进一步提高认识，警钟长鸣，始终绷紧安全生产这根弦，牢固树立责任意识。一个安全监管人员如果思想政治素质低下，就会失志、失德、失态，严重影响安全监管事业的健康发展。因此，思想政治素质是安全监管人员的第一素质、核心素质。

2）道德素质

道德素质是安全监管人员的必备素质。安全监管人员应具有为国民经济保驾护航、为安监事业拼搏奉献的强烈事业心和责任感；热爱本职工作，始终保持饱满的工作热情，艰苦奋斗、勤奋敬业；正确运用自己手中的权力，秉公办事、廉洁自律、拒腐防变，自觉同腐败现象做斗争；谦虚谨慎，团结同志一道工作；严于律己、遵纪守法，勇于同违法违纪现象做斗争。

近年来，随着经济高速发展，安全监管人员接触的国有或民营企业领导很多，这些人属于高收入阶层，难免会受到拜金主义、极端个人主义和个人享乐主义等腐朽思想的影响；同时，有些违法乱纪分子会主动拉拢、腐蚀安监人员。因此，安全监管人员应率先垂范，以身作则，要经得起权力、金钱、美色、人情的考验和诱惑，堂堂正正做人，正确看待名与利、成功与挫折、表扬与批评，时刻把人民的利益放在第一位，不断加强自身道德修养。

3）业务素质

安全监管人员应当熟悉国家、地方和行业的安全法规、政策及各种相关技术标准；熟悉本岗位工作的内容、程序、方法；熟悉生产现场、设备系统的工作原理及性能参数等指标。能进行安全宣传教育，有一定的语言文字表达能力；能够履行安全监督职责，及时发现和准确认定什么是指挥性违章、装置性违章、作业性违章，并予以制止纠正或提出整改措施，准确认定各类事故和划分等级及奖罚标准；具备超前意识，根据季节变化、设备状况、生产流程、人员情况等因素预知事故，提出警告和防范对策；能组织和开展安全性评价活动和反事故演习活动，对已发生的事故能顶住压力，排除阻力秉公执法，坚持按"三不放过"原则进行处理。同时，安全监管人员不仅要有较精深的行业和安全方面的专业知识，还要掌握一些管理学、心理学、教育学、逻辑学、公共关系学以及统计运筹学等方面的知识，还应具有一定的拍照、绘图、速写等相关技能。

3. 安全监管人员的能力要求

1）科学判断形势的能力

安全监管人员要用科学发展观统领全局，要有科学判断形势的能力。一是坚持用马列主义、毛泽东思想、邓小平理论和"三个代表"重要思想武装头脑。只有打好政治理论功底，才能始终保持清醒的头脑，科学地分析与安全监管有关的复杂的社会现象，深刻认识安全监管规律。二是善于进行战略思维。安全生产问题往往具有自然和社会双重属性，与地质、技术、经济、伦理等多种因素有深刻的关联。因此，安全监管人员必须善于进行战略思维，防止和克服就事论事。要善于辩证地看问题，透过现象看本质，透过局部看整体，既要看到安全问题本身，又要分析安全背后的诸多因素。

2）驾驭市场经济的能力

我国的安全监管事业是在社会主义市场经济体制下进行的，从某种意义上讲，安全问题也是经济问题。因此，安全监管人员一要学会和坚持按经济规律办事。只有自觉运用市场经济的规则和要求来规范经济行为，与行政手段相配合，解决安全生产问题，才能促进社会主义市场经济的健康运行和安全发展，才能做出正确决策。二要坚持用发展的方法解决改革和建设实践中出现的新问题。在建立和完善社会主义市场经济体制的过程中，在经济结构调整和经济发展的过程中，安全生产是一项关乎改革事业兴衰成败的大事，必须与时俱进、开拓创新，用发展的眼光和方法审视安全监管工作，必须认识到发展是解决安全生产问题的重要基础和根本途径。

3）应对复杂局面的能力

改革开放以来，我国经济发生了翻天覆地的变化，取得了巨大成就。同时也出现了许多新情况、新问题，在安全生产方面尤为突出。比如，煤炭价格升高导致煤矿超能力生产最终导致矿难频仍，民营小煤窑屡禁不绝，安全监管执法难的现象普遍存在等。安全生产监管问题不是一个简单的行政问题，而是一个与社会经济成分、组织形式、就业方式、利益关系和分配方式等相关的复杂的多元化问题，关系着经济发展和社会稳定。安全监管人员必须要有充分的认识和准备，在严格执法的同时，认真考虑和兼顾不同阶层、不同方面群众的利益，不断调动人民群众的积极性和创造性。努力掌握马克思主义的立场、观点和方法，深化执政规律、社会主义建设规律、市场经济规律和安全监管规律的认识，不断提高运用理论指导实践、解决问题的能力。

4）依法执政的能力

要求安全监管人员，一是增强法制观念，树立严格在《安全生产法》等相关法律范围内活动的观念、依法办事的观念、人民是法治主体的观念、依法行使权力的观念。依法妥善处理安全生产问题，不断增强依法行政的自觉性，真正把依法办事落到实处；二是坚持依法决策，决策的成功是最大的成功，决策的失误是最大的失误。要把事关改革、发展、稳定的重大安全监管决策纳入规范化、法制化轨道，防止和克服决策中的随意性、习惯性；三是带头做到依法行政、规范用权、廉洁从政。依法治国、依法行政显然应成为安全监管人员着力培养的能力。

5）总揽全局的能力

一是提高理论思维能力。安全监管人员要善于把安监工作作为一个整体、一个系统来把握，透过现象看本质，分清主要矛盾和次要矛盾，把握规律，提纲挈领，抓住关键。二是提高协调能力。安全监管工作涉及政府安监部门、经济主管部门、劳动保护部门、卫生防疫部门、企业、管理者、工人、家属等诸多利益相关者。"总揽全局、协调各方"是安全监管人员的重要工作方法。要善于把方方面面的积极性都调动起来、发挥出来，保证各个方面的人员都能各司其职，各尽其责，互相配合，形成合力。这样，才能真正做好安监工作。三是提高联系群众的能力。安全监管人员决不能高高在上，发号施令。无论做什么工作，只有把广大人民群众动员起来、发动起来才行。"从群众中来，到群众中去"的群众路线，也适合安监工作。"三个代表"重要思想的出发点和落脚点，就在于代表广大人民群众的根本利益。安全监管人员只有不断提高联系群众的能力，不断总结群众在安全生产实践中的经验，从中汲取智慧和力量，才能使总揽全局的能力建立在坚实的基础上。

4. 提高安全监管人员素质与能力的途径

1）思想建设

组织安全监管人员认真学习中央领导和安监总局领导对安全生产工作的一系列重要指示，热爱安全监察工作，增强其使命感、责任感、光荣感，牢固树立全心全意为煤矿安全生产服务的思想，从讲政治的高度和对煤矿工人高度负责的精神，尽职尽责做好安监工作。加强思想建设，还要和严格管理工作结合起来，即在加强思想建设的同时，辅以行政命令、纪律和经济处罚等手段。

2）作风建设

（1）培养严、细、实的工作作风。教育安全监管人员严肃认真地对待安监工作，这是安全生产的需要。教育安全监管人员严格依法进行安全生产监督检查，及时发现问题、找出原因、督促整改落实，以满腔热情和对人的生命高度负责的精神培养严、细、实的工作作风。

（2）坚持实事求是的工作作风。安监工作是一项政策性、技术性、群众性都很强的工作，因此要培养教育安全监管人员真实、准确、客观地反映煤矿安全生产的真实面目。检查过程中要坚持实事求是，反映汇报问题时要做到真实准确、不抱成见、不带框子、没有水分、不说假话。

（3）提倡雷厉风行的工作作风。高危行业生产的不安全因素较多，安全监管人员在现场监督检查时，发现隐患，尤其是对"三违"行为必须立即制止，果断处理，决不姑息迁就，否则就会贻误时机，导致事故的发生。

（4）树立密切联系群众的工作作风。认真听取广大矿工和有关部门对安监工作的意见，在搞清企业在安全生产方面存在问题的同时，把安全监管人员置于广大职工的监督之下，使安全监察工作得到广大职工的支持和帮助。安全监管人员要经常深入生产现场，处处注意维护和保障工人安全生产的权力和生命安全。要做到专业安全监察和群众安全监督相结合，充分发挥群众安全监督检查作用。

3）业务建设

（1）认真组织安全监管人员学习煤炭工业安全生产方针与法律法规，促进其熟练掌握和执行劳动安全法规，做到依法监察。

（2）组织安全监管人员学习相关行业的专业技术知识，使其熟悉和掌握安全技术知识和工程质量标准以及各生产环节容易发生的问题，有针对性地对安全技术措施、工程质量和生产环节进行监督检查。要学习和掌握主要灾害和事故的发生原因、预兆及预防措施和处理方法。

（3）加强安监业务能力培养。

一是要进一步建立健全安全监察工作制度。包括入井检查制度、岗位责任制、安全办公例会制度、定期汇报制度、安全调度制度、事故报告制度、政治学习和技术业务学习制度、安全监察人员奖惩制度等。要求各项制度健全完善，付诸实施，并认真考核。

二是要建立健全安全资料档案。包括安全法规、作业规程、操作规程、安全责任制、质量标准、会议材料、案例、历年事故台账、安全生产规划和总结、安全技术刊物、死亡和重伤事故报告。建立伤亡事故登记簿、事故追查分析记录簿、安全生产会议记录簿等。建立安全监察机构牌板、采掘动态图、供电系统图、通风系统图、排水系统图等。

三是要按照有关规定认真、及时、准确地搞好伤亡事故统计报告工作。

四是要经常深入基层和生产现场，搞好安全调查研究，总结典型经验，表彰先进，通报事故和重大隐患，提出改进工作、消除隐患的措施。

五是要掌握政策规定，坚持原则，正确处理工伤争议，会同劳工、卫生、医院等部门进行工伤定残工作。

六是要强化安全监察装备。专用通信设施做到畅通无阻，交通工具能保证迅速赶赴事故现场和确保日常安全监察工作的需要，各种监察装备和仪器做到齐全、灵敏、可靠。

七是要组织学习现代化安全管理的新理论、新技术，通过召开安全学术研讨会等方法，增进与同行的了解，探讨安全管理新思路、新方法，进一步拓宽知识面，加强信息交流，更加有效地开展安监工作。

总之，安监工作直接关系到社会安定有序和工人群体的现实利益，是构建社会主义和谐社会的重要内容；因此，安全监管人员肩上的责任重于泰山，必须深入提高其素质和能力，方能保证安监事业的健康发展。

5.3 守法

5.3.1 企业在安全生产中的主体地位

在社会主义市场经济条件下，企业作为市场竞争的基本单位，需要独立进行生产、经营、管理决策并对自己的决策承担相应的责任。对于安全生产工作，企业无疑是重要主体。企业安全生产的主体地位主要体现在企业是安全生产的责任主体和安全生产的投入主体。从安全监管的角度看，企业是安全监管的客体即对象，是安全生产长效机制构建的重要组成部分。

1. 企业安全生产主体责任理论产生的背景

企业安全生产主体责任是近年来我国安全生产领域出现的新概念。该理论的核心内容，是指企业在安全生产工作中，承担着最基本、最直接和最主要的责任。相应地，政府安全监管部门则是安全生产的监管主体，依法履行监管职责并承担相应的监管责任。搞好安全生产，是政府监管部门和企业共同的目标。但归根到底，安全生产所有工作最终都要落实到企业，以企业为着眼点和立足点。作为社会经济活动的微观主体，企业在安全生产工作全局中所处的地位最重要，发挥的作用最大，承担的责任最重，得到的收益也最高，确立企业安全生产主体责任地位，对抓好安全生产工作意义十分重大。

1）安全监管体制方面

多年来，我国安全生产监管体制一直处于临时或过渡状态，特别是 2000 年以来，监管体制变化和调整较大。一些原本由专业监管部门承担的、危险大、风险高、技术强、协调难、重特大事故易发多发的行业和领域，其职责逐步集中到了综合监管部门，而这些部门现有的机构、队伍、装备、经费状况，不完全具备监管条件，从而使整个监管系统从上到下的履职风险异常增加。加上法律法规授予安监机构的职权较小，以小权负大责，甚至无权也有责、以有限职权负无限责任的问题较为突出。

2）企业安全生产条件方面

改革开放 30 多年来，我国经济结构发生了翻天覆地的变化，三资、个体、私营、混合型企业越来越多，成为一些地方、行业经济发展的支柱产业。但这些单位有很多是无主管部门的小企业，安全生产基础薄弱，管理水平低下，工艺技术落后，成为事故多发的群体。一些经济相对落后的地区，煤矿、非煤矿山、危险化学品、烟花爆竹、民用爆破器材等高危行业的生产经营单位面广、量大、分布散，安全生产投入不足、设施缺乏、应急预案不完善，成为事故爆发的群体。一些企业为节约成本，大量招用文化素质低下的农民工或临时工，且不进行必要的安全教育培训，不发给符合标准要求的劳动防护用品，让他们在极为恶劣、危险的生产条件下违规作业、违章蛮干，成为事故易发的群体。而一些大中型国有企业由于 20 世纪 90 年代经营困难，安全投入欠账较多，生产中存在安全隐患。

面对上述问题，合理界定政府部门与企业在安全生产工作上的职责，就显得尤为重要。要解决上述问题，必须立足于发挥企业责任主体的作用，靠企业自身加强安全生产管理、增加安全生产投入，完善安全生产责任制。而政府及其监管部门则主要通过行政、经济、法律、教育等手段严格监管、督促、引导企业成为安全生产的责任主体。由此，企业安全生产主体责任理论应运而生。

2. 企业承担安全生产主体责任的依据

1）作为市场竞争的独立微观单位，企业是安全生产工作的组织谋划者

主要体现在：一是企业需要在企业层面建立安全生产统筹与谋划的领导与组织系统，对安全生产工作实施全面统筹、正确领导、合理规划、科学安排、及时实施及有效控制，使安全生产工作"有人管，有人抓"。二是企业根据自身特点和经营需要，研究制定安全生产工作目标。从最低要求看，企业的安全生产工作应以保障自身正常生产经营活动所需的基本安全生产条件为基本目标；从长远的发展要求看，企业的安全生产工作应以适应国际市场竞争需要并实现安全生产与生产经营良性互动、建立完善的职业安全健康管理体系为目标。

2）作为生产过程的组织与控制主体，企业是安全生产工作的主要实施者

企业的安全事故发生在生产过程中，事故原因涉及企业、从业人员、生产设施、设备、原材料以及作业环境这些与生产过程有关的各方面。因为企业相对于其他主体来说，对生产过程各方面了解得更为清楚，对有关生产过程的信息掌握得更为全面、系统，因而最有能力规避安全事故，所以，按照"最低成本规避者"原理，由最有能力规避事故的企业来承担安全生产的主体责任，对于社会整体来说是最合理的。企业与政府、从业人员及消费者相比，可以用较低的成本，制定相关规章制度，并保证其实施，并且，由于雇佣关

系的存在，企业可以对从业人员进行安全生产的教育培训，这就能有效地增强从业人员的安全生产意识和事故防范能力。在生产活动中，企业对从业人员有指挥命令权和监督权并直接影响着从业人员的行为。如果企业的安全意识高，严格按照安全生产规章制度、操作规程等来指挥命令和实施监督，就能够减少从业人员违规作业的可能性，把安全事故的发生概率控制在最低水平。相反，如果企业本身的安全意识不强，它所做的指挥命令有悖于安全生产规章制度、操作规程等，那么，就不可能保证从业人员不违规作业。因此，保障安全生产的关键就在于企业，规定企业承担安全生产的主体责任是十分必要的。

3）从有关法律法规规定看，企业是安全生产保障制度的全面执行者

一是执行保障企业安全生产的各项基本规定，主要有：安全生产基本条件规定，安全生产投入保障制度、安全生产管理机构或安全生产管理人员配备规定，职工安全培训及特种作业人员持证上岗制度，有关建设项目安全评价规定、设备管理规定、现场检查规定、设备场所租赁承包中的安全管理规定、重大危险源的管理规定、不得与从业人员订立"生死合同"的规定及对从业人员的工伤社会保险等方面的规定。二是企业负责人的安全责任制度，主要有：企业及其主要负责人依法建立和完善安全生产责任制，明确并落实企业内部各有关负责人、各部门、各岗位的安全生产职责；主要负责人依法履行安全生产六项法定职责；主要负责人及有关安全生产管理人员的安全资格要求，真正具备与所从事的行业相适应的安全生产管理知识和能力。三是从业人员的权利义务制度。企业必须依法保障与落实从业人员在安全生产上的各种法定权利，包括知情权、建议权、批评权、检举权、控告权、拒绝权、紧急避险权、要求获得赔偿的权利，获得劳动防护用品的权利及获得安全生产培训和教育的权利等。四是安全生产许可证制度。煤矿、非煤矿山、危险化学品、烟花爆竹、建筑施工企业、民用爆破器材等行业的生产企业必须依法取得安全生产许可证，方可从事生产。

4）从安全生产的基础来看，企业是安全生产投入的主体

一是保障必要的安全生产投入是企业及其主要负责人必须履行的法定职责之一，企业维持自身安全生产所需要的投入由企业决策机构、主要负责人和个人经营的投资人负责筹措和保证。二是安全生产资金投入必须满足企业具备基本安全生产条件的需要，通常是指维持企业具备动态的基本安全生产条件和直接投入，以及为保持这一条件所必须进行的相关管理活动的间接投入。在实际工作中，由企业依据有关规定和自身行业特点及工作需要提取并自主支配使用。三是企业及其主要负责人必须保证"本单位安全生产投入的有效实施"，安全生产投入的有效实施是指企业的安全生产资金必须及时、足额、持续地用于维持和改善安全生产条件及其管理中，不能挪作他用。四是企业及主要负责人必须对安全生产投入不足承担相应的后果，包括企业被责令停产停业整顿，主要负责人的处分及相应的经济处罚，构成犯罪的还要承担刑事责任等。

5）从安全生产发挥的作用看，企业是安全生产的最大受益者

一是企业通过认真抓好安全生产各项工作，有效地降低事故发生的概率，甚至可以避免事故的发生，减少事故损失，从而有效防止事故对于企业整体经济实力的冲击与破坏。二是通过安全生产工作的全面落实，有效地改善企业的安全生产条件和环境，企业生产经营活动得以稳健、持续地开展，避免因生产安全事故造成正常生产经营链条的中断甚至企

业的破产，为企业进一步发展壮大、增强实力提供了可能。三是通过安全生产工作的持续推进与改进，在企业内部营造出安全、舒适、体面的生产作业环境，并在此基础上逐步建立起先进、科学、符合人性要求的安全文化，充分体现对人的生命与健康价值的关怀和保护，并将"以人为本"、"安全第一"、"预防为主"等理念有机地融入企业的总体经营理念和发展战略之中，真正从战略层次牢固确立安全生产应有的地位。四是将安全生产各项工作融入企业每个从业人员的自觉行动之中，全面提高企业的安全素质、改善企业的形象，使安全生产成为企业核心竞争力的重要构成要素之一，成为企业在竞争中取胜的重要"法宝"。

从经营管理的角度看，规定企业对安全生产承担主体责任，还有利于企业的长远发展。有些人认为，企业追求经济利益与安全管理之间存在着矛盾。但是，这只看到问题的一个方面。而另一方面，如果企业忽视了安全管理，致使生产事故发生，不仅会给从业人员、消费者等带来身心健康上的损失，同样会给企业带来损失，还会造成生产经营活动的中断，使企业无法继续生产经营活动，并且，企业还要根据生产事故的法律责任，对受到伤害的从业人员、消费者等承担民事赔偿责任，如果构成犯罪，还要接受刑事处罚。生产事故的发生还会影响到企业的声誉，在企业外部导致交易企业、消费者对企业的不信任，企业的交易量、销售量下降，在企业内部则造成从业人员对企业忠诚度的下降和积极性低下。随着企业社会责任约束不断强化。如SAI（社会责任国际）制定的企业社会责任标准即SA8000，对童工、强制雇佣、结社自由和集体谈判权、差别待遇、惩罚措施、工时与工资、健康与安全、管理系统等方面做了规定，将对企业的发展产生重大影响，一个企业的安全生产保障能力及安全生产情况越来越成为国际市场上目标客户选择合作对象的重要考虑因素，成为企业进入国际市场的"门槛"之一。一个没有良好安全生产环境和安全生产记录的企业，将很难跻身国际市场，最终也难以成为永续经营和有核心竞争力的企业。所以，忽视安全生产最终必定会给企业带来巨大的损失。

6）从责权利对等的角度看，企业是安全生产违法行为责任及后果的基本承担者

根据《安全生产法》等法律法规的规定，企业作为承担安全生产违法行为责任及后果的重要主体，实际上又包含三个层次：一是以整个企业为单位承担责任；二是以企业主要负责人为主体承担责任；三是以从业人员为主体承担责任。从实际工作情况看，企业对自己的安全生产违法行为承担的后果及责任主要有以下几个方面：一是承担事故发生所遭受的各种损失，包括直接损失和间接损失，直接损失主要是指人身伤亡后必须支出的费用、事故抢救及善后费用和财产损失等。间接损失则包括停产、减产损失，工作损失价值及资源损失，补充新从业人员必须支付的培训费及其他费用等。二是有些人员可能由于违章指挥、冒险作业成为事故的死亡或受伤者，或使自身的健康受到伤害，或从此部分丧失甚至全部丧失劳动能力。三是依法必须承担的法律责任，主要有三个方面，第一是行政责任。行政责任又包括两类：一类是行政处分，是指企业的主要负责人及其他有关负责人、管理人员及从业人员因违反《安全生产法》等有关法律法规规定，但尚未构成犯罪的行为而受到的制裁性处理；另一类是行政处罚，是企业或有关人员因违反安全生产法律法规规定依法应承担的后果。第二是民事责任。主要是企业因违反安全生产法律法规规定导致事故发生而给他人造成的人身伤害及财产损失必须承担的赔偿责任及连带赔偿责任。第三是刑事

责任，是指企业主要负责人及其他负责人、管理人员、从业人员违反安全生产有关法律法规规定导致事故发生，并构成犯罪的，依照《刑法》的有关规定必须承担的刑事责任。

5.3.2 企业安全生产主体责任的内容

企业的安全生产主体责任是指企业遵守有关安全生产的法律、法规、规章的规定，加强安全生产管理，建立安全生产责任制，完善安全生产条件，执行国家、行业标准，确保安全生产，以及事故报告、救援和善后赔偿的责任。主要包括以下内容。

1. 具备安全生产条件

具备法律法规和国家标准、行业标准规定的安全生产条件，依法取得安全生产行政许可；不具备安全生产条件的，不能从事生产经营。

2. 建立健全安全生产责任制

企业安全生产责任是全员的，它将单位负责人与其他负责人、生产管理的领导、内设有关机构和从业人员在安全生产中应负的责任，逐级分解落实，从而形成一个自上而下的责任体系。其各自主要内容如下。

1）生产经营单位主要负责人或者正职

生产经营单位主要负责人对本单位的安全生产工作负全责，必须组织建立、健全本单位安全生产责任制。

2）生产经营单位负责人或者副职

按照各自职责协助主要负责人搞好安全生产工作。

3）生产经营单位职能管理机构负责人

按照本机构的职责组织有关工作人员做好安全生产工作，对本机构职责范围的安全生产工作负责。职能机构工作人员在本职范围内做好安全生产工作。

4）班组长

除自身履行好一个岗位工人的安全职责外，还要督促本班组的工人遵守有关安全生产规章制度和安全操作规程。

5）岗位工人

接受安全生产教育和培训，遵守有关安全生产规章制度和操作规程。

3. 建立健全安全生产规章制度和操作规程

安全规章制度，是国家安全生产方针、政策、法律、法规、规章等在生产经营单位的具体化，只有通过各项安全生产规章制度才能落实到基层，落实到每个岗位，每个职工。

安全操作规程，是生产经营单位针对具体的工艺、设备、岗位所制定的具体的操作程序和技术要求。

安全生产规章制度和安全操作规程，是生产经营单位搞好安全生产，保证生产正常运行的重要手段。安全生产规章制度和操作规程，越具体、越流程化、标准化，就越能保障安全生产责任制的落实到位，从而为企业的安全生产做出重要的保障。

4. 保障安全生产投入到位

安全生产投入是保障生产经营单位安全生产的重要基础。《安全生产法》明确规定：生产经营单位应履行保证本单位安全投入有效实施的法定义务，同时应承担由于安全投入不足导致的法律责任。企业是安全生产的主要组织单位和责任实体，安全生产所有工作最终都要落实到企业，因此，企业是安全投入的最重要主体。要保障生产经营单位达到法定的安全生产条件，就必须进行必要的安全投入，特别是重大隐患的整改资金必须到位。必要的安全监测监控设施和设备必须配置齐全，依法为从业人员提供劳动防护用品，并指导、监督其正确佩戴和使用。

5. 制定事故应急救援预案

事故往往有突发性，一旦发生，正常的工作秩序被打乱，情急之下，往往会出现现场领导或临时成立的抢救组织制定不出有效的抢救措施、急需的物资未准备、专业的抢险人员无法及时到位等问题，由此，延误了事故处理的最佳时机，导致事故扩大。

如果事先制定了事故应急救援预案，并做到训练有素，在事故发生时，有备而来，有序抢险，高效抢险，事故自然会及时地得到科学处置，从而不仅避免了事故的扩大，而且最大限度地减少了人员伤亡和财产损失。因此，建立事故应急救援预案，对一个单位来说，非常重要，必不可少。

生产经营单位应根据本单位情况，组织有关部门、专家和专业技术人员认真研究本单位可能出现的生产安全事故，采取切实可行的安全措施，明确从业人员各自的责任，制定出符合实际、可操作性强的事故应急救援预案。

制定事故应急救援预案之后，必须进行定期不定期的演练，真正做到无险常备，有险即用，用之必胜。

6. 对从业人员依法进行必要的安全教育和培训

生产经营单位应当对从业人员进行必要的安全生产教育和培训，保证安全生产教育培训的资金，保证从业人员具备必要的安全生产知识和技能，取得相关上岗资格证书。

生产经营单位采用新工艺、新设备或者新技术、新材料，必须对有关员工进行专门的安全生产教育和培训，使他们全面充分地了解、掌握其安全技术特性，确保安全操作，防范事故发生。

7. 安全"三同时"

依法履行建设项目安全设施同时设计、同时施工、同时投入生产和使用（简称"三同时"）的规定；矿山建设项目、生产、储存危险物品的新建、改建、扩建工程项目，应当分别按照国家有关规定进行安全条件论证和安全评价。

8. 安全机构和人员

依法设置安全生产管理机构，配备安全生产管理人员；依法加强安全生产管理，定期组织开展安全生产检查，及时消除事故隐患，依法对重大危险源实施监控。

9. 事故报告和救援

依法报告生产安全事故，及时开展事故抢险救援，妥善处理事故善后工作。

10. 职业病防治与工伤保险

负责作业场所职业危害的预防和职业病防治工作；依法为从业人员缴纳工伤保险费，积极投保安全生产责任险。

企业安全生产主体责任理论的确立，对我国安全生产领域的行政体制改革，无疑会起到强有力的催化作用。当前我国经济正处于转型阶段，存在着政府越位、企业缺位的管理角色错位的现象，这不利于我们抓好安全生产管理。安全生产工作事关改革、发展、稳定大局，是政府必须管好的宏观事务，是企业必须抓好的微观事项。主体责任理论，明确划分了政府安全监管部门和企业在安全生产工作中所处的地位和职责，要求政府安全监管部门从原来替企业抓安全生产，转变为领导和监管企业抓安全生产工作。主体责任理论，充分发挥了企业作为责任主体的作用，保证了政府安全监管部门有更多的时间和精力抓好安全监管工作。

5.3.3　企业安全生产管理

企业生产组织和实施，离不开科学、系统化的安全生产管理。企业安全生产管理是生产管理的重要组成部分。企业安全生产管理是企业管理者对本单位安全生产工作进行的计划、组织、指挥、协调和控制的一系列活动，目的是保证在生产、经营活动中的人身安全与健康，以及财产安全，促进生产的发展。企业安全生产目标的完成是通过控制事故的发生来实现的。因此，防止或控制事故的发生，成为企业安全生产的核心工作。企业安全生产管理中应当关注以下几方面的工作。

1. 成立企业安全生产管理组织

企业应成立安全生产管理组织机构，明确了各管理机构的安全生产职责。原则上是：谁主管谁负责。企业安全生产应实施分级管理。

分级管理就是把企业从上至下分为若干个安全生产管理层次，明确各自在安全生产方面的责任，有效地实现全面安全管理。

安全管理层次与企业规模有关。一般企业的管理层次可分为三层：总公司（公司）、车间（建设工程施工项目）、班组。无论何种规模企业，安全管理层次都可归纳为决策层、管理层、操作层。

决策层主要起决策、指挥作用，贯彻落实国家有关安全生产法律法规及方针政策；根据法律法规制定本企业安全生产规章制度；落实制定安全生产规划、计划；建立健全安全机构、配备人员；保证安全资金和物资投入；为职工提供安全卫生的工作场所。

管理层主要对安全生产进行日常管理，贯彻落实企业生产规章制度，并负责检查落实。

操作层应严格执行安全生产规章制度，遵守操作规程，杜绝违章，防止事故发生。操作层是安全生产的基础环节。

2. 建立完善企业的安全生产规章制度

为贯彻"安全第一，预防为主"的方针，企业必须根据国家有关安全生产的法律法规和行业管理标准及上级安全生产管理部门制定的规章制度，结合企业实际，建立健全的各类安全生产规章制度，并根据生产实际及时进行修编和完善。安全生产规章制度是安全生产法律法规的延伸，也是企业能够贯彻执行的具体体现，是保证安全生产方面的标准和规范，企业安全生产规章制度是保障人身安全与健康以及财产安全的最基础的规定，每一个职工都必须严格遵守。

企业制定的安全生产规章制度必须以上级有关精神为基础，并具有可行性和实效性。许多企业制定的规章制度在执行中出现打折扣的现象，究其原因是制度的条款或细节不切合实际或操作难度大，难以落实，造成有章不循，使安全监察工作的严肃性受到挑战，对企业非常有害。

根据公司特点，一般都应建立以下几类规章制度。

1）综合类管理方面

安全生产总则、安全生产责任制、安全技术措施管理制度、安全教育制度、安全检查制度、安全奖惩制度、"三同时"审批制度、设备安全检修制度；事故隐患管理与监控制度、事故管理制度、安全用火制度；爆破物品管理制度、承包合同安全管理制度和安全值班制度等。

2）安全技术方面

特种作业管理制度、危险作业审批制度、危险场所管理制度、工地交通运输管理制度、防火制度、各工种的安全操作规程；

3）职业卫生方面

职业卫生管理制度、职业病管理、尘毒监测制度。

4）其他方面

女工保护制度、劳动保护用品、职工身体检查制度。

企业在制定规章制度时应注意：要与国家的安全生产法规保持协调一致；要广泛吸收国内外安全生产管理经验，力求先进性、科学性、可行性；规章制度制定，由企业法定代表人签发后，就不能随意改动，要具有权威性。

随着国家政治经济形势的发展和企业的发展、技术的不断进步，要及时予以修改、补充。规章制度必须在企业中贯彻执行，才能充分发挥其作用，广泛开展安全宣传、教育、培训工作，使每一个职工都充分认识到严格遵守安全生产规章制度的重要性，成为自觉的行动。

3. 落实安全生产责任制，建立逐级负责的工作模式

安全生产责任制是对各级领导、各个部门、各类人员所规定的在他们各自职责范围内对安全生产应负责任的制度。

完善企业的安全生产责任制，将安全生产目标和安全责任分解到班组，落实到个人。建立安全生产一级对一级负责的工作模式，确保每个员工、每个部门需要监控的部位，上级清楚、别人知道、自己明白。并根据生产实际情况及时修正、完善和补充员工的岗位职责，确保安全生产横向到边，纵向到底，全面覆盖，形成一个完整的制度体系，不留安全隐患和监控死角，在开展检查、评估、评价工作时，就能客观地评价各岗位安全生产工作和措施的到位程度。发现问题就能追究到具体的岗位和人员，整改计划和方案的制定就更有针对性。安全生产责任制的内容应根据各部门和人员职责来确定。要充分体现责权利相统一的原则。同时要落实措施，建立完善的制约机制和激励机制，奖罚分明，防止只奖不罚的现象。

4. 认真做好安全生产检查，消除安全生产隐患

安全检查是一项综合性的安全生产管理措施，是建立良好的安全生产环境、做好安全生产工作的重要手段之一，也是企业防止事故、减少职业病的有效方法。

1）安全检查的分类

安全检查可分为日常性检查、专业性检查、季节性检查、节假日前后的检查和不定期检查。

（1）日常性检查，企业一般每年进行2~4次；车间工程每月至少一次；班组每天进行检查；专职安全人员的日常检查。

（2）班组长和工人应严格履行交接班检查和班中检查。

（3）专业性检查是针对特种作业、特种设备、特种场所进行的检查，如电焊、起重设备、运输车辆、爆破品仓库、锅炉等。

（4）季节性检查是根据季节特点，为保障安全生产的特殊要求所进行的检查。如冬季的防火、防寒防冻；夏季的防汛、防高温盛暑、防台风。

（5）节假日前后的检查包括节前的安全生产检查，节后的遵章守纪检查。

（6）不定期检查是指设备装置试运行检查、设备开工前和停工前检查、检修检查等。

2）安全检查表的类型

安全检查表分为公司级安全检查表、车间工地安全检查表和专业安全检查表。

（1）公司级安全检查表。供公司安全检查时用。其主要内容包括车间管理人员的安全管理情况；现场作业人员的遵章守纪情况；各重点危险部位；主要设备装置的灵敏性可靠性，危险性仓库的贮存、使用和操作管理。

（2）车间工地安全检查表。供工地定期安全检查或预防性检查时使用。其主要内容包括现场工人的个人防护用品的正确使用；机电设备安全装置的灵敏性可靠性；电器装置和电缆电线安全性；作业条件环境的危险部位；事故隐患的监控可靠性；通风设备与粉尘的控制；爆破物品的贮存、使用和操作管理；工人的安全操作行为；特种作业人员是否到位等。

（3）专业安全检查表。指对特种设备的安全检验检测，对危险场所、危险作业进行分析等。

3）安全检查表的制定

制定安全检查表需要确定检查项目和内容；确定检查标准和要求；确定检查进度；设计检查表式。检查表应充分依靠职工讨论，提出建议，多次修改，由安全技术部门审定后实施。

5. 加大员工安全培训力度，构建企业安全文化

企业安全文化建设是把提倡和崇尚的思想意识、员工该做与不该做的行动准则，通过规范和引导，逐渐形成共同信守的安全基本准则、信念和安全价值观以及安全行为规范、安全意识、安全态度、职业道德。在此基础上制定企业各种规章制度和管理办法，用于规范人员在生产经营活动中的行为。从而使企业安全生产的思想、安全管理哲学、工作作风和安全意识等，通过生产场所和设备的选用、设备的维护，以及员工工作态度等呈现出来。良好的安全文化氛围，将使得员工对安全生产每个环节以及生产环境的每个角落都会更加关注，如大楼的消防门是否保持关闭、消防器材设施是否被遮挡等，都自然而然地形成一种良好的习惯，在思想上、行动上真正做到警钟长鸣，企业的安全生产就多一重保障。

先进的安全文化建设，非一朝一夕可成，需要不断地完善。对员工进行多方面的教育培训必不可少，引导和教育员工遵章守纪，增强防范生产事故的信心，树立所有事故都可以预防、任何安全隐患都可以控制的信念，培养良好的职业道德，提高安全意识和工作责

任心，提高安全工作技能和识别风险的能力。

6. 建立并完善事故应急预案，制定事故处理预案

为确保发生人身或设备事故时能快速、有效地进行处理，企业应当建立并完善事故应急预案并制定事故处理预案。事故应急预案是企业的应急响应机制，用于发生事故时指导各级人员按照事故应急预案的要求开展相关工作，事故处理预案是针对每个具体的事故指导相关人员如何处理的具体方案和处理步骤。

预案是发生事故时控制事态、防止或降低事故损失的重要保证，企业应当定期组织员工进行预案的培训和演练。安全监察部门应当根据实际情况的变化，及时督促企业修订相关预案。

5.3.4　企业安全经济管理

1. 企业安全经济管理概述

1）企业安全经济管理的概念和意义

经济性和安全性是企业的重要特性。经济性和安全性二者之间是相辅相成的关系，经济性受安全性的保障和制约，安全性也受经济性的约束和影响。因此，探讨对安全生产的经济管理是非常重要和必要的。企业安全经济管理指的是运用经济的手段来管理、实现和保障企业安全生产，主要是利用市场经济、价值规律等手段，采用经济杠杆来管理安全。

企业为了获得更大的经济效益，必须按照战略规划和具体计划生产出社会需要的产品，这是该组织实现更大发展的重要前提。为了满足这个前提，其基本条件之一就是安全生产、不发生事故。所以防止事故、保障安全是生产活动的基础。在所发生的事故中，有些是不可抗拒的，但绝大多数有避免的可能性。把现代科学技术中的重要成果，如系统工程、人机工程、行为科学、经济科学等运用到安全管理中，是预防和减少这些可避免性事故的有效办法。而安全经济管理已成为安全科学的重要内容和提高安全活动效果的重要手段。因此，安全经济管理在企业的实际工作中有着重要的意义。

以某钢厂转炉车间为例。按目前的生产水平，每 30 分钟左右生产一炉钢，每炉钢价值 1740 元，如果发生一起伤亡事故停产一天，就会减产 50 炉钢，价值约 87000 元。如果按海因里希 1∶4 计算法换算出间接损失，则总损失可达 435000 万元。其中还不包括造成人员伤亡的损失。通过安全活动，所减少的人员伤亡、财产损失，对其换算出的直接经济损失和间接经济损失之和，就是安全的经济效益。这一分析过程就是安全经济管理的基本工作之一。安全经济管理是安全工作的重要内容，它有助于改善企业安全生产环境，提高安全活动效率。由此可以说，把安全经济管理与其他科学管理方法一道同经验性的传统管理结合起来，去研究、分析、评价、控制和消除企业生产过程中的各种危险，防止事故发生，具有强大的生命力，是提高企业安全生产水平，创造巨大社会经济效益的重要策略。对于中国这样一个发展中国家来说，国力有限，在其他条件不变的情况下，以较小的投入谋求较好的收益，这正是现代安全管理方法所要达到的根本目的。

2）企业安全经济管理的特点

（1）综合性。企业安全经济管理涉及经济、管理、技术乃至道德、伦理、诚信等诸多因素；安全经济分析、论证的对象往往是多目标、多因素的集合体。这里面既有经济分析

的问题，又有技术论证的要求；既要注意安全管理对象的特点，又要考虑企业发展阶段、科学技术水平、人员素质现状等背景对这些方法是否提供了可行性的条件。显然，它需要作综合的分析与思考，采用系统的、综合的方法进行处理和解决。否则，以狭义的、片面的思维方式不但得不到正确的结果，还会产生不良的负效应，给企业和社会带来不利的影响。

（2）整体性。尽管企业安全经济管理是上述众多因素的集合体，但它又同样具有一般管理的四大步骤，即计划、组织、领导、控制，并且总是围绕着安全与经济而进行。它反映的是经济规律、价值规律在安全管理中的作用和过程，制定的是有关安全管理的经济性规范、条例和法规，分析、研究的是安全经济活动的原理、原则、优化计算。总之，它突出了"安全与经济"这样一个整体。支离的思维、破碎的方法是安全经济管理所不可取的。

（3）人本性。在中国，广大工人群众既是国家和企业的主人，又是社会物质财富和精神文明的直接创造者。中国的安全工作是在群众的督促下进行的，群众有权监督各级领导机构职能部门贯彻、执行安全方针、政策和法规，协助安全经费的筹集，监督以及管理安全经费的使用。

工人是事故的直接受害者，也是事故的直接控制者，因而他们既是预防事故、减少损失的执行者，也是安全的直接受益者。显然他们会自觉地为促进安全活动、降低和杜绝事故而努力，并且，人人都有自身防卫的本能，管理过程中也需要这种"本能"得以极大地发挥和发展。因此，安全活动、安全经济的管理必须发动群众参与，"从群众中来，到群众中去"，既是企业安全经济管理活动的起点，也是其归宿，体现出了深刻的人本性特点。

3）企业安全经济管理的分类

根据安全经济管理的任务和特点，安全经济管理的类别可以归纳为：制度管理、财务管理、全员管理等。

（1）制度管理。企业安全规章制度是企业实行安全生产和安全经济管理的依据。其任务是督促企业各级部门和人员，用制度规范约束人们在企业生产经营中的行为，有效地预防事故，保障人员生命财产安全和生产的顺利进行。

事故发生后，与事故有关的人员最关心的问题是责任谁来承担。在实际工作中，往往事故的责任处理由于经济方面的问题，迟迟难以迅速完成。安全的有关制度明确地规定出事故经济责任的处理办法和意见，使事故经济责任对象以及责任大小的处理有明确的依据，并最终使事故经济责任的处理公平合理，这是安全经济管理的重要内容。因此，加强安全制度管理，明确事故发生后经济责任人和责任大小的处理准绳，是改善安全管理的重要方面。

（2）财务管理。安全经济财务管理是指对安全措施费、劳动保险费、防尘防毒、防暑、防寒、个体防护费、劳保医疗和保健费、承包抵押金、安全奖罚金等经费的筹集、管理和使用。对安全活动所涉及的经费，按有关财务政策和制度进行管理，是安全经济管理必不可少的方面，特别是把安全的经济消耗如何纳入生产的成本之中，是安全经济财务管理应该探讨的问题。

（3）全员管理。由于安全经济管理有人本性这一特点，而且安全活动是全员参与的活动，只有企业全体职工共同努力和参与，安全生产的保障才能得以实现。因此，安全经济作为一种物质条件，需要充分地提供给安全活动参与的每一个人，使安全经济的物质条件作用得以充分发挥，因而安全经济的管理需要全员的参与。安全经济全员管理的目的是：使职工能利用经济的手段，充分发挥主观能动性、积极性和创造性；使职工建立安全经济的观念，有效地进行安全生产活动；使全员都能参与安全经济的管理和监督，保障安全经济资源的合理利用。

4）安全措施的"三同时"管理

"三同时"即是在新建、改建、扩建技术改造和引进项目中，其安全设施必须与主体工程同时设计，同时施工，同时投产使用。显而易见，所谓"三同时"管理即是在上述定义的范畴之中，加强管理，严格程序，算时间账、经济账、安全账，把好"三同时"关。安全措施的"三同时"是从总体安全效益的角度，对安全活动提出的一种合理的要求。在实行安全三同时管理的过程中，有如下具体措施。

（1）把好设计关。在项目设计阶段，必须综合考虑安全、卫生设施及其与主体工程相配合的合理性和施工与使用的可行性。同时要加强设计方案的审核，项目有关安全措施的设计方案须与主体工程的设计方案同时提出，并经项目的主管部门、安全部门和其他技术鉴定部门共同会审后方可交付施工。同时设计是同时施工和同时投产使用的基础，在安全经济方面进行可行性论证，是避免浪费、提高效率的重要基础。

（2）把好施工关。项目在施工过程中，要严格质量管理，严防安全设施的临时性，全面执行设计方案。

（3）把好投产使用关。三同时管理的主要意义在于项目配套以及避免重复劳动。安全设施投产后，应充分发挥其作用，使用好，管理好，维修好，使其发挥应有的功能和作用。

2. 安全技术措施费用的筹集与管理

1）安全技术措施费用筹集的原则及意义

（1）原则：①按价值规律办事，利用经济杠杆控制安全资金投向；②谁获利，谁投资；③谁危害，谁投资；④强制与自愿相结合。

（2）意义：①科学、合理地筹集安全措施经费，使安全的负担分配公平；②有利于调动安全投资的积极性；③既增加安全投资，又不给企业造成过重的负担，保证企业安全生产；④为提高职工生产的安全保障水平，提供充足、可靠的资金保证；⑤有利于发展和利用安全科学技术、安全经济学理论和方法，提高安全活动效益。

2）安全技术措施费用的管理

安全技术措施费用是由企业安全生产管理部门掌握的，用于包括改善劳动条件、防止工伤事故、预防职业病和职业中毒在内的技术、管理和教育等方面的专项费用。安全技术措施费用是单列专用款项，受《经济法》和有关安全法规的保护，企业在编制生产计划时，仍应将安全技术措施列入生产财务计划之内，任何组织或个人不得挪作他用。安全技术措施费用是安全技术措施得以正常开展和实施的前提保证。它的根本意义不是简单的货币形式，而是保护劳动者在生产过程中安全健康的措施在经济方面的表现。它符合广大职工的切身利益，与职工的身体健康、生命安全密切相关；有利于保障企业持续稳定的效益；有利于企业社会形象、商誉的提升。

（1）投放类别。安全技术措施费用的投向主要分为硬技术和软技术两个方面。

①硬技术方面包括安全技术、工业卫生和辅助房屋及设施。

②软技术方面包括安全管理，安全奖励和安全宣教。

（2）具体项目。

一是安全技术项目，内容包括：①机器、机床、提升设备、机车、拖拉机、农业机器及电气设备等传动防护装置，在传动梯吊台、廊道上安设的防护装置及各种快速自动开关等；②电刨、电锯、砂轮、剪床、冲床及锻压机器上的防护装置，以及有碎片、屑末、液体飞出及有裸露导电体等处所安设的防护装置；③升降机和启动机械上的种种防护装置及保险装置（如安全卡、安全钩、安全门、过速限制器、过卷扬限制器、门电锁、安全手柄、安全制动器等），桥式起重机设置固定的着陆平台和梯子，升降机和起重机械为安全考虑而进行的改装；④锅炉、受压容器、压缩机械及各种有爆炸保险的机器设备的保险装置和信号装置，如安全阀、自动空转装置、水封安全器、水位表、压力计等；⑤各种联动机械和机器之间、工作场所的动力机械之间、建筑工地上、农业机器上为安全而设的信号装置，以及在操作过程中为安全而进行联系的各种信号装置；⑥各种运转机械上的安全启动和迅速停车设备；⑦为避免工作中发生危险而设置的自动加油装置；⑧为安全而重新布置或改装机械和设备；⑨电气设备安装防护性接地或接中性线的装置，以及其他防止触电的设施；⑩为安全而安设低电压照明设备；⑪在各种机床、机器旁，为减少危险和保证工人安全操作而安设的附属起重设备，以及用机械化的操纵代替危险的手动操作等；⑫在原有设备简陋、全部操作过程不能机械化的情况下，对个别繁重费力或危险的起重、搬运工作所采取的辅助机械化设计；⑬为搬运工作的安全或保证液体的排除而重铺或修理地面；⑭在生产区域内危险处所装置的标志、信号和防护设备；⑮在工人可能到达的洞、坑、沟、升降口、漏斗等处安设的防护装置；⑯在生产区域内，工人经常过往的地点，为安全而设置的通道及便桥；⑰在高空作业时，为避免铆钉、铁片、工具等坠落伤人而设置的工具箱及防护网。

二是工业卫生项目，内容包括：①为保持空气清洁或使温度、湿度合乎劳动保护要求而安设的通风换气装置；②为采用合理的自然通风和改善自然采光而安设开窗和侧窗；增设窗子的启闭和清洁擦拭装置；③增强或合理安装车间、通道及厂院的人工照明；④产生有害气体、粉尘或烟雾等生产过程的机械化、密闭化或空气净化设施；⑤为消除粉尘及各种有害物质而设置的吸尘设备及防尘设施；⑥防止辐射热危害的装置及隔热防暑设施；⑦对有害健康工作的厂房或地点实行隔离的设施；⑧为改善劳动条件而铺设各种垫板（如防潮的站足垫板等），在工作地点为孕妇所设的座位；⑨工作厂房或辅助房屋内增设或改善防寒取暖设施；⑩为改善和保证供应职工在工作中的饮料而采取的设施（如配制清凉饮料或解毒饮料的设备，饮水清洁、消毒、保温的装置等）；⑪为减轻或消除工作中的噪声及震动而采取的设施。

三是辅助设施项目，内容包括：①在有高温或粉尘的工作、易脏的工作和有关化学物品或毒物的工作中，为工人设置的淋浴设备和清洗设备；②增设或改善车间或车间附近的厕所；③更衣室或存衣箱；工作服的洗涤、干燥或消毒设备；④车间或工作场所的休息室、用膳室及食物加热设备；⑤寒冷季节露天作业的取暖室；⑥女工卫生室及其设备。

四是宣传教育项目，内容包括：①购置或编印安全技术劳动保护的参考书、刊物、宣传画、标语、幻灯片及电影等；②举行安全技术劳动保护展览会，设立陈列室、教育室等；③安全操作方法的教育训练及座谈会、报告会等；④建立与贯彻有关安全生产规程制度的措施；⑤安全技术劳动保护的研究与试验工作及其所需的工具、仪器等。

（3）合理列支。安全技术措施费用是单列资金须专款专用。企业在编制生产任务计划时，应将安全技术措施计划表制定得尽可能详尽细致，才能保证安全技术措施的正常开展和实施，以及安全技术措施费用的合理使用。①安全技术措施与改进生产的措施应根据措施的目的和效果加以划分，凡符合上述所列的项目，从改进生产的观点来看，是直接需要的措施（即为了合理安排生产而需要的措施），不得作为安全技术措施费用专列，而应列入生产技术财务计划中的其他有关计划；②企业在新建、改建、扩建时，应将安全技术措施列入工程项目内，在投入生产前加以解决，由基本建设的经费开支，不得作为安全技术措施费用专列；③制造新机器设备时，必须包括该项机器设备的安全装置，由制造单位负责，不属于安全技术措施费用专列范围；④企业采取新技术措施或采用新设备时，其相应必须解决的安全技术措施，应视为该项技术组织措施不可缺少的组成部分，同时解决，不属于安全技术措施费用范围；⑤安全辅助设施所规定的项目，应严格区别于集体福利事项，如公共食堂、公共浴室、托儿所、休养所等均不属于安全技术措施费用范围；⑥个人防护用品及专用肥皂、药品、饮料等属于劳动保护的日常开支，按企业所定制度编入经费预算，不属于安全技术措施费用范围。安全技术各项设备的一般维护检修和燃料、电力消耗，应与企业中其他设备同样处理，亦不属于安全技术措施费用专列范围。

3. 安全固定资产的折旧

1）折旧方法

对已投入使用的安全固定资产（安全生产设备、设施等），在它们的经济寿命结束时，能够保证企业的安全生产设备、设施的及时更新，必须采用一定的折旧方法。从经济管理的观点出发，采用折旧方法应符合下列要求：①尽快回收投资；②方法不能太复杂；③保证账面价值在任何时候都不能大于实际价值；④为国家税法所允许。

从本质上看，安全固定资产的折旧与其他固定资产的折旧方法别无二致。下面简要介绍三种。

（1）直线折旧法。直线折旧法的年折旧费的计算公式如下：

$$dA = (P - S_V)/n \qquad (5-1)$$

式中　　dA——年折旧费；

　　　　P——安全固定资产（设备、设施）的原值；

　　　　S_V——安全固定资产（设备、设施）的残值；

　　　　n——设备或设施的服务年限。

这种方法的特点是：各年折旧费相等；残值不计入折旧费。

（2）年数合计法。其年折旧费的计算公式如下：

$$dA_i = (P - S_V)\frac{2(n - i + 1)}{n(n + 1)} \quad i = 1, 2, \cdots, n \tag{5-2}$$

式中　dA_i——第 i 年折旧费；

　　　P——安全固定资产（设备、设施）的原值；

　　　S_V——安全固定资产（设备、设施）的残值；

　　　n——设备或设施的服务年限。

这种折旧方法的特点是：各年折旧费不等；残值不计入折旧费。

（3）双倍余数法。其年折旧费的计算公式如下：

$$dA_i = 2(P_i - dA_{i-1})/n \quad i = 1, 2, \cdots, n \tag{5-3}$$

式中　dA_i——第 i 年折旧费；

　　　P_i——安全固定资产（设备、设施）第 i 年的账面价值；

　　　n——设备或设施的服务年限。

这种折旧方法的特点是：各年折旧费不等；计算折旧的基数为各年的账面价值而没有减去残值；资产价值少于残值时不再进行折旧。

2）应用实例

有一套安全防护设施，购入（或制造）价格为10000元，可使用10年，估计10年末残值为1000元，计算每年折旧费。

（1）用直线折旧法计算。

每年的折旧费：

$$dA = (10000 - 1000)/10 = 900.00(元) \tag{5-4}$$

（2）用年数合计法计算。

第5年的折旧费：

$$dA_5 = (10000 - 1000)[2 \times (10 - 5 + 1)]/[10 \times (10 + 1)] = 900.90(元)$$

（3）用双倍余数法计算。

第1年的折旧费：

$$dA_1 = 2 \times 10000/10 = 2000(元)$$

第2年的折旧费：

$$dA_2 = 2 \times (10000 - 2000)/10 = 1600(元)$$

4. 安全经济决策

1）安全经济决策的概念

安全经济决策指在生产活动中，基于对安全经济规律及主客观条件的认识和把握，寻求并选择某种最佳（满意）准则和行动方案而进行的活动。安全经济决策通常有广义、一般和狭义的三种解释。广义解释包括抉择准备、方案优选和方案实施等全过程。一般含义的解释是按照安全准则在若干备选方案中的选择，它只包括准备和选择两个阶段的活动。狭义的决策就是做决定，即抉择。

决策是行动的先导。安全经济决策为保障安全生产、提高企业的安全性和经济性提供了科学的理论和方法，以支持和方便人们做出科学的安全决策。一个合理的准则（标准）

体系，足够可靠的信息数据，可供选择的决策方法，可落实的决策组织和实施办法，是安全经济决策的基本要素。

2）安全经济决策的分类

根据安全经济决策系统的约束性与随机性原理，可分为确定型决策和非确定型决策。

（1）确定型决策。在一种已知的完全确定的自然状态下，选择满足安全性和经济性目标要求的最优方案。确定型决策问题一般应具备四个条件：①存在着决策者希望达到的一个明确的安全性和经济性目标；②只存在一个确定的状态；③存在着决策者可选择的两个或两个以上的方案；④不同的决策方案在确定的状态下的安全度和经济性可以评价或计算。

（2）非确定型决策。当安全经济决策问题有两种以上状况，哪种状况可能发生是不确定的，在此情况下的决策称为非确定型决策。非确定型决策又可分为两类：①如果各种状态的概率不能确定，即没有任何有关每一状态可能发生的信息，在此情况下的决策就称为完全不确定型决策；②当决策问题状态的概率能确定，即是在概率基础上决策，但要冒一定的风险，这种决策称为风险型决策。风险型决策问题通常要具备如下五个条件：存在着决策者希望达到的一个明确目标；存在着决策者无法控制的两种或两种以上的状态；存在着可供决策者选择的两个或两个以上的抉择方案；不同的抉择方案在不同的状况下的安全度和经济性可以评价或计算出来；每种状态出现的概率可以估算出来。

3）安全经济决策的特点

（1）从属性。任何安全经济决策均依附于一定对象的条件之先成立而后成立、之先产生而后产生。对象不同，决策的手段和等级也将不同；若对象不存在，决策问题也不必存在；人类的任何活动都是为了生产或创造人们所需的价值，安全经济决策是为达到此目的的手段之一，决策是此手段诞生的孕育过程，服务于此目的；人的认识过程是先实践后认识，即使是一个突破性的创新的认识，也是在实践的基础上，通过总结、反省、提高的结果，不可能与原基础完全脱离。认识过程是渐进的，即使该过程中有跃进的波动，但总的过程仍是连续的、渐进的。从属也意味着，若对象条件已诞生，决策亦应及时诞生，否则谈不上从属。为此，有两个问题要明确。

第一，同步问题或时差问题。从属仅是客观地看待事物的发展过程。实际上，随着人们认识能力的提高和系统分析预测技术的进步，对一种新技术的安全经济性认识的时差越来越缩短；而对熟知惯用技术的安全经济性的认识，则与该技术的确认可同步产生。因此，今日在我们所采用的技术并不那么新奇、并非鲜为人知的情况下，决策的同步或缩短时差的问题不是新技术问题，而只能是认识或经济实力的问题，对提出同步或缩短时差的要求，不能认为过高，可以在很大程度上、在很大范围内提出同步决策的规定。

第二，安全经济决策意向超前问题。决策意向与实际安全措施有一定区别。没有决策意向，就不可能做出决策，更不会产生安全措施。但决策意向不完全等于实际安全措施，即安全措施只是决策意向的部分体现，决策意向应该更广阔深远些。既知决策具有从属性，又知其在达到生产目的的过程中，占据极重要的地位和有极重要的作用，就应防止因从属而引起误解以致忽视，为保证目的的实现应事先做好充分准备。

（2）系统性。对安全系统内各方面的因素都要考虑好，如人机系统中有人、机方面，还有管理、时间、空间环境等方面；即使一个局部的具体的方面，也可构成一个子系统，如人的方面就可找出一个影响人的行为安全性的子系统，在决策时同样也须考虑这个子系统；尽管系统内部可能会分化得非常琐碎，但仍可归结到一点，即能量是否发生异常传递。能量不发生异常传递的系统便是一个安全的系统。

（3）技术性。安全经济决策是一个科学技术和管理技术问题，具有综合学科的内涵，必须综合运用较多的科学技术知识，在一个比较高的知识层次上才能进行良好决策；安全经济决策是一定科学技术水平的反映；安全经济决策中的每一个具体项目，都应有合适的可行技术保证。

（4）社会性。安全经济决策反映了社会的能力和需求；安全经济决策可产生一定的社会效果；安全经济决策与社会性质和政治制度无关，任何社会都不希望出事故造成财产和劳力的损失，如果不恰当地将其牵强地连在一起，势必引起混乱，对搞好安全生产、正确进行决策没有好处。

（5）经济性。经济是基础，任何安全决策都受经济性制约；安全决策最终都可产生经济效果。从理论上讲，任何安全决策都可以用经济价值来评价。

（6）信息性。安全经济决策是决策者意图的具体体现；是决策者对各种信息反馈的综合体现；是沟通决策者与执行者的媒介；决策效果又可以信息形式予以反馈。因此，还必须具有信息的储存、记录、可反馈等性能。

4）安全经济决策的依据

科学的决策应建立在一定的决策基础上，一般决策的依据如下。

（1）经济技术发展总决策的指导。任何企业的任何决策都不能脱离总决策的指导。一般来说，这个总决策是由企业最高决策机构予以制定，是原则性的。

（2）决策机构和决策者的素养。包括决策的源出者究竟是谁，决策者与决策有关的人员或机构的相互关系，以及这种相互关系的好坏状况对决策质量的影响均十分重要。这里素养包括指导思想、能力和方法等多个方面。

（3）决策者的需求。包括决策者是否反映了个人、企业和社会的安全需求等。

（4）实际安全状况。需要解决的具体安全问题是什么？轻重缓急怎样排队？人力、财力、物力、技术支持等情况怎样？这是安全经济决策能否实现的关键，又是决策的重要前提。

5）安全经济决策过程

（1）资料的收集。决策前需要掌握足够的第一手资料，即可靠的信息，必须在决策前将所需的资料基本上调查研究清楚。有关系统的安全性和经济性的调查项目及内容，应通过系统地调查分析做出规定。

（2）选择合适的决策者。必须明确组织进行安全经济决策的决策者及其地位、作用和因担负的责任而对其素质的要求。虽然决定一种做法或办法的人也可以是实干者本人，但从其影响范围而言，应该特别注意那些处在组织较高层次的决策者，尤其是最高管理者。同时，安全经济决策责任重大，必须对决策者有严格的要求，即有足够的才能学识，既懂安全又懂经济管理，又能驾驭这种决策任务等。

（3）选用合适的决策方法。以目标决策法和条件决策方法为例。

目标决策法的程序是先订立一个安全生产以及关于安全的投入产出目标，然后为达到此目标而设立或采取一些措施。这个目标可能是决策者自己订的，也可能来自上级指示，或引进外单位的做法，也有可能是根据自我需求提出。同时在实施的过程中会存在很多不确定因素，其结果会有差异。因此，目标的方向性、可行性、灵活性是十分重要的。

条件决策法首先摸清本企业的安全条件和经济条件，然后根据条件确立要改善的目标。无疑，这要先做好大量调查研究的基础工作，其中包括对决策执行者的决策、协调和实现能力的调查研究。为此，该法的使用效果较好，目标实现的可能性较大，工作进程的预测性也较大，而且比较经济、有效。然而必须指出的是，条件决策不是无目标决策或放任的自由决策，因为有一个改善安全状况或系统改善的要求为总前提。

（4）决策的实施。选定合适的方法之后，组织可以针对自身的安全和经济状况、条件进行统筹考虑，基于最优（满意）原则进行决策，寻找合理的安全性和经济性搭配，实现系统的安全经济性能最优。

（5）决策的反馈与控制。如同任何其他决策一样，安全经济决策也必须在实施的前、中、后进行反馈和控制，以得到实际效果的信息，决定是否继续采用、改进、补充。反馈和控制包括事前反馈和控制、事中反馈和控制及事后反馈和控制。决策者须及时进行决策，科学投入，保障安全生产。

安全经济决策是安全管理活动中首要的一项职能。管理学大师西蒙曾经说过："管理即是决策"。安全经济决策是安全生产活动的重要基础和必要保障。

6）安全经济决策方法

（1）"利益—成本"法。"利益—成本"法的基本原理如下。

第一，计算安全方案的效果。安全方案的效果可由下式计算：

$$R = UP \tag{5-5}$$

式中　R——安全方案的效果；

　　　U——事故损失；

　　　P——期望事故概率。

第二，计算安全的利益。安全的利益可依据下式计算：

$$B = R_0 - R_1 \tag{5-6}$$

式中　B——安全方案的利益；

　　　R_0——安全措施实施前的系统事故后果；

　　　R_1——安全措施实施后的系统事故后果。

第三，计算安全的效益。安全的效益可依据下式计算：

$$E = B/C \tag{5-7}$$

式中　E——安全效益；

　　　B——安全方案的利益；

C——安全方案的投资。

安全方案的优选决策应按以下步骤进行：

第一，应用有关危险分析技术，如故障树（FTA）技术，计算系统原始状态下的事故发生概率 P_0；

第二，应用有关危险分析技术，分别计算出各种安全措施方案实施后的系统事故发生概率，公式如下：

$$P_1(i), \quad i = 1, 2, 3, \cdots \tag{5-8}$$

第三，在事故损失期望已知的情况下，计算安全措施实施前的系统事故后果，公式如下：

$$R_0 = UP_0 \tag{5-9}$$

第四，计算出各种安全措施方案实施后的系统事故后果，公式如下：

$$R_1(i) = UP_1(i) \tag{5-10}$$

第五，计算系统各种安全措施实施后的安全利益，公式如下：

$$B(i) = R_0 - R_1(i) \tag{5-11}$$

第六，计算系统各种安全措施实施后的安全效益，公式如下：

$$E(i) = B(i)/C(i) \tag{5-12}$$

第七，根据分值进行方案优选，最优方案为。

$$\max E(i) \tag{5-13}$$

（2）安全投资的综合评分决策法。该方法是美国的格雷厄姆、金尼和弗恩三位学者合作开发的。在安全评价方法——环境危险性 LEC 评价法的基础上开发出的用于安全决策的一种方法。

该方法基于加权评分的理论，根据影响评价和决策的因素重要性，以及反映其综合评价指标的模型，设计出对各参数的定分规则，然后依照给定的评价模型和程序，对实际问题进行评分，最后给出决策结论。具体的评价模型是"投资合理性"计算公式：

$$i = REP/CD$$

式中　i——投资合理性；

　　　R——事故后果严重性；

　　　E——危险性作业程度；

　　　P——事故发生可能性；

　　　C——经费指标；

　　　D——事故纠正程度。

上式中分子是危险性评价的三因素，反映了系统的综合危险性；而分母是投资强度和效果的综合反映。此公式实际上反映了"效果—投资"比的内涵。

应用综合评分决策法的步骤如下：

第一，确定事故后果的严重性分值。事故后果严重性是反映某种险情引起的某种事故最大可能的结果，包括人身伤害和财产损失的结果。事故造成的最大可能后果是用额定值来计算的。特大事故定为 100 分，轻微的割破擦伤则定为 1 分，根据严重程度制定分值（表 5-1）。

表 5-1　事故后果严重度 R 取分值

序号	事故后果严重程度	分值
1	特大事故：死亡人数很多；经济损失高于 100 万美元；有重大破坏	100
2	死亡数人；损失在 50 万~100 万美元之间	50
3	有人死亡；损失在 10 万~50 万美元之间	25
4	极严重的伤残（截掉肢体，永久性残废）；损失在 0.1 万~10 万美元之间	15
5	有伤残；损失低于 0.1 万美元	5
6	轻度割伤，碰撞撞破，轻微的损失	1

第二，确定人员暴露于危险场所的危险性作业程度。危险性作业是指人员暴露于危险条件下的出现频率。危险性作业的分值为连续暴露的记 10 分，最轻的为 0.5 分（表 5-2）。

表 5-2　危险性作业程度分值

序号	危险事件出现情况	分值
1	连续不断（或者是一天之内出现很多次）	10
2	经常性（大约是一天一次）	6
3	非经常性（以一周一次到一月一次）	3
4	有时出现（一月一次到一年一次）	2
5	偶然性（偶然出现过一次）	1
6	很难确定（不知道哪天发生过，很可能是很久以前的事了）	0.5

第三，发生的可能性的确定。事故发生可能性是指由于时间与环境的因素，在危险作业条件下事故发生的可能性大小及产生的后果。其程度的分值见表 5-3。

表 5-3　事故发生的可能性分值

序号	意外事件产生各种可能后果的可能程度	分值
1	最有可能出现意外结果的危险作业	10
2	有 50% 可能性	6
3	只有意外或巧合才能发生事故	3
4	只有遇上极为巧合才能发生事故，但记得曾经有过这样的事例	2
5	很难想象出来的可能事故，这种冒险作业进行了好多年但还未发生过事故	1
6	实际上不可能出现，所想象的巧合不符合实际，只有 1% 发生事故的可能	0.5

第四，投资强度分值。不同的投资强度，对应不同的分值，投资强度的分值的取定参见表5-4。

表5-4　投资强度分值

序号	费用（美元）	分值
1	50000 以上	10
2	25000~50000	6
3	10000~25000	4
4	1000~10000	3
5	100~1000	2
6	25~100	1
7	25 以下	0.5

第五，纠正程度分值。纠正程度是指所提出的安全措施能把险情消除或缓和的程度。其分值的取定见表5-5。

表5-5　安全措施纠正程度分值

序号	纠正程度	分值
1	险情全部消除（100%）	1
2	险情降低了75%	2
3	险情的降低程度为50%~75%	3
4	险情的降低程度为25%~50%	4
5	险情仅有稍微的缓和（少于25%）	6

如果使用公式评定一项开支是否合理时，只要把对应的实际情况分值查出，代入式中，就可以求出表示合理度的数值。合理度的临界值选定为10，如果计算出的合理度分值高于10，则安全经费开支被认为是合理的；如果是低于10，则被认为是不合理的。

课程延伸（思考题）：

1. 简述新中国成立以来国家安全生产行政中，关于安全生产体制的提法和做法。

2. 简述国家安全生产监管监察体制中，国家监察、地方监管并存，条、块管理各自的优劣性。

3. 国家安全生产治理体系和治理能力建设，如何做好总体设计？

4. 安全法治建设，如何体现中国特色？

6 安全管理的教育学支撑

本章提示：

安全工作要求"管理、装备、培训并重"，传统的安全培训，主要有四个要素：培训大纲、培训教材、培训教案、培训老师。某些培训可能落入窠白：内容相互孤立、重复度高，培训对象混为一谈，授课方式呆板、满堂灌，行为训练缺失或流于形式、走过场。本章提倡企业梳理安全知识图谱，建立安全知识管理系统，用信息化手段将培训矩阵运用到安全宣传和教育中去。用教育学的理论统领安全培训，用先进的教育手段提高安全培养效能。

本章知识框架：

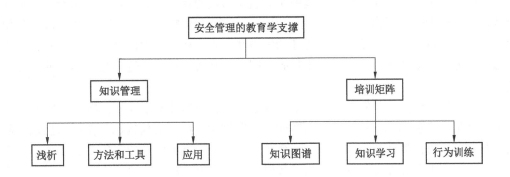

6.1 知识管理

知识管理（Knowledge Management）是知识经济的产物，是近 20 年来管理领域出现的新课题，随着经济全球化和产业升级进程的加快，知识正在成为企业越来越重要的资产和竞争要素，知识管理成为企业制胜的关键职能。

本章着重介绍了知识管理的内涵、知识管理的基本概念、知识管理的基本内容、知识管理的方法与工具、知识管理的程序。

6.1.1 知识管理的浅析

1. 知识管理的兴起

知识管理的历史和思想可以追溯到人类生产实践活动的早期。古希腊人对知识的本质进行过深入研究，于是诞生了认识论这门科学。人类在和大自然斗争和生产实践中，除了积累丰富的理论知识以外，也深知实际技能对于知识运用和发展的重要性。欧洲从

13 世纪兴起的手工业行会形式和"学徒——师傅"的模式，就是当时的工厂技工和手艺人传承、保护、发展自己特殊知识和技能的重要制度，这可以认为是最早的知识管理体系。

学者们对知识的重要性的认识由来已久。1969 年，管理学大师彼得·德鲁克指出："知识是核心资本，是成本中心，是关键的经济资源"。"知识是一种重要的生产型资源"。不过知识管理作为一门独立的学科，并成为企业管理实践中一项重要的管理理念和管理方法，则不过十几年的历史。

20 世纪 80 年代以后，以下因素推动了人们对知识管理的集中关注和积极实践。

1）外部推动因素

首先是知识经济的大背景。在信息技术的促进下，人类进入了"电子技术时代"或"后工业社会"，1990 年联合国研究机构正式提出了知识经济（Knowledge Economy）的概念。认为在知识经济条件下，知识资源（人力资本、技术、诀窍等）成为一个企业发展最重要的资源，无形资产比有形资产更加重要（Stewar，1997；Edvinsson 和 Malone，1997），知识经济具有网络型经济、数字化经济、虚拟经济等典型特征，在知识经济中，知识管理成为企业创造财富的最重要的推动力。

其次是跨国经营的需要。在全球化和信息技术背景下，企业规模及其经营活动的区域大大扩展，跨国公司成为新竞争环境中企业组织形式的普遍形态。跨国公司经营活动的突出特征是：在全球范围内安排价值链的活动，在全球范围内配置资源，对于这些公司来说，掌握在全球不同区位领域经营管理的知识和经验、在公司内部进行有效的知识共享和转移，成为公司全球竞争优势的重要基础，因此，有效进行知识管理是国际企业获取全球竞争优势的重要途径之一。

最后是适应激烈竞争的需要。在全球竞争环境和信息技术条件下，出现了所谓的"超竞争"环境，即公司竞争优势持续的时间在不断缩短，产品更新迭代和新技术出现的周期在不断缩短，可代替型产品越来越多，企业之间为争夺市场份额的竞争日趋激烈。在企业管理中引入知识管理理念和方法，依靠知识管理提高企业核心竞争能力，已经成为当今企业管理实践的重要环节。

案例 1：沃尔玛经营管理中的"知识含量"

2005 年沃尔玛连续 6 年在《财富》世界 500 强的排名表中名列第一位，在全球拥有3000 多家的大型超市，2004 年销售额达 2880 亿美元。如此强大的竞争优势从何而来？

沃尔玛是在同业中最早使用计算机跟踪存货技术（1969 年），最早使用条形码（1980年），最早采用 EDI（1985 年），最早使用无线扫描枪（1988 年）的企业，最早发射和使用自由通信卫星的零售公司。据称，沃尔玛的电子信息通信系统是全美最大的民用系统，甚至超过电信巨头美国电报电话公司。沃尔玛公司总部的大型电脑的数量和规模仅次于美国国防部，比美国国税局要多出 3 倍，在公司的电脑系统中，存储了过去 10 年的每一笔交易，各种商品 65 周的库存记录，根据这些数据，沃尔玛可以对顾客选购商品时几百项变量进行所需要的各种关联分析，为科学决策提供准确的数据支持。

沃尔玛是全球第一个实现集团内部 24 小时计算机物流网络化监控，使采购库存、订货、配送和销售一体化。例如，顾客到沃尔玛店里购物，然后通过 POS 机打印发票，与此同时负责生产计划、采购计划的人员以及供应商的电脑上就会同时显示信息，各个环节就会通过信息及时完成本职工作，从而减少了很多不必要的时间浪费，加快了物流的循环。

2）内部推动因素

在企业内部，以下因素为企业实施知识管理创造了条件：

首先，是企业经营管理及运作流程的知识含量大大增加，加强对知识的管理成为现代企业进一步提高效率的关键。通过过去几十年的不断改进，从国际范围来看，传统企业管理面对的一些瓶颈大部分被消除或降低了，例如，增加的对技术和后勤的投资；工作流程和工作任务的组织更加科学；决策及管理信息支持系统更加完整、及时、准确；运作流程的自动化程度大大提高，过程更加简化有效等。这些改进反过来对企业管理又提出了更多的智能要求，因此，对企业经验、知识及关键技术的有效管理成为现代企业进一步提高效率的关键。

其次，新技术在企业的普及和运用使企业具备了进行有效知识管理的能力。信息技术、人工智能等领域研究成果在企业管理实践的运用，使得企业采用新的知识管理方法成为可能。例如，知识编码技术、绩效支持系统（Performance Support System）、搜索引擎技术以及计算机信息系统的广泛应用，为企业的知识管理提供了强大的工具。

2. 知识管理的概念

根据国际经合组织对知识管理的定义，知识管理包括任何与组织获取、利用和分享知识相关的活动。这一定义涵盖的活动可以分为四类：沟通（数据库等）、人力资源（培训、导师制等）、政策和战略（寻找合作伙伴、建立知识管理战略等）以及从外部获取知识。

为了准确理解知识管理的含义及其知识管理在企业的实践，有必要搞清楚几个重要的基本概念，即知识、知识资本、数据、信息。

1）知识、信息、数据

1997 年，Skyrme 和 Amidon 在《创造知识型企业》一书中，明确了数据和信息以及信息和知识之间的区别，如图 6-1 所示。

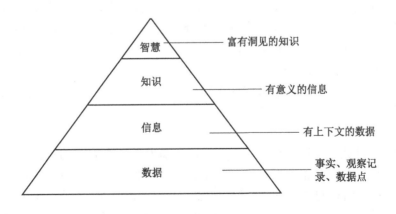

图 6-1 知识的层级结构

从图 6-1 可以看出，数据是事实、观察记录、数据点等；有上下文的数据构成信息；在众多的信息中，对于企业有意义的信息被称之为知识，而智慧是富有洞见的知识，在这里，智慧概念提醒我们获取知识还有更高的目标。其他学者进而还提出了更加详尽的解释，例如：数据是对客观世界的简单描述；信息是相互之间有联系的有意义的数据；而知识是存在于人脑中有价值的信息。

我们可以用一个实际例子来说明信息与知识之间的区别，例如，一家自动化工厂的运作流程管理与监控系统。一方面，整个系统会不断接受来自日常运作过程的信息；另一方面，流程专家的知识则早已完全融入了所设计的流程控制的整体方案之中。流程专家的个人知识既包括一些具有普遍性的原理或原则，又包括关于如何处理常规及意外运作情况的特殊案例的经验，同时，他们还可能将他们的流程知识与其他专家的知识结合，从而灵活地、创造性地解决实际问题。所以，数据、信息、知识之间是一种相互递进的关系。

2）知识资本

知识资本的概念源于对组织知识及知识管理测量的需要，至今没有一致认同的概念，也被称作智力资本（组织的）、无形资本、非物质资本、知本，等等。为了避免术语的混乱，与人力资源中的智力资本相区别，我们提倡使用知识资本的概念。知识资本就是企业在长期生产经营活动中积累的、对于企业创造价值具有重要作用的非物质资本的总和，包括人力资本、客户资本、流程资本、创新资本、企业文化，等等。

3. 知识的分类

1）知识六类分类法

Skyrme 和 Amidon（1997）提出知识可以分为六类：

（1）知道如何做的知识（Know-how）。这类知识告诉人们"如何完成工作"。它们大部分可以在组织程序或者在某些书本、规程中找到相应的答案，但是，对于完成一项工作具体的操作步骤及其在完成该项工作中所需要的经验或诀窍，则往往只存在于人们的头脑中。Know-how 往往很难用文字记录下来，也不能从其特定的条件下带走，将它简单地复制到另外一个地方。

（2）知道谁能做的知识（Know-who）。这类知识告诉人们"遇到问题，该问谁"。如果"知道如何做的知识"只存在于个别人的头脑中，那么寻找到合适的人就成了问题的关键。在企业经营管理活动中，知道谁能帮助完成哪项工作可以大幅度提高组织绩效，相反，不具备这种知识会大大阻碍企业管理活动的开展，延缓企业的工作进程，甚至不必要地重复劳动。要具备"知道谁能做的知识"，不仅要依靠个人的网络和信息储备，而且，要求企业具备完善的资料库、专家库。所以，如何获得"知道谁能做的知识"应该成为每项知识管理规划的首要任务。

（3）知道为什么的知识（Know-why）。这类知识告诉人们"为什么要做某项工作"。其目的是要让组织的利益相关者（例如员工、客户、股东等）具备关于组织的目标、战略、理念、程序、活动的"背景"知识，例如，公司战略目标、愿景、价值观体系和企业使命的对内对外宣传和沟通，以使组织的利益相关者理解组织的立场和工作准则，保持对组织的了解、思想上的认同和行为上的认同。在企业管理实践中，企业文化建设工作的核心就是要帮助员工建立"知道为什么的知识"，加深对公司的认识，在思想和行动上与公司保持高度一致。

（4）直觉知识（Know-that）。这类知识告诉人们"员工凭直觉判断问题的能力如何"。这类知识的基础是个人的认知能力，它来源于特定的教育或培训等渠道。例如，一名熟练的汽车修理技师可以靠本能准确地判断出哪一个部件出了问题。直觉知识最容易在相同的职业人群中表达和理解，例如工程师或律师的专业术语和专业理论，虽不可能在整个组织中普遍流行，但在他们的专业团体中非常重要。

（5）知道什么时间的知识（Know-when）。这类知识告诉人们"应该什么时间做，不应该什么时间做"。在商业决策中，Know-when 知识对于企业的经营起着关键的作用，例如，进入新市场的时机，导入重大管理措施的时机、交易时机的把握，等等。

（6）知道什么地点的知识（Know-where）。这类知识告诉人们"哪里能找到自己需要的东西"。要知道这个答案，就必须具备基本的信息管理技巧和运用工作单位特有的或组织普遍拥有的信息知识。例如，在哪里能找到最经济的原材料的供货基地，在投标的过程中，知道从哪里能获得重要信息，在项目实施过程中能够判断何时何地可能出现问题，等等。掌握 Know-where 知识对提高组织绩效具有至关重要的作用。

2）隐性知识和显性知识

20 世纪 50 年代末 60 年代初，匈牙利裔英国哲学家波兰尼从可转移性角度，把知识划分为两类：明晰知识（Articulated Knowledge，后又被称为显性知识 Explicit Knowledge）和隐性知识（Tacit Knowledge）。

所谓显性知识（也被称为编码化知识）是指可以通过书面和系统化的语言表达出来，并且以诸如数据、科学公式、说明书、手册等形式在组织中共享的知识，它可以比较容易地处理、传递与存储，在没有知识携带者参与的情况下，也可以被理解和共享，显性知识容易被复制和模仿。波兰尼认为，可以用文字和数字来表示的知识仅仅是全部知识整体冰山的一角，大量的知识隐藏在冰山的下面，这就是隐性知识。隐性知识是指难以编码和度量，存储于人们头脑中的，属于经验、诀窍、判断、直觉、灵感的那部分知识，隐性知识常常是隐藏在过程和行动之中的知识，它在没有知识携带者参与的情况下，很难被交流、理解和共享，这类知识要通过对人类行为的观察和知识诱导活动才能获得。"你知道它，但却无法用准确的语言表达它"。波兰尼认为，人类的大部分知识是以隐性知识的方式存在，"人们知道得比他们所能讲出来得要多得多"。

隐性知识对于企业的竞争优势具有至关重要的作用。德鲁克认为，更具有价值的是一种专门的知识，是关于符合做好一件事的知识，这种知识经验往往是隐性的、难以编码和明晰表达的。学习这种知识或技能的唯一方法是领悟和练习。20 世纪 90 年代中期，日本学者野中郁次朗（Ikujurio No naka）通过对日本企业成功原因的分析，认识到隐性知识在企业知识创新中的重要性，提出知识管理和知识创新的关键在于隐性知识的调用和转化，并据此提出了著名的"知识螺旋模型"。

3）基于企业管理实践的知识分类

在企业知识管理中，有各种关于知识的分类方法，一般地，我们可以将企业的知识作如下分类。

（1）产品知识和服务知识。这是所有企业知识的核心，它们可能是组织以正式形式存在的知识（例如配方、图纸、工艺、规程等），也可能是非正式的个人知识（如员工的操作经验、与顾客的沟通等）。

（2）工作流程知识。这类知识是关于如何做事的知识，是显性知识和隐性知识的结合体。

（3）有关客户和供应商的知识。这类知识是客户关系管理体系、采购体系和企业资源计划系统的重点内容。

（4）项目知识。企业的生产过程具有典型的项目特征，积累的有关项目知识就是这类企业知识的核心，例如建筑企业。此外，在一般组织中，积累项目知识有助于重复利用资料、运用以往的经验（例如举办大型会议和营销活动），因此，项目知识也是组织中一项重要的知识。

（5）技术知识或专业知识。这类知识通常是指具有高度专业特征的技术知识，例如企业赖以维持市场竞争优势的核心技术等，也包括在企业生产和管理活动中涉及的高度专业化的技术，例如信息系统专家、软件工程师、复杂系统高级工程师的知识等。

4. 知识管理——一门新兴的学科

作为企业管理的一项新内容，知识管理是一项复杂的、高难度的管理活动，图 6-2 所示为知识管理的学科及其他支持知识管理的学科，以及知识管理思想的发展演化。

6.1.2 知识管理的基本内容

知识管理包含两类不同性质的活动，一是对既有知识的应用，二是创造新知识。

1. 知识创造

知识创造是组织知识管理的至高境界，知识创造的基础在于对现有知识的有效应用，同时，通过"边干边学"（learning by doing）、获取外部知识等渠道，实现知识创造。

案例2：3M 公司的知识应用和知识创造体系

3M 公司创立于 1902 年，被公认为是最具有创新精神的卓越公司之一，对公司知识进行有效管理是 3M 公司保持持续创新活力的秘诀所在。在 3M 公司，有一个专门的正式部门来管理关于 3 万多种不同商品中既有的知识，同时，在公司内部还有许多刺激创新和改进的制度，例如：

1）创新的文化

新产品不是自然诞生的。3M 公司的知识创新秘诀之一就是努力创造一个有助于创新的内部环境，它不但包括硬性的研发投入，如公司通常要投资约 7% 的年销售额用于产品研究和开发，这相当于一般公司的两倍，更重要的是建立有利于创新的企业文化。

公司文化突出表现为鼓励创新的企业精神。3M 公司的核心价值观：坚持不懈，从失败中学习，好奇心，耐心，事必躬亲的管理风格，个人主观能动性，合作小组，发挥好主意的威力。英雄：公司的创新英雄向员工们证明，在 3M 宣传新思想、开创新产业是完全可能取得成功的，而如果你成功了，你就会得到承认和奖励。自由：员工不仅可以自由表达自己的观点，而且能得到公司的鼓励和支持。坚韧：当管理人员对一个主意或计划说"不"时，员工就明白他们的真正意思，那就是，从现在看来，公司还不能接受这个主意。回去看看能不能找到一个可以让人接受的方法。

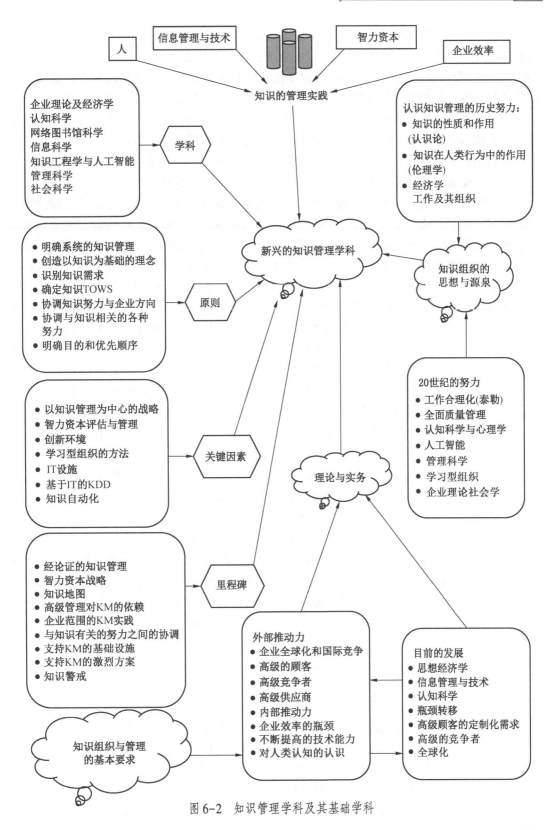

图6-2　知识管理学科及其基础学科

对于一个以知识创新为生存依托的公司而言，3M 公司知道，有强烈的创新意识和创新精神的知识员工是实现公司价值的最大资源，是 3M 赖以达到目标的主要工具。因此，3M 的管理人员相信，建立有利于创新的文化氛围是非常重要的。具体内容有：尊重个人的尊严和价值，鼓励员工各施所长，提供一个公平的、有挑战性的、没有偏见的、大家分工协作式的工作环境。尊重个人权利，经常与员工进行坦率的交流。主管和经理要对手下员工的表现与发展负责。鼓励员工发挥主观能动性，为其提供创新方面的指导与自由。冒险与创新是公司发展的必然要求，要在诚实与相互尊重的气氛中给予鼓励和支持。

知识的交流在知识共享中相当重要，它将知识传送出去并且反馈回来，加强了知识在组织内部的流动。信息技术的采用为这个环节的实施提供了便利条件，尤其是电脑网络技术的应用。知识交流也需要来自公司高级管理层的重视。它要求公司的管理层把集体知识共享和创新视为赢得公司竞争优势的支柱。如果员工们为了保住自己的工作而隐瞒信息，如果公司所采取的安全措施和公司文化常常是为了鼓励保密而非知识公开共享，那么将对公司构成巨大的挑战。对于那些想从员工中得到最大效益的 3M 管理人员来说，一个可靠的方法就是交流。3M 公司的集体协作气氛、经常性联络制度和员工们的主动精神，意味着交流可以在不经意之间发生。人们会出乎意料地把信息和主张汇集在一起。与国内外同行间的长期友谊和组织关系成为关键信息来源的高速路径。公司每天都会产生各种各样的新思想和新技术，让大家聚在一起通常会产生意想不到的效果。在公司规模还不大的时候，实验室主任便在每星期五的下午召集员工坐在一起，大家边喝咖啡边演示自己的研究计划。现在，3M 在全美和世界各地设有上百个分公司，因此要大家坐在一起进行交流已经不是那么容易了。管理人员通过各种会议、跨学科小组、计算机网络和数据库等等方式将大家聚集在一起。

技术论坛就是 3M 的创新活动的知识共享平台，是一个具有管理框架的大型志愿者组织，成员有数千人，每天都有各种活动。技术论坛的成立，目的是在鼓励信息的自由交换，为研究人员相互交流心得和解决疑难问题创造条件。是公司员工相互联络的一种方式。技术论坛下设分会、各委员会。分会主要讨论技术问题，包括诸如物理分会、生活科学分会和产品设计分会。技术论坛委员会负责组织各种活动、教育和交流事务。公司对外委员会负责 3M 员工与其他公司人员进行交流的活动。这个组织还通过公司内部的电视系统向全美各地的分部传送活动情况。交流委员会则向技术论坛成员定期分发公司的业务通信。员工在这些相互信任的气氛中交流受益无穷，这是一种文化、一种氛围。然而，更重要的是要培养一种环境，在这种环境中，员工可以与其他部门的人自由组合，同时每个人都愿意与他人共享自己所掌握的信息与知识。

2）创新的机制

通过正确的人员安置、定位和发展提高员工的个人能力。公司发展既是员工的责任，也是各级主管的责任。提供公平的个人发展的机会，对表现优秀的员工给予公平合理的奖励。个人表现按照客观标准进行衡量，并给予适当的承认与补偿。3M 公司鼓励每一个人开发新产品，公司有名的"15% 规则"允许每个技术人员至多可用 15% 的时间来"干私活"，即搞个人感兴趣的工作方案，不管这些方案是否直接有利于公司。当产生一个有希望的构思时，3M 公司会组织一个由该构思的开发者以及来自生产、销售、营销和法律部门的志愿者组成的风险小组。该小组培育产品，并保护它免受公司苛刻的调查。小组成员始终和产品待在一起直到它成功或失败，然后回到各自原先的岗位上。有些风险小组在使一个构思成功之前尝试了 3 次或 4 次。每年，3M 公司都会把"进步奖"授予那些新产品开发后 3 年内在美国销售额达 200 多万美元，或者在全世界销售达 400 万美元的风险小组。

组织结构上采取不断分化出新分部的分散经营形式，而不沿用一般的矩阵型组织结构。组织新事业开拓组或项目工作组，人员来自各个专业，且全是自愿。提供经营保证和按酬创新，只要谁有新主意，他可以在公司任何一个分部求助资金。新产品搞出来了，不仅是薪金，还包括晋升。比如开始创新时是一位基础工程师，当他创造的产品进入市场，他就变成了一位产品工程师，当产品销售额达到 100 万美元，他的职称、薪金都变了。当销售额达到 2000 万美元时，他已成了"产品系列工程经理"。在达到 5000 万美元时，就成立一个独立产品部门，他也成了部门的开发经理。

提倡员工勇于革新。只要是发明新产品，不会受到上级任何干预。同时，允许有失败，鼓励员工坚持到底。公司宗旨中明确提出：决不可扼杀任何有关新产品的设想。在公司上下努力养成以自主、革新、个人主动性和创造性为核心的价值观。这是因为，3M 公司知道为了获得最大的成功，它必须尝试成千上万种新产品构思。把错误和失败当作是创造和革新的正常组成部分。事实上，它的哲学似乎成了"如果你不犯错，你可能不在做任何事情。"但正如后来的事实所表明的，许多"大错误"都成为 3M 公司最成功的一些产品。3M 公司的老职员很爱讲一个化学家的故事——她偶尔把一种新化学混合物溅到网球鞋上，几天之后，她注意到溅有化学混合物的鞋面部分不会变脏，该化学混合物后来成为斯可佳牌（Scotchgard）织物保护剂。

3）创新的管理

在 3M，人们时刻都可以听到谈论创新问题 3M 的正式宣言，就是要成为"世界上最具有创新力的公司"，3M 对创新的基本解释既醒目又简单。创新就是：新思想＋能够带来改进或利润的行动。在他们看来，创新不仅仅是一种新的思想，而是一种得到实行并产生实际效果的思想。创新不是刻意得来的，3M 公司证明了一件事，那就是当公司越是刻意要创新时反而越是不如其他公司。利贴便条是在一连串意外中诞生，并不是依循精密的计划而来，每次意外的发生都是因为某个人可以完全独立从事非公司指定的工作，但同时也履行了对公司的正式义务。发明者往往比管理者有更多的空间，可以表达自我。

3M 极有威望的研究带头人科因称，公司的管理哲学是一种"逆向战略计划法"。3M 并没有先将重点放在一个特定的工业部门、市场或产品应用上，然后再开发已经成熟的相关技术，而是先从一个核心技术的分支开始，然后再为这种技术寻找可以应用的市场，从而开创出一种新的产业。是一种"先有解决问题的办法后有问题"的创新模式。研究人员通常都是先解决技术问题，然后再考虑这种技术可以用在什么地方。3M 的首席执行官德西蒙说：创新给我们指示方向，而不是我们给创新指示方向。3M 试图通过一种类似温室一样的、允许分支技术自己发展的公司文化来支持研究活动。3M 有时在自然创新方面非常有耐心，明白一种新技术要想结出果实，可能会需要许多年的时间，因为过去公司研制最成功的技术也曾经走进过死胡同。

3M 把创新分为三个主要阶段：涂鸦式创新、设计式创新和指导下的创新。这些阶段从大到小呈漏斗状。首先是创新的大胆初步设想得到一致的认可和赞许，逐渐演变为更加深入和集中的努力。在整个过程中，实现众人支持与专人负责之间的平衡，并按照不同阶段逐步增加人力和资金的投入。约束随着阶段的进展而逐渐增强，到了最终阶段，方法和落实要根据经营策略和市场状况来决定。

在具体实施中，公司坚持了以下管理策略。①弹性目标原则。弹性目标是培养创新的一种管理工具，方法就是制定雄心勃勃的但要切合实际的目标。3M 公司制定的目标数量并不多，其中有几个与财政收支状况有关。然而，还有一个目标就是专门用于加大创新步伐的，每年销售额中至少应该有 30% 来自于过去 4 年中所发明的产品。②视而不见原则。3M 公司的管理人员必须要有一定的容忍能力，因为即使你屡次想要取消明显是不切实际的研究计划，研究人员也可能会顽固地坚持己见。③授权原则。授权是在员工已做好创新的思想准备之后让他们开始工作，但创新主要还要靠他们自身的动力。当他们在发明创造时，公司就要及时给予帮助。这里的技巧在于如何才能不破坏他们这种内在的动力。

所以，在 3M 公司，除了正式部门来管理企业现有知识之外，还存在着一个非正式组织和系统，公司的员工可以通过以上种种制度化的体系参与新产品的开发——通过这个系统，员工可以获得时间、经费、材料以及相应的技术支持。而这个非正式的系统更多地贡献于企业新知识的创造。

2. 知识应用

企业里大多数的管理原则和管理活动都是对既有知识的组织和应用，企业应用知识的活动包括：

（1）知识识别。这涉及对组织内部知识的获取、分布、整理、储存等工作，这是进行知识管理的基本前提。

（2）知识测度。指对组织内部的知识价值进行评估，这是对知识管理绩效进行评价考核的基础。

（3）知识建构。指通过数据库、案例、故事等形式将组织内部的知识进行储存和建构，以有利于知识的传递和推广。

（4）知识传递和推广。即知识在组织内部的扩散和推广，这是知识管理中最重要的问题。如果企业内部各部门的知识和经验能够及时在企业各个部门之间进行有效的传播、学习，那么就可以为企业创造出巨大的价值。联合利华公司的营销主管说，联合利华公司在上百个国家销售上千种产品，在公司的全球营销活动中，类似的问题和机会可能在不同的分公司多次出现，处理这些问题所获的经验知识如果能在整个公司内部迅速地传递，无疑会给公司带来巨大的潜在利益。

（5）知识整合。这是知识管理中最大的挑战，即协调组织内部各方面专家，将众多具有不同专业背景的知识高效地整合在一起，形成产品或服务以及管理流程和管理方法等方面的模块化结构，例如：规则、制度、惯例、计划、系统等，知识整合水平越高，组织创造知识的能力就越强，就越有更多的新知识、新流程、新方法、新产品或服务的出现。

3. 知识管理系统

为有效地进行知识应用和知识创造，需要在企业内部形成一个知识管理系统，这个系统主要解决以下问题：

第一，对于创造价值和公司竞争优势而言，哪些知识管理过程是关键？例如，对于零售公司而言，物流信息系统是关键；对于芯片制造公司来说，设计和制造过程是关键；对于咨询公司而言，人力资本及专家的知识整合是关键；第二，相关的知识具有哪些特征？第三，相关知识的生成和应用需要哪些机制？第四，为使这些知识管理机制发挥作用，需要什么样的组织内部环境，包括：组织结构、激励政策、行为规范、价值观等。图6-3所示为有关知识管理的主要内容。

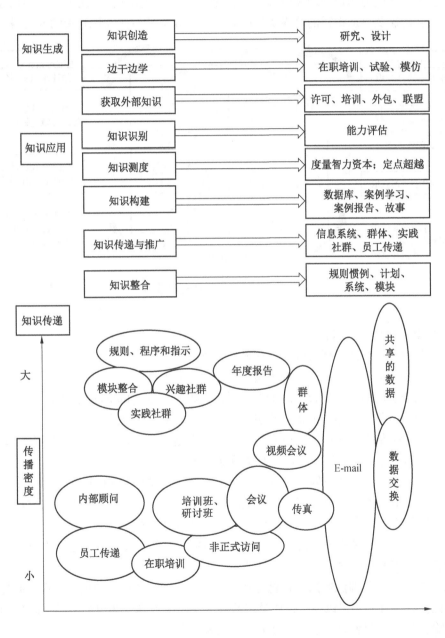

图6-3 知识管理的主要内容

6.1.3　知识管理的方法和工具

　　1. 知识管理的基本方法

　　1）SECI 模型：知识的创造与运用

　　1991 年，日本科学与技术高级研究所、加利福尼亚大学伯克利分校的野中郁次郎教授从 20 世纪 90 年代早期开始，就提出了一个关于"知识创造"的模型——SECI 模型（即社会化、外化、结合、内化，Socialization，Externalization，Combination，Internalization），该模型迄今为止成为知识管理领域最具代表性的知识管理模型，被认为是一种描述组织中知识产生、传递及再造途径的严谨实用的方法。图 6-4 所示为知识管理的 SECI 模型。

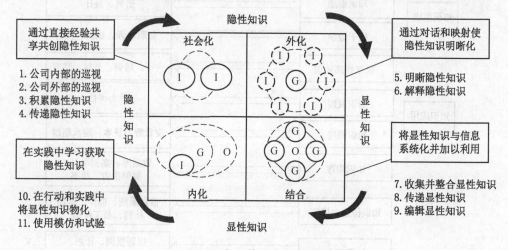

图 6-4　知识管理的 SECI 模型

SECI 模型包括以下内容：

（1）两种知识形式，即隐性知识和显性知识。

（2）一种互动动力，即知识的传递或推广（Transfer）。

（3）三个层面的社会集合，即个人、群体、组织情景（Individual，Group，Context）。

（4）四个"知识创造"过程，即社会化、外化、结合、内化。

该模型建议那些"知识创造型公司"应该主动地为隐性知识和显性知识的互动创造条件，而这是通过相应的系统和结构以及企业文化来实现的。

这些因素可以促进知识创造的四个过程相互推动，这四个过程具体如下：

（1）社会化。社会化即通过共同活动或实际接触，实现隐性知识在个人之间的共享和传递，经验共享是这个转化过程的关键，而它又是通过共同活动，如在一起工作、休息或在同样的环境下生活等途径来实现的。对组织内部或外部情况进行的巡视也可以成为获取经验型隐性知识的有效途径，如图 6-4 所示。

（2）外化。外化即隐性知识转化为公开的、易于理解的显性知识的过程。通过隐性知识的显性化，隐性知识可以在组织成员之间被共享并成为创新知识的基础。隐性知识通常通过比喻、类比、图表化、原型、模仿等方式来实现。

（3）结合。这是显性知识向更复杂的显性知识体系的转化过程。知识在这一过程中通过文档、会议或交流等形式在组织成员间进行了交换和再造，大规模数据库中的数据分析与采集系统就是这个过程的一个例子。

（4）内化。内化是已经外化的显性知识在个人及组织范围内向隐性知识转化的过程。这个过程与"边干边学"的关系最为密切。通过内化，知识实现了在组织内部的共享，并拓宽和改变了组织成员的思维方式，一旦知识内化为思维方式或专有技术（Know-How），它就变成了有实际价值的资产。

社会化和外化主要强调知识的创造过程，结合和内化主要关注知识的应用过程。通过以上四个过程，个人的隐性知识不断通过社会化在组织群体内被共享；群体中的新知识则向整个组织以及跨组织领域扩展，这样，知识的创造和应用会不断地在组织的不同环节和不同阶段展开，隐性知识和显性知识不断转化，构成组织知识创造和再创造的螺旋上升，这四个过程又被称作"知识的螺旋"。

1998 年，Nonaka 和 Konno 又为 SECI 模型引入了一个"场"的概念（日语为"Ba"，相当于英语中的"Place"），他们提出，在隐性知识与显性知识"知识螺旋"互动的过程中，有四种类型的"场"：

（1）原始情景型：个人之间共享感觉、感受、经验及思维模式的场所。

（2）集体互动型：隐性知识实现显性化的场所，在此过程中，"对话"和"比喻"是两个关键的因素。

（3）网络型：在虚拟世界中实现互动的场所，通过它，人们可以将新的显性知识与已有的显性知识相结合，从而生成新的显性知识。

（4）演练型：为显性知识向隐性知识转化提供便利的场所。

"场"的概念提醒我们，在企业的知识管理过程中，任何知识创造的过程都需要一个有利的"Ba"，改善知识过程所处的环境比改善过程本身所取得的效果会更好。

2）N 型组织：新型的知识管理组织模式

斯德哥尔摩经济学院的 Gunnar Hedlund 于 1994 年提出了 N 型组织的概念，他认为 N 型组织比传统的 M 型组织更高级，能更好地适应新出现的知识管理的要求。N 型组织模型揭示了有效进行知识管理和知识创新的新型组织结构和载体，提出有四种知识载体：个人、小型群体、组织、跨组织领域。企业必须首先改革公司的组织结构，建立"无边界"组织，以实现有效的知识管理与创新。N 型公司与 M 型公司的特征对比见表 6-1。

表 6-1　N 型公司与 M 型公司的特征比较

	N 型	M 型
对技术型关系	结合	分割
人的相互依赖	给定人群，采取暂时结合方式	采取永久结构，但变动人群
关键组织层次	中层	高层
沟通网络	水平（跨部门）	垂直（部门分割）
高层管理的角色	催化剂、设计师、保护者	监督者、分配者多样化，规模经济和范围经济
竞争范围	集中（专业化）、深度合作	准独立
组织结构形式	平级	层级

3）认识和知识：知识资产管理的四个关键环节

伦敦经济学院的 Michael Earl 提出组织对知识的认知有两个维度：认识和知道。进而，他提出了组织知识管理的四个关键环节：

（1）编列知识目录（Inventorising）。描绘出组织以及组织中个人的知识地图（Knowledge Map）。

（2）知识审计（Auditing）。评估那些计划内未知知识的性质及范围，然后通过学习活动去努力获取。

（3）知识社会化（Socializing）。指能够促使人们共享其隐性知识的活动。

（4）知识体验（Experiencing）。即通过学习他人经验或亲身实践或处理非常规情景来获取计划外未知知识。

这四个关键环节以及相应的知识类型如图 6-5 所示。

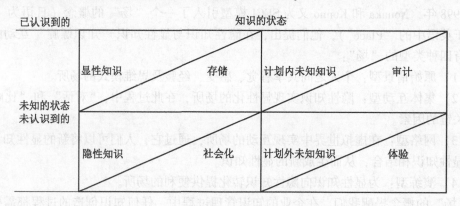

图 6-5　对知识及认识的状态的描述

4）知识资本的测量方法

对知识资本进行科学的测量是对企业知识进行有效管理和评价的前提。对知识资本的测量有两种基本方法：一是财务定量指标测量法，二是用非财务指标度量知识资本。

财务定量指标方法包括以下内容。

（1）市值与账面价值比率。市值与账面价值比率法是计算公司的市值总额和所有者权益之间差值，将其作为企业智力资本的价值。这种方法具有简便的优点，但是由于股票市场容易受到许多复杂因素的影响，所以由此计算的智力资本的价值可能难以准确反映企业的实际情况。另外，这种方法对于非上市公司则难以应用。

（2）托宾的 Q 值。托宾的 Q 值是无形资产的市场价值和其复制成本的商。目前，这种方法并未被广泛接受。

（3）可计算的无形价值（CIV）。其基本方法如下：①计算资产收益率（ROA），即用公司的平均税前收入除以其某一时期的有形资产的平均值；②资产收益率的结果与行业平均数相比较，差值乘以公司的平均有形资产，得到来自无形资产的平均年度收益；③将超过平均值的收益除以公司的平均资本成本或利率，就可以获得无形资产的估计值。

（4）价值探险者（Value Explore）。这种方法可以计算并确定五种无形资产的价值：①资产和禀赋（品牌、各种关系网络）；②技能和隐性知识（专门技术）；③集体价值和规范（以客户为中心、质量）；④技术和显性知识（专利）；⑤基本流程和管理流程（领导力、沟通）。

非财务指标度量知识资本的方法。目前，有许多度量知识资本的指标方法，在此仅介绍三种非财务指标度量方法。

（1）知识资本的构成。Brooking 等提出知识资产由四个部分组成，这种方法为企业知识管理的知识审查和建立知识地图提供了基本依据。

①市场资本。包括所有有关市场的无形资本，例如：企业的产品、市场份额、客户、分销渠道、重复的业务、供应商网络、其他与公司市场活动相关的社会网络等。

②以人为核心的资本。包括集体的专长、创造性和解决问题的能力、个人在团队中或在压力下如何应对的心理测量数据和指标等。

③知识产权资本。包括专门技术、商标、商业秘密、版权、专利、设计权力、贸易和服务标志等。

④基础设施资本。包括构成组织工作方式的所有要素，例如企业文化、评价风险的方法体系、管理销售队伍的方法、财务结构、市场客户信息库、信息沟通系统等。

（2）无形资产监测器（IAM）。无形资产监测器以公司员工及其专门技术为中心，它在对知识资本的分类中非常强调员工能力的价值，如图6-6所示，这种方法把公司的知识资本分为以下三类：①员工的能力（教育、经验）；②内部结构（法律形式、管理、系统、企业文化、研发、软件）；③外部结构（品牌、顾客关系、供应关系）。

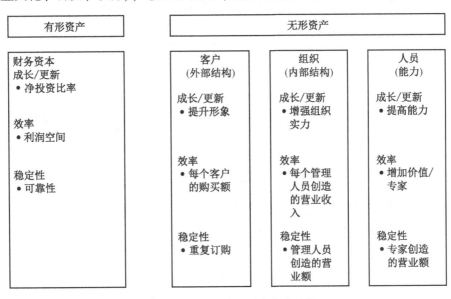

图 6-6　Celemi 的无形资产监测器

这种方法的目标是跟踪如何通过设计无形资产的成长/更新比率、公司对无形资产的利用效率及其可能的稳定性，来促进无形资产的开发。

（3）Stewart 知识资本导航器。Stewart 采用了雷达图"导航器"作为知识资本形象化的测量工具，用来评价企业的知识资本，如图 6-7 所示。

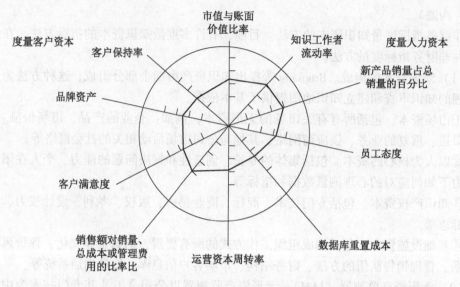

图 6-7　Stewart 的知识资产导航器

（4）Skandia 知识资本导航器。1998 年，瑞典财务服务公司——Skandia 开发了一种度量知识资本的指标，被称作 Skandia 知识资本导航器，如图 6-8 所示。

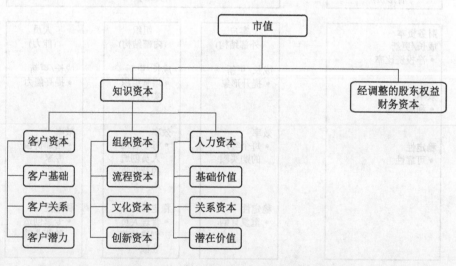

图 6-8　1998 年，Skandia 的知识资本导航器

5）知识管理的决策方法

DavidSnowden 提出了知识管理的决策方法，如图 6-9 所示。

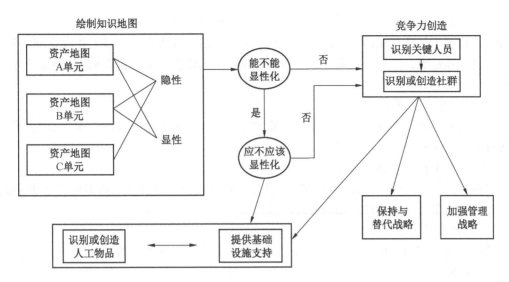

图 6-9　知识管理的决策方法

Snowden 的知识管理决策方法指出，隐性知识和显性知识的平衡以及对这两类知识的适应型管理必将帮助企业形成均衡的知识管理生态，为此，组织必须对以下四类活动进行管理：

（1）通过系统和结构共享显性知识。

（2）通过社会心理机制共享隐性知识。

（3）通过企业流程再造（BPR）和文档管理及其他相关活动促进隐性知识向显示知识转化。

（4）通过信任及其动力为隐性知识的利用创造宽松的环境（隐性知识的释放过程）。

2. 知识管理中基于网络的信息技术工具

信息网络技术的发展为有效进行知识管理提供了强大的工具。目前，在知识管理领域，主要有以下常用的信息技术工具。

1）数据库工具

越来越先进的数据库建模工具为企业知识管理中建立"知识地图""识别知识"及进行"知识审计"等工作提供了更好条件。

数据库工具是企业进行知识储存和管理的重要手段，依据组织知识特征不同，分别有不同模式的数据库，例如：编码管理模式数据库和人物化模式数据库。

2）流程建模和管理工具

20 世纪 90 年代以来，流程再造（BPR）引起人们对组织流程的关注，与此相应，要开发可以支持流程的工具，需要对大量的流程知识进行编码，由此产生了与流程再造有关的流程建模及其管理工具。

3）工作流管理工具

在企业中，工作流是与存储信息的更新周期息息相关，许多流程提供使一个相当复杂的文件产生、协作、允许和发布的一系列过程的工具。

这类工具已经远远超出了传统的流程图绘制工具的范畴，除了具有一般组织流程的特点外，工作流工具还兼顾信息流程中文件移动的特殊性。很多企业还将工作流管理工具应用于信息流程建模，然后反过来再来学习信息流程。工作流工具也可以被用于流程的执行和管理。

4）流程技术管理工具

流程技术管理工具是用于企业核心转换过程的间接的或者基础性的技术，例如，企业资源计划（ERP）、企业资源管理（ERM）、客户关系管理系统（CRM）、供应链（SCM）、SAP（中小企业 ERP 升级计划）等等。

这些流程技术管理工具在应用中凝结了大量的组织知识以及越来越多的关于供应商、顾客的知识，是当今企业进行知识管理的强大工具。

5）信息搜寻代理工具

这些工具基于职能代理技术，人们只要向代理提供自己感兴趣的信息的详细说明，代理就可以在网上和其他专业数据库中自动搜寻信息。

新版本的信息代理工具能更好地判断信息询问的情景，并能利用这种知识来选择数据库以及从因特网选择信息。

6）搜索引擎、导航工具和门户

目前，各类功能强大的搜索引擎和知识导航工具为信息搜寻和检索提供了强大的工具。

门户是一个向用户提供个性化的信息介入手段的工具，并且与信息、应用程序和商业流程相互作用又各司其职，是一个连接组织的知识和系统的通道。

目前，门户技术的发展使门户工具具备更高级的搜索能力来实现基于内容的查询。导航系统也越来越先进，他们不仅能够兼顾用户在该领域的原始知识，还能在搜索时提出有关建议，再根据用户的回答做进一步搜寻。

7）可视化工具

计算机功能的不断增强和视频技术的发展使可视化工具成为现实，这使得知识企业的信息传递和知识应用更加直接方便。

8）协同工具

电话会议、电视会议、多媒体工具、即时传输工具、端对端技术等，帮助人们跨越空间和时间障碍进行信息交流共享，为知识管理提供了更加有效的手段。

9）虚拟现实

因特网技术的发展使各种虚拟工具成为现实，例如各种网上论坛、社区等，它们通过互动式模型建构和分析为人们提供有利于合作的环境。虚拟现实为知识的调查、描述、修正提供了一个便利的"实验室"，同时，也成为知识传递和共享的有效工具。

6.1.4　在现有管理系统中导入知识管理

1. 知识管理十步走

美国学者 Amrit Tiwana 在其著作《知识管理十步走——整合信息技术、策略与知识平台》一书中，提出了在企业的实际操作中，知识管理的十个重要步骤。

1）第一阶段：基础设施评价

第一步是分析现有的基础设施。包括：理解知识管理平台的技术成分；对企业当前基础设施的分析、利用和建设；部署知识服务器，实现企业内部孤立数据源的整合（形成知识地图）；进行初步的业务需求分析来评价相关知识服务器的选择；确认实施工具的局限性，以及企业现有技术设施的缺陷。

第二步是协调知识管理和业务战略。包括：从战略愿景开始将知识管理与业务协调一致；确定如何在高层交替换位中实现知识整合和知识转移；开发知识管理以应对内外环境中的不确定性；分析企业知识差距；将业务战略转译为可执行的知识管理战略和架构；识别知识管理的关键成功因素；启动创意并在内部宣传知识管理。

2）第二阶段是知识管理系统的分析、设计与开发

第三步是设计知识管理平台。包括：位知识平台选择 IT 组件；识别知识平台各层次的要素；决定协同的知识平台；识别和理解协同智能层的组件；优化知识对象的粒度；为应用层确定 IT 组件的适当组合。

第四步是知识审计与分析。包括：测量知识；识别、评价关键流程知识，并进行等级评估；选择审计方法，组成审计团队；审计和分析企业现有的知识；识别企业的知识位置；选择知识管理系统的战略位置。

第五步是组织知识管理团队。包括：确定知识管理团队所需的专业技能的来源；确定知识管理失败的核心问题；使知识管理团队组织化、战略化、技术化；平衡技术和管理技能，处理利益相关者的期望；解决团队规模的问题。

第六步是创建知识管理系统的蓝图。包括：开发企业知识管理架构；选择架构组件：优化系统性能、协同性和可扩展性；知识平台的位置和范围；自建还是购买系统的决策。

第七步是开发知识管理系统。包括：构建知识管理系统模块；开发访问与身份验证层；开发协同过滤与智能层；开发应用层；提升扩展现有传输层等。

3）第三阶段：部署知识管理系统

第八步是部署。包括：知识管理系统的试验；部署知识管理系统的范围；部署企业的知识管理系统等。

第九步是实施管理变革，导入知识管理的文化和激励机制。包括：准确界定知识主管（CKO）的作用，以及 CKO 与其他高管团队成员（信息主管、金融主管以及 CEO）的关系：进行文化变革和流程变革；导入知识管理所需要的激励机制。

4）第四阶段：知识管理的绩效分析

第十步的关键是采用适当的方法对知识管理投资的回报率和效果进行科学评估，为提高和修正企业知识管理系统奠定基础。

知识管理十步走路线示意图如图 6-10 所示。

2. 在现有管理系统中导入知识管理的关键环节

"知识管理十步走"程序为在企业实施知识管理提供了详细可操作的步骤和方法。为保证在现有管理系统中成功地导入知识管理并取得好的绩效，需要把握知识管理过程中的关键环节。

案例 3：中国惠普知识管理失败引发的思考？

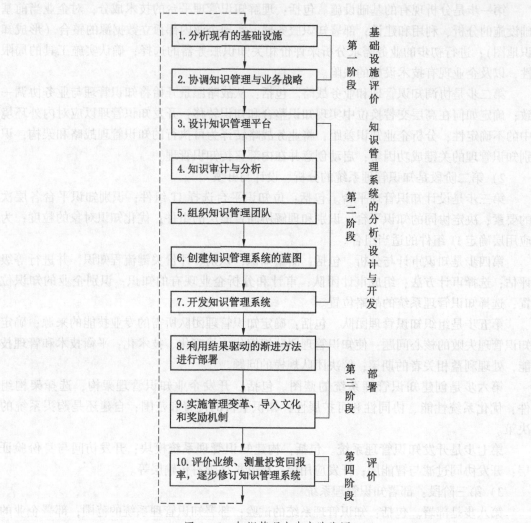

图 6-10　知识管理十步走路线图

中国惠普公司成立于 1985 年，在 20 年的发展历程中，中国惠普始终保持业务的高速增长，是 HP 全球业务增长最为迅速的公司之一，中国惠普也是中国企业界导入知识管理的先行者。2001 年 1 月，在知识主管（CKO）高建华的倡导推进下，中国惠普开始导入知识管理实践。惠普公司的知识管理实践可以从其知识主管高建华的知识管理思想中得以体现：

（1）关于知识管理的目的，高建华曾说：我的任务有三个内容：第一，提高组织智商；第二，减少重复劳动；第三，避免组织失忆（即避免组织的知识随着个人的离职而被带走）。

（2）关于知识管理的内容，高建华认为知识管理的内容包括：知识的收集；知识的整理；知识的存档；知识的分享。

（3）关于知识管理的价值，高建华认为："知识管理只能是锦上添花，不能雪中送炭。"即"存在生存危机的企业不适合运用知识管理。只有那些优秀的、稳定的企业，适合运用知识管理实现从优秀向卓越的转变。"

（4）关于知识管理的实施步骤，高建华关于知识管理有著名的"三阶段论"，即他认为知识管理应该"先有文化、再有内容、后有系统"。他认为，中国惠普探索和实践知识管理不应先从硬件建设和软件开发入手，而应从培育适合知识管理的企业文化和提升知识管理的能力入手。在这样的思想指导下，中国惠普于2001年9月成立了"知识管理委员会"，开展了"写下来""读书会""小组讨论""流程大赛""寻找知识大师""惠普商学院""自学网页"等一系列知识管理活动，并如火如荼地展开。

但是，2002年12月惠普成功购并康柏之后，高建华的知识管理计划被搁置。2003年4月高建华离开中国惠普。高建华走后，中国惠普再没有设置CKO一职，高建华倡导的知识管理的举措和活动，至今大多停顿，中国企业界瞩目的知识管理先行者的知识管理实践以失败而告终。

结合中国惠普的知识管理案例，我们可以总结出，在现有的管理体系导入知识管理，有以下几个关键环节事关知识管理的成败：

第一，"自上而下"模式还是"自下而上"模式？

中国惠普的知识管理采取了典型的"自上而下"的模式。而惠普总部的知识管理模式则具有显著的"自下而上"的特征，例如，惠普总部实施的效果最显著的知识管理项目之一——"培训是交易站"就是由惠普教育组织的基层员工发起建立的，而且，在惠普总部并没有设立专门的CKO职位。

第二，从文化入手，还是从技术入手？

许多知识管理的理论家和实践家都认为："知识管理为何如此难？难就难在文化。""培育一个知识导向型文化是知识管理最重要的关键成功要素""实施知识管理，文化第一，技术第二"。但是，从导入知识管理成功的企业来看，几乎都是先构建知识管理的技术系统，而中国惠普还没来得及构建系统，就偃旗息鼓了。由此，让我们不得不再次思考：实施知识管理先从文化入手，还是从技术入手？

第三，从显性知识开始，还是从隐性知识开始？

知识管理的关键是对企业隐性知识的管理，但是知识管理的原理告诉我们，只有在显性知识和隐性知识的互动中，才能促成知识的传递和创新。而从中国惠普的知识管理活动，例如"写下来""读书会""小组讨论"等，大多是共享隐性知识的活动（中国惠普高层所说的："员工脑子里的知识"）。管理隐性知识比管理显性知识的难度大得多，而且，在一个知识共享的文化氛围尚未建立起来的组织环境中进行隐性知识的管理活动，不可能得到员工的真正理解和合作，其效果也只能大打折扣。

第四，企业导入的知识管理活动如何与企业当前业务管理融合在一起？

从中国惠普的知识管理实践来看，其失败的原因之一就是导入的知识管理活动没有与企业的经营业务活动很好地融合起来，这也是该企业知识管理失败的原因之一。

因此，在企业中导入知识管理，必须认真规划知识管理的战略和步骤，科学使用知识管理的方法和策略，才能保证知识管理与现有管理系统和谐融合，取得良好的成效。

6.2 培训矩阵

6.2.1 浅析概念

1. 矩阵

1）矩阵管理的浅析

组织结构是企业的载体和支撑。一个企业要高效率运转，必须有一个分工明确，"责、权、利"清晰，流程顺畅，而且能协作配合的组织结构。目前企业常见的组织结构有：直线制、职能制、直线职能制、事业部制、模拟分权制、矩阵管理制等。

矩阵是数学概念，是一种代数的方法。应用在管理上，使得管理模式既有序运行、又灵活多变，使解决问题的能力产生质的飞跃。由于矩阵的行列类似于网络结构，其元素又被视为信息网络的结点，活跃在结点上的信息丰富，而且联系广泛，易于被激发，成为创新的源泉。

2）矩阵的结构（横向与纵向）

横向管理的出现与纵向管理构成矩阵组织的网状结构。矩阵结构有强弱之分。弱矩阵结构保留了传统组织结构的许多特点。强矩阵结构具有许多项目单列组织的特点，管理者的角色从命令指导为主转向协助支持为主，企业成了一个柔性的组织。

矩阵结构能够弥补企业单一管理带来的不足，矩阵管理通过跨职能部门的横向和纵向管理，加强彼此间信息的流通，有效协调各项业务的发展。

例如，某企业有三块核心业务：①针对企业的服务器；②针对家庭的电脑产品；③针对金融系统的软件开发。按照企业传统的组织结构，企业的机构会十分庞大，在三个业务板块内都安排研发、生产、财务、销售等部门，结果是职能部门间职能相互重叠，却又相互隔离，长此以往必然会弱化员工之间的协助，导致资源浪费。因此，企业如何最大限度地发挥人、财、物的效率，矩阵管理是一种好方式。

企业的矩阵结构，打破了僵化的级别界限和控制。在矩阵结构下，员工敢于向高层管理者提出问题，而高层管理者不管是哪个部门、哪个级别，可以跨级别行使权力，并采取相应措施解决问题；中层管理者可能要向几个不同职责的高层管理者负责。

矩阵结构适合于大型企业集团和跨国公司，这是由矩阵结构的特点决定的。跨国公司一直是实行矩阵管理的领头羊，在其矩阵管理模式中，横向为产品线，纵向为区域机构。矩阵管理实际是在围绕产品线组织资源以及按客户划分资源之间取得平衡，弥补企业进行单一划分带来的不足，如果不对企业进行区域上的细分，就无法针对各区域市场的特点把工作深入下去。而如果只进行区域上的划分，对某一种产品而言，就不会有人能够非常了解这个产品在各区域的表现与特点，因为每个区域都只看重该区域客户的生意。作为企业组织结构的进化方式，矩阵管理已被越来越多的企业所采用。

3）矩阵管理的实质

矩阵管理就是通过横向和纵向交叉的管理方式，平衡企业运营中的分权化与集权化问题，使各个职能部门之间相互协调和相互监督，高效率地实现企业的工作目标。矩阵管理是在克服单项垂直式组织结构缺点的基础上形成的，其最大的优点就是信息线路短，信息反馈快，提高工作效率高，从而强化企业的应变能力和生存能力。"增强了管理的柔性，形成刚柔相济的状态"。

矩阵管理的本质是双线管理。一方面要考虑纵向管理（统筹），另一方面又要考虑横向管理（具体化）。就好比一个家庭里面既有父亲、又有母亲，到底是父亲更重要呢？还是母亲更重要？不同的事情、不同的阶段，父亲和母亲发挥的作用是不一样的，但是缺一不可。

同理，在矩阵管理中，很难定性哪个管理更重要。（同等重要性）

4）矩阵在企业、组织中的形式

（1）矩阵管理无处不在。在任何企业和组织里面，只要存在分工，就会有矩阵的存在，矩阵无所不在。

一是企业中部门矩阵的形成。一个稍微成型的企业就会拥有业务、人力资源、财务等多个部门，只要有部门分工，矩阵就已经存在了。业务部门从事销售、市场等方面工作，而人力资源部门负责招聘、薪酬、考核等，是一个横向的职能部门。这样，凡是业务部门中与招聘、薪酬等相关的工作，都应该和人力资源部门达成统一共识，必须按人力资源部的相关规定与流程开展工作。同样，其他部门如业务部门和财务部门之间、人力资源部门和财务部门等之间，也会根据自身的专业部门功能形成矩阵，这时便形成了部门矩阵。

二是矩阵的复杂化，延伸出其他矩阵。当企业发展到有多个分支机构时，矩阵就变得相对更为复杂，不仅会存在部门矩阵，也会出现分支机构横向管理（具体化）和总部纵向管理的矩阵（统筹）。所谓横向管理，就是贴身管理、走动式管理，对于一些需要本地化管理的工作而言，横向管理无疑具有很大优势。但为了确保系统的完整统一，总部还是要坚持专业的职能管理，包括财务、人力、销售、产品等在内都要有一个垂直的纵向管理。于是，这时形成了矩阵的一个延伸，总部专业职能管理与分支机构的本地化横向管理。

三是矩阵的进一步升级，变得更加复杂与多元。当企业运营多个产品，拥有多业务线时，矩阵就会进一步复杂化。企业会形成同一个销售部门对应不同的产品线，就会形成交叉销售、重复销售等，这时的矩阵就更加复杂与多元。

四是当业务线多元时，矩阵管理的难度就提升了。当部门分工、分支机构、多业务线都并存时，这个组织的矩阵管理总体来讲是一个相当复杂的结构，而此时就对企业的管理水平提出了更高的要求。

五是矩阵的嵌套。在企业中，会出现大矩阵套小矩阵的复杂局面。比如产品事业部对着财务部，是一个大矩阵，但是在产品事业部内部可能会有很多的产品线，会对着销售部门，这样一来，又形成了事业部内的小矩阵。

（2）大型工业企业的矩阵管理。矩阵管理是未来发展的趋势。对于技术密集、资金密集的大型制造业企业，并且其水平体现着国家的制造业水平，或者是一个大型、特大型的复杂工程项目，应用矩阵式管理是历史的必然，也是一种国际化的发展趋势。美国波音公司、德国MBB公司、特尔迪克斯公司以及巴西空间研究院等都采用了矩阵管理。

一些大型工业企业由过去的面向专业划分的职能式管理体制转入面向用户划分的生产线管理体制，形成了矩阵管理的雏形。在管理职能机构内，设立了产品项目办公室，负责对产品工程实施技术抓总、协调、督促和检查，在保持职能机构纵向管理的前提下，突出产品的横向协调作用。一些大型工业企业产品项目办公室的成立，标志着产品管理正式实施了项目负责制下的矩阵管理。

针对当前大型项目多，参与单位和调动资源广的情况，要推进矩阵型项目管理，要求项目、职能部门、有关单位共同构成矩阵，逐步形成扁平、柔性、高效的管理体制。而且要从企业文化入手，大力提倡"信任、沟通、合作、协作"的团队精神。以"客户—价值—价值链—团队—拉动"为管理主线，采用项目矩阵管理模式。以项目管理为中心，实现以职能、专业、产品为中心向以客户为中心的战略转变。

在新形势下，大型工业企业要加强多项目的集成管理，进一步缩短项目管理链条，提高项目管理运行效率。因此，要大力推进项目矩阵管理模式。

（3）矩阵管理是先进的企业组织形式。企业传统的组织结构产生于工业化时代，它强调专业化的劳动分工和等级分工，形成一条严格的行政等级指挥链。上级依靠权威领导下级，下级不能怀疑上级的决定，员工按照程序执行任务。高层经过层层授权，进行管理，形成金字塔式的中央集权制或单一管理体制。在这样的结构中，烦琐冗长的行政指挥链和等级森严的职级，弱化了员工之间的协助和资源整合，不同核心业务块的分兵作战，削弱了企业的反应速度。但这样的结构执行力非常强大，职能非常明确，企业具有稳定性、严格性和可靠性的优点。

市场是企业生存的基础，对不同市场的需求，要求企业迅速做出反应，制定不同的竞争策略。当企业的产品在市场上是领先的，是唯一的，产品差异性很大，企业不需要在以产品为中心的第一个维度上进行以客户为中心的二维管理。企业发展到一定规模时或产品成熟后，必然会出现产品多元化、客户分散、业务繁杂以及部门庞大的现象，企业日常运营中各种事务会交叉影响。以产品来划分部门单一的管理方式已经无法适合全球化的市场运营环境，企业的知识型员工也不再满足于重复性工作，企业需要更加柔性的管理，使其业务得到更有效的监控。同时，大量竞争对手涌入，产品差异性缩小，企业就需要注重客户的需求，为客户提供更优的服务。于是，以市场为导向的矩阵结构应运而生，这是市场竞争的必然结果。

这时如果企业的组织结构不及时进行调整，仍然采用金字塔式的结构，企业运营就可能会发生紊乱，导致内部信息传递缓慢、客户的需求无人顾及、新产品研发的机会错失、与多重上级机关协调不一致等问题。

矩阵管理是多产品线、跨区域或跨国企业经营的基本模式，具有灵活、高效、便于资源共享和组织内部沟通等优势，可以适应产品多元化、市场分散以及分权管理等复杂情形。在矩阵管理中，强调区域本地化及产品业务垂直化，各分公司和产品线项目负责人都可以更好地了解客户需求，提供差异化产品及服务，赢得更多的订单。矩阵管理能有效提高企业对市场的反应速度，但它决不意味着企业可以完全无序地进行"越级管理"，仅仅是对企业传统组织结构做出的补充和更新。

矩阵管理是一种先进的组织形式，具有不可否认的先进性。实际上，美国众多大型企业在过去的50年里不断在进行组织结构的调整，从高度集权的结构转向权力下放的事业部制，然后又在事业部基础上实行矩阵管理。IBM公司成功应用矩阵管理是促进企业发展的典范。IBM公司以前采用的是典型的金字塔式管理结构，完全按照区域、业务、客户、产品等元素来划分部门，对市场和客户的反应很慢，市场份额不断下降。郭士纳临危授命，重组公司，对公司进行了矩阵革命，采用"巨型多维矩阵"的管理模式，加强横向连接和协调，充分整合资源，提高了对市场和客户的反应速度，使 IBM 获得了新生。

目前，国内 IT 企业也正在进行着一场"矩阵革命"。联想集团在调整自己的组织结构，使联想矩阵管理模式基本形成，其最具突破性的动作是打破已运行 3 年的六大群组模式，在国内按照地域设置东、南、西、北四大区域，下设 18 小区域。用友、金蝶也开始向矩阵管理转型，IT 企业这场"矩阵革命"之所以不谋而合，除了全球化市场使企业旧的组织结构效率低下的原因外，还有企业从以产品为中心向以客户为中心进行战略转型的动力。

5）矩阵管理的优势

矩阵管理被公认的优势如下：

（1）具有良好的前瞻性和扩展性。随着产品的不断发展，企业不断进入新的经营领域和竞争领域，企业迫切需要一种易于扩展的组织结构，避免每次结构调整都需要伤筋动骨，给经营带来损失。矩阵结构可以很容易地扩充新的建制，而不必对整体结构做出调整。

（2）具有强烈的市场导向。不同的产品进入不同的市场，采用不同的销售方式。每个产品都可以根据市场和客户特点制定不同的市场推进策略，达到更好的开拓市场效果。

（3）针对区域的结构有利于开拓区域市场。由于不同区域的经济发展水平不一致，客户消费心理、价格承受能力不一样，竞争对手的实力也在变化，采用攻城略地式的客户战略，与竞争对手一个区域一个区域地较量，是矩阵结构的优势。

（4）业务线条清晰。制定经营计划、监控执行情况、设计考核办法相对简单，以产品为主线和对象，销量、利润、费用、基本建设等主要经营指标分解下达给各个产品，责、权、利挂钩，确保企业总体目标的实现。

（5）资源共享。强调资源共享和合作，有利于步调一致，针对同样的情况采取统一的策略，提高了资源利用效率，形成了整体合力。人力资源得到更有效利用，可比传统企业可少用 20% 的员工。因为员工有更多机会接触企业的不同部门，所以综合才能提升快。

（6）具有灵活性。它能提高工作效率，迅速解决问题，这点非常重要。企业对市场的应变能力更快，企业在最短的时间内调配人才，组织团队，把不同职能的人才集中在一起，解决复杂问题，完成工作目标。

6）源头与结点，矩阵管理的复杂性

（1）矩阵管理的存在的问题。矩阵管理的复杂性存在于两个层面上。

首先是矩阵的源头，也就是企业双线部门主管，也就是孩子的父母，他们必须能很好地协同。在现实工作中，很多部门主管希望单线管理（一揽大权，独断专行），因此在矩阵结构下经常会觉得自己说了不算，还需要和他人进行协调，觉得很麻烦。

其次是矩阵的"结点"，即被管辖的员工。同时受到纵向横向主管的双向管理。他们往往会觉得工作很累，因为同时有两个领导，需要花费较多的沟通时间，工作强度与难度会提高，双向领导都会提出自己关心的工作目标与指标，有时双向指令有冲突时还会无所适从。值得注意的是，在很多企业中，被管辖员工有时甚至会有意无意地制造矩阵源头间的矛盾与分歧，从而给自己获得一个推脱责任的借口或者是偷懒的空间。

（2）优化矩阵管理水平，从意识上接纳矩阵管理。要想提升矩阵管理水平，往往需要从意识上提高对矩阵管理的认识与接纳。只要企业有一定规模，进行部门分工，出现分支机构，运营多业务线时，无论你喜欢也好，不喜欢也好，主动选择也好，被动采纳也好，矩阵就是必然面对的一种现象，是无处不在的。相信当人们认识到矩阵必然存在现象后，心里就会平和与坦然许多，而这无疑有利于提升企业经理人的矩阵管理能力。

（3）矩阵管理文化。企业不能简单地通过改变结构来实现柔性组织。矩阵只是组织的骨架，企业要使信息在整个组织中流动运转顺畅，还需要有健康的企业行为规范、价值观和心态。这样，矩阵结构才能被赋予更多的内涵，也具有了更大的包容能力，企业才能真正避免陷入矩阵结构的困惑。

矩阵结构对员工的管理的复杂性增加，因此，在矩阵管理中，最需要解决的是人的观念转变。矩阵管理的双向和交叉，需要企业文化保持开放性。部门之间的横向合作，高效的沟通是合作的基石。在矩阵结构中关键是员工，矩阵管理中的双向指挥与传统管理的"直线指挥"一直是难以回避的矛盾。员工在矩阵结构中，是左右逢源，还是身不由己；是一筹莫展，还是杀出重围，这取决于员工的素质。

准备采用矩阵管理的企业，首先要从改变企业的心态入手，然后才是改变传统的组织机构，夯实企业管理基础。在矩阵管理的最上端是文化驱动，最下端才是利益驱动，很多企业没有通过矩阵管理这一关，关键是没有建立好的企业文化。

矩阵管理对企业的执行力要求很高，矩阵管理要想成功发挥其优势，必须有完善的管理制度和各个矩阵部门的协同合作支持。同时企业要具备鲜明的、开放的企业文化以及科学的考核体系。

（4）矩阵部门间的内耗，"越级管理""独揽专断"。必须指出：矩阵管理要做得完美，内部沟通量会增加，沟通成本会很高，采用矩阵管理的企业，会议特别多，管理成本也会相应增加；各个项目可能在同一个职能部门中争夺资源；有时会出现"越级管理"的问题。如果职能部门决策水平很高，那么就能克服这种缺点，反之，就会加大内部交易成本，严重的时候，会由于决策不符合实际情况而使业务部门蒙受巨大损失，这也是许多企业不敢采用矩阵管理模式的主要原因。在矩阵式管理中，"尊重、信任、授权"的原则是企业领导者必须遵循的基本要求，朝令夕改只会令管理混乱或人才流失。因此，采用矩阵管理必须加强职能部门的专业素质和正确决策的能力。另外，不同产品线之间特别需要互相协调，界定好各自的工作权限，明确各自的工作目标。

（5）优化企业管理水平。对矩阵的源头而言，主管们要讲究专业分工，突出各自专业价值，不同的事项，应该由更合适的专业部门进行管辖，而不是讲究一言堂。为此，一定要明确制定合理化的职责制度。尽管矩阵是双线管理，可并不意味着什么事情都要大家一起管，也不意味着什么事情大家都不管，而是什么事情该谁管，通过什么流程管，另外一方如何参与进来，要有明确的规则（具体化流程）。规则越清晰，效率就越高。还有，矩阵的源头要多沟通。只要两个部门的主管沟通多了，矩阵的源头就会不断地磨合，从而提升企业的管理磨合度。

最后，矩阵"结点"的员工要善于协调矩阵源头的协同，也就是协调双向主管的协同，而不是从中挑拨离间。"结点"的员工要转变麻烦、受束缚的心态，应擅长利用双向管理的资源，不要把双向汇报当作一种包袱，而是要清晰地意识到，其实有两个主管在同时帮助你、支持你，你获得了双倍的资源。

7）效率，对矩阵管理的误判

时下有很多中国的职业经理人，本能地就会说矩阵管理的效率太低、管理太复杂了，不喜欢矩阵管理。这其实是一种对效率的错误理解。速度快慢与效率高低是两回事情，速度快并不一定意味着效率高，快速地做了一件本身就是错误的事情，这样的效率是负数。到底一个人的单线管理效率更高，还是双线管理效率更高，很难做定性判断。因为当一个人单线管理的专业能力、工作时间等不够时，双线管理的专业互补优势将非常明显，尤其当出现地域制约时，无法对外地机构人员进行贴身式管理，因此，此时，单线管理的效率未必就高。

矩阵管理的双线管理：①应该专业化分工明确；②清晰的统筹分配；③具体化流程。

当然，在双线管理的职责下，如果大家分工不明确，经常产生"过量"的冲突和分歧，效率自然也会低下。但需要注意的是，并非有争论、有分歧就是效率低下，真理越辩越明，没有争论就不可能达成有效决策，"民主集中制"也是告诉我们同样的道理。适度的冲突与分歧对组织提升决策与运行效率是有正面帮助的，由此，矩阵管理中的一些争论并非是对效率的扼杀，可能恰恰有助于透过有效决策提升企业运行效率。

2. 浅析培训矩阵

1）浅析培训

培训能提升员工的思想意识和操作技能，增强员工对企业的归属感和主人翁意识，促进企业与员工、管理层与员工层间的双向沟通，增强企业向心力和凝聚力，塑造优秀的企业文化，能够提高员工综合素质，提高生产效率和服务水平，树立企业良好形象，能够增强企业盈利能力，适应市场变化、增强竞争优势，培养企业的后备力量，保持企业永续经营的生命力。总之，通过培训能够增强员工战斗力，增加企业凝聚力，并最终实现企业竞争力的提升。如果培训的方式、方法得当，能够达到预期的培训效果，培训将是一项高回报的企业投资。据报道，在过去50年间，国外企业的培训费用一直在稳步增加，美国企业每年在培训上的花费约为300多亿美元，占雇员平均工资的5%，约有1200家美国企业设立有自己的培训学院，像麦当劳以及曾经风靡一时的摩托罗拉都有自己的培训学院和大学。

2）目前培训工作常见的问题

国外企业把培训视作一项高回报的企业投资，并取得了良好的效益。在我国一些企业，在员工培训方面存在着许多弊端、缺陷或误区，导致投入多、效果差，事倍功半，达不到应有效果，远称不上高回报或高收益。究其原因，主要有以下几个方面的问题：

（1）培训不做需求分析、调查。培训计划靠闭门造车或随领导意志行事，有的培训即使在办班之前也做了一些调查了解，但多数不系统、不深入，达不到应有目的，只是走走形式，搞不清楚真实的需求究竟是什么，导致安排的培训内容、制定的计划不切合实际，无的放矢，这样自然达不到预期的培训效果。

（2）不是基于有培训需求去培训而是"形式化"培训。培训管理工作一般是企业机关职能部门的职责，举办培训班是他们的日常工作，企业机关职能部门只是为完成计划而办班，为完成任务而办班，而不是基于有培训需求而提供培训。按这种计划去办培训班，学员走过场，培训搞形式，实际上没有达到培训的目的。这样的培训因为办班的针对不强，学员也不安心学。由于培训班组织的随意性，学员学习缺乏积极性等诸多原因，导致培训班学习氛围的缺失，在这种情况下，培训老师也只能是敷衍了事，老师在业务上没什么压力，常常是一份课件到处讲，一份课件讲多年，内容空泛，缺乏针对性。

（3）大课堂、长课时、封闭型、填鸭式培训，内容单调，方式单一，效果极差。纵观目前企业办班所采用的培训方式，基本上都是这种大课堂、长课时、封闭型、填鸭式的培训，由于是大课堂，学员多，台上老师只管自己讲，而很少能顾及下面听课学员的反应，更不要说交流与沟通。由于是长课时、填鸭式培训，学员长时间呆坐在那里，加之培训内容缺乏针对性，想听的内容不讲，不愿听的猛灌，自然无心听课，这种情况曾被形象为"台上老师像疯子手舞足蹈，台下学员像傻子无动于衷"。这种形式的培训自然效果很差，起不到应有培训作用。

（4）培训管理弱化，缺乏科学评估手段。科学地评估某项工作是提高这项工作质量的重要保证，从一般意义上讲，任何一项工作都应该接受一定的评估，否则，其实际成效将无法控制，培训工作也不例外。通过评估发现问题，然后进行有针对性的改进。为什么我们企业的培训效果差、效率低，一个重要原因就是缺乏对培训活动的有效管理，比如，对培训效果的评估。完整的培训评估至少应该包括培训计划评估、教材评估、教师与教学效果评估、受训者评估等，但是许多企业的培训基本上不进行评估，有的即使也进行评估，但基本上也是走走形式，很少用于今后培训工作的改进中去。至于评估体系如何科学设计，评估实施怎样合理组织，则更是无从谈起。

3）培训问题分析及其改进措施

培训投入多、效果差，事倍功半的主要原因是由于培训需求调查、分析不够，培训内容没有针对性，无的放矢；同时，大课堂、长课时、封闭型、填鸭式单一培训方式，也使得因为培训方式不合理，而造成学员的听课效果不理想；此外，缺乏对培训工作的有效管理，如不能定期或按班次进行考核、评估等，都是导致培训效果不佳的原因。因此，为改进培训效果，就要具体问题具体分析，可分工种进行分类（横向）培训，再由源头进行纵向培训统筹等只有对症下药，才能从根本上解决这些问题。

（1）应强化对培训需求的调研、辨识和处理。不进行培训需求调查分析，这是导致培训效果不佳的主要原因。试想，如果学非所用、学非所愿，又何来动力去学习？因此，要想提升培训效果，在办班之前，最重要的就是要明确培训目的，做足、做透培训需求分析工作。譬如，针对操作层面的员工，是培训新知识、新技能，还是强化基础、查缺补漏。如属于强化基础、查缺补漏型培训，就要真正深入一线、基层，调查、访谈员工日常工作中真正缺少的是什么，是主观意识薄弱，还是操作技能不够，如属操作技能方面问题，就要调查清楚究竟是哪些作业环节存在问题，然后根据存在问题的这些工作环节规程（程序）、规章制度等相关材料开发编制相应课件。总之，要看菜吃饭、量体裁衣，通过系统、科学地调查分析，发现培训需求，在此基础上，确定培训内容，开发培训课件。

（2）在培训方式上，要尽可能改变以往那种大课堂、长课时、封闭型、填鸭式培训方式。大课堂人多眼杂，氛围不易控制，尤其是双向交流不易展开，这些都严重影响着培训效果，因此，应根据情况尽可能安排小班授课，避免不负责任的"大波轰"式培训。作为教师进行长课时培训，主观愿望是想多传授些知识、技能，但长时间听讲容易困倦，效果很不理想，因此，教师不要只看自己讲了多少，最重要的是看学员能够接受多少，应根据具体内容，编制短小精悍的课件，如编制操作规程培训课件，就要以一个完整的操作步骤为最小单元，编制一个独立培训课件，以缩短培训时间。因为短课时培训，能够抓住学员眼球，集中学员注意力，从而达到事半功倍的效果。封闭式课堂培训对于理论知识教学等是一种适宜方式，但对于操作技能等方面的培训并非最佳方式，因此，我们要根据具体培训内容采取适宜的授课方式，如，对操作层员工培训采取现场操作、研讨、自学、告知以及班前（后）会都是可供选择的培训模式。填鸭式培训是一种传统模式，效果不佳，因此，培训班授课应提倡教师、学员多互动，根据学员提出的问题，展开问题答疑式教学，同时对于关键培训内容要通过课堂提问，反复宣贯、解释，以使大家真正搞清楚、弄明白。

（3）在培训程度上，要分清主次，抓重点（有针对性）。针对该项培训内容对参训学员的重要程度，确定参训学员对该项培训的熟练程度。假设某一课程需要进行知识普及，作为从事某种职业的员工，应对该项知识有所了解，但谈不上该项内容对其本职工作有多么重要，因此，对于该项内容的培训程度要求，只要了解就可以了。相反，如果岗位员工对其所从事工作的操作规程的培训，就要求员工不是简单了解，而是在准确理解的基础上，还要熟练掌握，因为只有这样才能达到上岗操作的要求，否则，就没有达到培训的应有目的，上岗之后要出问题。因此，为提升培训效果，提高培训效率，合理利用培训资源，在培训对象确定之后，就要针对具体培训内容，提出对其培训程度的具体要求，分清轻重、主次、抓重点，按需培训，避免平均用力，以达到最佳的培训效果。

（4）在培训频次上，要针对培训内容，结合实际情况，做出合理安排，合理规划。既不能培训过频，浪费培训资源，也不能一劳永逸，达不到应有效果。由于人们对任何事情的记忆都有一个遗忘周期，最好能够在这个遗忘周期内安排再培训，以达到强化记忆之目的。当然，应根据不同培训内容进行相应处理。譬如，对一些理念、意识方面的培训，要安排合理期限，定期进行强化培训，以鼓舞员工士气、振奋企业精神，提高企业凝聚力和战斗力。而对于像开、停工操作规程（程序）的培训，由于开、停工不常做，员工对于这些程序容易忘记，同时，一旦发生操作失误，后果将会相当严重。因此，针对这类业务性质的培训，除安排平时正常培训外，还应在每次开、停工作业前进行重点培训及演练，以达到万无一失的目的。总之，应根据具体培训内容安排合理培训频次，以达到应有的培训效果。

（5）培训师资是改进培训效果的重要一环（专业的事交给专业的人来做）。具有高超授课技巧，采用栩栩如生的授课方式对增强培训效果具有很好的促进作用，因此，对于动员（誓师）型、励志型培训最好能邀请一些具有煽情能力的专业培训师，而对那些枯燥乏味内容或理论性很强的培训，也最好能选用那些授课技巧好的师资，以提高授课效果。当然，更要通过对培训师的培训，使所有授课教师都应具有相应授课能力、技巧，取得相应资格，方能登台授课，以提高授课效果。另外，如前所述，在培训方式上，为改进培训效果，最好应采取小班授课，而要进行小班授课，首先碰到的就是教师的来源问题，要想解决小班授课师资不足问题，就要拓展渠道，就要转向非专职人员，寻求兼职培训师。如对基层员工培训，技术员、班组长就是兼职培训师，每一位员工，尤其是岗位标兵、技术（操作）能手都要发挥自己的岗位特长，踊跃成为兼职培训师，把自己的技能、经验传授给班组员工，与大家一起共享。

（6）在培训效果评价上，要从以往不注重培训效果追踪的完成任务式培训，向每次培训都要对培训效果进行评价转化（书面教育转向实践操作）。这些评价应包括对培训计划、教材、教师、教学效果以及受训者评价等，通过评价以及时发现问题，改进培训工作，提升培训效果。另外，对培训效果的评价，要从单纯的书面测验、背诵培训内容等狭义的理论考试，逐渐向岗位练习、实际操作考核等实用方面转化。

4）培训矩阵的实质

当把培训问题都处理好了（形成"系统化"工具，矩阵"链式"回馈），培训管理工作就能够有很大的改进和起色。而如何把这些工作持续坚持下去，以达到对所有培训工作都进行诸如此类的改进式管理，使其成为培训管理工作的一个工具，这就是培训矩阵管理。培训矩阵就是为规范和改进培训管理，进一步提升培训效果，针对具体培训内容所设定的具体培训要求的固化管理工具。

5）培训管理的科学模式——培训矩阵管理

培训矩阵是国际通行的一种先进科学的培训管理模式，建立实施培训矩阵是规范培训管理、提升培训效果的一种有效方法。

所谓培训矩阵就是这样一张矩阵式表格，它将一个岗位所要求的具体培训内容与对每一项培训内容的具体培训要求对应列入一张表中，形成矩阵形式。其中，纵列为该岗位员工需要掌握的培训内容项目，包括基础知识、基本技能以及理念、意识（岗位操作技能）等方面的内容；横行为针对每一项培训内容的具体培训要求，包括培训课时、培训方式、培训效果、培训周期、培训师资等。

例如对员工开展 HSE（即健康、安全与环保）方面的培训，对于一个特定岗位具体培训内容的确定，应根据该岗位的实际情况，通过对该岗位的 HSE 风险分析，明确该岗位所具有的 HSE 风险及其特点，在此基础上确定对该岗位人员应具有的基本技能、素质等方面的具体从业要求，进而把这些要求转化为培训需求的具体内容。岗位员工的培训内容可从 HSE 基础知识、HSE 基本技能以及 HSE 理念、意识等三个方面进行考虑。其中，HSE 基础知识是指为做好本岗位工作，满足安全生产要求，岗位员工所应具有的 HSE 方面的基本常识，如员工 HSE 职责、权利与义务，油气理化性质及其安全知识，本岗位主要风险及其防范措施，以及应急处置、抢险、救援及逃生知识等。HSE 基本技能也即岗位操作技能，是指为做好本岗位工作岗位员工所应具有的规范操作的技术本领，如从事采油专业的员工，应掌握抽油机的启动、停车，正常运行，日常维护保养等的作业规程和操作技能，以及应急状态下处置技巧等。另外，为确保作业安全，岗位员工还应根据需要了解或掌握一些关键作业环节的管理程序、流程等，如作业许可申办及执行流程、上锁挂牌的办理等。HSE 理念、意识是指员工应具有的先进安全理念和意识，通过学习先进安全理念，提升员工安全意识，有助于员工由"要我安全"向"我要安全"的转变，如近年来推行的"直线责任""属地管理"等先进理念。

　　在培训内容确定之后，为提升培训效果，针对每一项具体培训内容的特点，培训矩阵在培训课时、培训周期、培训程度、培训方式、培训师资等方面，规定出了具体的培训管理要求，并把它们对应列入培训矩阵横行的培训要求之中。其中，培训课时的安排，应根据该项内容多少、难易程度、要求掌握程度等进行合理设计。同时还应注意，为增强培训效果，应尽可能做到课件精练，内容紧凑，以达到"短课时"培训要求。培训周期或称培训频次，应根据培训内容对本岗位的重要程度等情况，对复训时间间隔做出合理安排，既不能培训过频，也不能一劳永逸。如对新知识、技能的培训，在初始培训阶段，为强化记忆，可在培训频次上适当加密，进入正常化后应视情况合理安排。培训程度或称培训效果，是针对该项内容对学员掌握程度所提出的具体要求，培训程度应根据该项培训内容对该岗位的关联程度、重要性等做出合理定位要求，确定是需要熟练掌握还是一般性了解等。培训方式，即针对该项内容所确定具体培训形式，如理论性较强的就需要安排课堂培训为主，反之，实操型技能培训最好应采用现场演示加学员操练相结合的培训方式。培训方式一般包括课堂讲授、现场操作，也可以采用班前、班后会，作业前安全喊话等不同形式。总之，为提升培训效果，应根据培训内容，尽可能采取"小范围（课堂）、短课时、多形式"的培训方式。培训师资的安排，应根据"一级教一级、一级带一级"的培训原则，对岗位员工的培训，尤其是对操作规程、技能等方面的培训，主要应由其技术员、班组长承担；对 HSE 知识、技能、理念等方面的培训应由安全员承担。另外，鼓励岗位技术（操作）能手、岗位标兵以及所有岗位员工都能发挥自己的一技之长，成为本岗位的兼职培训师，通过培训，把他们的操作技能、技巧以及良好安全作业习惯传授给其他员工。

　　通过开展培训矩阵管理，在培训内容方面，经过前期的调研、分析，确保培训内容的针对性，做到有的放矢；在管理模式方面，根据培训内容的不同，采取有针对性的培训模式，如授课的方式、方法、课时、师资、掌握程度、复训周期等，并把其固化下来，形成培训矩阵，然后根据培训矩阵开展培训。这样不仅能够规范对培训工作的管理，更由于其有的放矢，从而使培训效果显著提高。总之，通过培训矩阵开展培训管理，形式简单、方法科学，能够显著提升培训效果。

6.2.2　理念培育

1. HSE 矩阵培训的逻辑结构

HSE 培训矩阵管理理念认为：HSE 培训矩阵的建立应根据不同层次的人员制定不同的HSE 培训内容，同时在其具体实践中，还应紧密围绕单位和基层岗位生产作业的相关要求落实岗位职责。具体内容如下：

（1）HSE 培训矩阵的管理，是针对不同层次的人员在日常工作中，对于 HSE 的理念、HSE 知识和 HSE 技能的不同需求，来分别定制不同层次的 HSE 培训内容（图 6-11）。

据图 6-11 所示，基层员工所从事的各项作业活动，大多是具体的生产劳动工作过程，直接接触或使用生产设施、设备和工具，主要承担规程和任务的执行，在健康安全环境相关要求中，对 HSE 的技能的需求所占比重较大；管理层主要为具体业务的主管责任部门（科室）或管理人员，其主要职能是负责 HSE 相关策略与措施的管理和落实，对于 HSE 的知识和理念的需求所占的比重较大；而作为领导层——安全生产主要负责人，主要负责

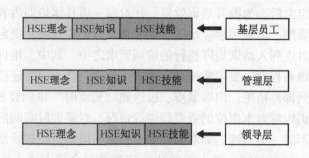

图 6-11　不同层次的人员对于 HSE 的理念、知识、技能的需求示意图

HSE 策划和安全规程等相关政策规章的制定并监督、指导下属实施，在健康安全环境相关要求中，HSE 理念的需求所占比重较大。

强化员工的教育培训，不断提升全员的 HSE 意识能力，必须转变思想观念，改进工作方式，创新和规范培训管理模式，才能持续提高 HSE 培训工作的针对性和有效性。在实施 HSE 管理体系推进的实践工作中，领导干部要在安全生产中以身作则，机关管理部门要"管工作管安全"，基层员工要"我的属地我负责"，才能推动领导干部对 HSE 工作由重视向重实转变、职能部门由被动参与向主动负责转变、基层员工由岗位操作者向属地管理者的转变，才能做到领导干部切实践行有感领导、职能部门落实直线责任、基层员工履行属地职责，才能有效推进建立和实施 HSE 培训矩阵这一先进管理理念的步伐。

据此，直线领导负责对下属各岗位员工的培训需求进行识别与评估，就培训需求与员工进行沟通，使其清楚地了解岗位要求的 HSE 能力以及自己与岗位要求之间的差距，然后分别将每一个岗位所需的培训，用一个量化的标准——培训矩阵表示出来，并根据岗位变化及时编制和更新培训矩阵，然后按照矩阵对岗位人员实施具体的培训。

（2）在建立 HSE 培训矩阵的具体实践中，应紧密围绕本单位和基层岗位生产作业的操控规程、风险、特点等要求，落实单位和基层领导干部 HSE 培训直线责任，明确岗位操作人员的基本规定动作，认真分析岗位 HSE 培训需求分析，结合实际建立多种培训方式，进而为提高岗位员工的安全意识、安全操作技能和应急反应处置能力，确保每一项规定动作执行到位打下坚实基础。

编制 HSE 培训矩阵表，应确保使 HSE 培训矩阵涵盖所有员工的岗位，即员工的每一个岗位都应当建立一个相对应的 HSE 培训矩阵表。

培训的内容主要有以下五大类：①HSE 基本知识；②本岗位基本操作技能；③生产受控管理流程；④应急知识和技能；⑤HSE 理念。

2. HSE 培训的过程

HSE 培训矩阵的针对性、可操作性强，因此培训可采用理论培训、实战演练、案例教育等方式，小范围、短课时、多形式地实施培训。

3. 有效提升 HSE 培训质量

有效提升 HSE 培训质量，要持续改进符合各岗位能力需求的 HSE 培训矩阵。在 HSE 培训矩阵的实施过程中，应不断探索和改进培训的方式，以求达到最佳效果。

（1）HSE 培训应具有针对性。HSE 培训要以满足岗位需求为核心，有的放矢。应以不同岗位的需求建立培训矩阵，员工"缺什么就补什么"，需要什么就培训什么，让员工感到"现在培训的内容正是自己岗位工作中所需要的"，进而激发员工的学习积极性，实现从"要我学"到"我要学""我必须掌握"的转变。

（2）HSE 培训的责任者应当是直线主管。谁管理谁负责，管工作必须管安全。首先，培训的责任主体是各级直线责任者，一级对一级负责，各级管理者应当对其下属岗位员工的 HSE 能力负责；其次，各级管理者都应是 HSE 培训师。

（3）HSE 培训矩阵是针对各层次和岗位的订单式培训。①HSE 培训是员工上岗、在岗期间的必由之路。把培训的每个科目都细化为每一项最小完整操作过程的单元，并且针对每一个层次、每一个岗位的人员都建立有针对性的培训矩阵表。②建立健全 HSE 培训的标准课件，全面提高全员安全素质。针对培训的每个单元，都要建立并不断完善标准的课件，并且依据直线责任确定培训师资。切实做到：现在培训的每一个单元都是标准化的课件，每一课件都是由直线责任者来完成的。

综上所述，建立 HSE 培训矩阵，全面提升员工的 HSE 意识和作业技能，是员工上岗、在岗期间安全培训的必经之路，也是提升 HSE 培训质量的有效途径。

6.2.3　知识图谱

2012 年，谷歌公司首次提出知识图谱的概念，由此知识图谱概念进入大众视野。知识图谱起源于 20 世纪 60 年代，是许多相关技术相互融合的结果，包含语义网络、知识表示、本体论、NLP（自然语言处理）等。知识图谱早期在情报学中应用居多，文献耦合、共词、引文可视化等早期知识图谱概念应用于图书情报学，用以揭示不同学科及知识间的相互关系，采用可视化方法进行展示。现今常用知识图谱可以分为通识知识图谱和领域知识图谱，通识知识图谱主要包括 DBpedia、Freebase 和 Wikidata 等，领域知识图谱主要集中于医学、电影、英语等领域，包括 IMDB、SIDER 等。

知识图谱在安全领域应用主要体现在知识管理上。2014 年，陈赟等学者通过研究表明，在企业生产活动中，通过相应知识管理方法能够有效提高管理人员的安全管理水平，增加从业人员的专业知识储备，进而制定合理事故预防措施达到降低事故发生的目的。随着标准规范、事故案例、项目管理方案等安全知识的不断积累，相应安全领域的知识图谱也愈发丰富。煤炭能源方面，2016 年，谭章禄等首次提出未来矿山的发展方向是智慧矿山的理念，指出知识图谱是实现智慧矿山知识管理的重要手段。2019 年，潘理虎等最先通过七步法方式构建了煤矿领域本体模型，将煤矿领域数据存储于 Neo4j 图数据库中，在此基础之上设计开发了煤矿安全监测监控系统，实现了对矿井设备、人员等隐含信息的推理，部分图谱展示及关系查询功能，有助于煤矿事故防治与应急救援，为矿井安全生产与管理提供基本保障。同年，国内学者吴雪峰等首次成功构建了煤矿巷道支护进行知识图谱构建，形成煤矿巷道支护领域知识图谱，进一步提升煤矿巷道支护设计和管理效率，为煤矿巷道支护智能化管理提供知识支持。

知识图谱为互联网上海量、多源的流动性大数据的组织、管理以及运用提供了一种高效的形式，增强了网络的智能化程度。经过近二十年的发展，知识图谱的相关技术已经在搜索引擎、智能问答、金融交易、个性化推荐系统等众多领域发挥了积极作用，被公认为是实现机器认知智能的重要基石。

综上所述，专业安全领域知识图谱的构建，能够将纷杂错乱、多源异构且与日俱增的专业知识系统地整合起来，并给予可视化展示。建立安全领域的知识图谱，锻炼机器的认知能力，使用户能够更好地搜索、获取安全知识概念；知识推理使用户的搜索更有深度和广度，进而提升行业人员的训练和学习效率，保障企业安全生产水平。

实例·安全知识图谱的构建（煤矿）

煤矿的安全生产和管理一直是该领域研究的热点，虽然近几年国家采取一系列政策使得煤矿安全形势有所好转，但事故发生率及事故总量仍高于世界其他主要煤炭生产国，面临的安全隐患不容小觑。且因信息化智能应用的增多，当前行业数据产生速率加快，累计了大量的数据。这些数据形式多样，数量庞大，传统的数据管理方式已无法满足行业数据管理需求。

将本体与知识图谱相结合，能够更加有效地对煤矿领域知识之间的联系进行分析，特别是在煤矿安全监测监控方面。目前存在的煤矿安全监测监控系统大多侧重于对人员及设备信息的监测监控，忽略了人员、设备、操作及环境等信息之间的内在联系，知识图谱能够将井下设备、环境状态、操作状态等信息进行关联，使得相关工作人员快速高效全方位地掌握矿井信息，在事故防治以及安全管理方面均有一定意义。

知识图谱的构建方式有两种，一种是自顶向下的构建方式，一种是自底向上的构建方式。前者指的是预先为知识库定义好本体或数据模式，然后再将实体加入到知识库中，即利用一些现有结构化知识库作为基础知识库，Freebase 项目就是采用此方式。后者指的是先利用相关技术把开放链接数据和在线百科数据中有用实体提取出来，从中选择置信度较高的添加到知识库中，从而构建出顶层本体模式。

1. 煤矿安全管理领域知识来源

煤矿安全管理领域知识来源主要分为三类：结构化数据、半结构化数据、非结构化数据。其中半结构化的数据和非结构化的数据可通过实体抽取、关系抽取和属性抽取后同结构化数据进行知识融合。

（1）结构化数据来源。目前，大部分煤矿企业的信息化经历了数字矿山、感知矿山阶段的建设，正向智慧矿山迈进。数字矿山是以矿山核心网络为基础，建设矿山应用软件，实现安全生产信息化、综合自动化和在线数据监测；感知矿山是以数字矿山为基础，以物联网技术、VR 技术、无线传输技术等为手段开展的更深层次的信息化建设，为煤矿企业积累了大量的安全生产数据。这些长期积累的数据构成了煤矿安全管理领域结构化数据的主要来源。

（2）半结构化数据来源。多年来国家或地方政府针对煤矿安全生产方面制定很多法律、法规和标准，为煤矿安全生产的实施提供了基础保障。在法规方面，如《中华人民共和国煤炭法》《中华人民共和国矿山安全法》《安全生产法》《安全生产监督管理信息隐患排查治理数据规范》《煤矿安全规程》《防治煤与瓦斯突出规定》《煤矿井下紧急避险系统建设管理暂行规定》等，在标准规范方面，如《爆破工岗位操作标准》《皮带传送机司机岗位作业标准》《风钻打眼工岗位操作标准》《采掘安全检查员岗位作业标准》《机电、运输安全技术规范》等。法律法规和标准规范作为煤矿安全管理中重要的参考依据，通常以半结构化和非结构化的形式保存和管理。

（3）非结构化数据来源。国家安全监察总局下发的（2017）96 号文《煤矿安全培训规定》中，明确规定煤矿企业是安全培训的责任主体，应当依法对从业人员进行安全生产教育和培训。目前，煤矿企业安全培训的内容大致包括：《安全生产法律法规》《煤矿建设与生产技术》《矿井通风与灾害防治》《安全管理与安全培训》《抢险救灾与事故处理》《自救互救与创伤急救》等，培训涉及的相关资料主要以文件的方式保存。

2. 煤矿安全管理领域知识图谱构建

知识图谱构建过程主要有两种方式：自顶向下（top-down）与自底向上（bottom-up）。本文针对煤矿安全领域，主要采用"自顶向下"的方式构建领域知识图谱。知识图谱构建过程如图 6-12 所示。

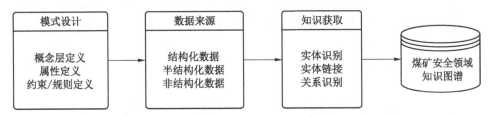

图 6-12　煤矿安全领域知识图谱构建过程

6.2.4　知识学习

通过构建安全领域的知识图谱，为培训矩阵管理提供了智能搜索、智能问答、个性化推荐等智能支持。更有利于 HSE 培训矩阵的建立，提升员工学习效率，迅速培训出"即战力"的合格员工。

1. 知识图谱与培训大数据协同驱动的自适应学习模式概述

知识图谱与培训大数据协同驱动的自适应学习模式：基于课程内容的知识点构建知识图谱，运用大数据技术对企业、组织、员工的各类数据进行数据采集与整合，并对课程知识图谱与培训大数据进行深度融合，在数据分析与数据关联的基础上，进而开展自适应学习模式的研究与实践。运用新模式从自适应学习路径、自适应资源推荐、预警研究等方面进行教学应用与实证分析，对模式进行反馈调整，使其具有更好的泛化能力，并最终为基于知识内容与培训大数据的个性化教育实践提供解决方案。

知识图谱与培训大数据协同驱动的自适应学习模式的总体框架如图 6-13 所示。整体框图呈现为上中下三层的层次结构，下一层构成上一层的研究基础或前提，从下至上依次为元数据层、数据处理层、培训应用层。

一般的，自适应学习模型包含知识模型（领域模型）和用户模型（员工模型）。在知识模型方面，新模式从关联度、时序等维度来构建课程的知识图谱，使培训课程知识整体化、层次化、时序化、网状化；在用户模型方面，培训大数据依据多个数据源能采集每一个体、每一时点的实时数据，结合常规数据进行统计、分析，可以识别和发现员工的学习行为特征。

将培训教学内容（课程知识图谱）与培训大数据（培训日常数据与实时数据）进行深度融合，采取叠加建模（知识模型与用户模型）的方式构建一种新型的自适应学习系统。在时间维度上，实时数据、课程进度时点为员工实时学习状态分析提供支撑；在空间

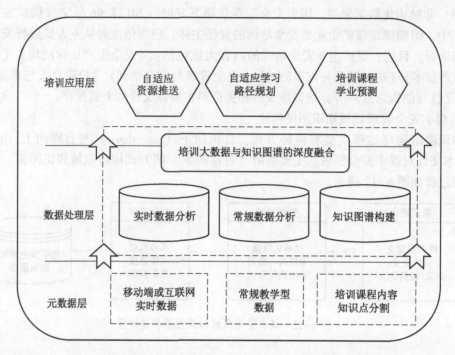

图 6-13　知识图谱与培训大数据协同驱动的自适应学习模式框图

维度上（知识领域空间角度），依据习题-薄弱知识点-知识图谱结点-关联知识点-前趋知识点-路径规划-资源推送的进程开展研究；此外，学业预警方面将综合历届员工课程数据和当前个体的实时学习数据与相关课程数据进行综合研判。

2. 知识图谱与培训大数据协同驱动的自适应学习模式构建与实践

知识图谱与培训大数据协同驱动的自适应学习模式的构建与实践主要包含三个方面的工作：基于课程内容构建知识图谱；对多源数据进行数据采集、预处理，并进行统计与分析；将课程知识图谱与培训大数据进行深度融合，构建新型自适应学习模式。新模式的构建与实施路径图解如图 6-14 所示。

1）基于课程内容构建知识图谱

元数据层完成培训大数据的采集与标准化的工作，为培训大数据的统计、分析与关联奠定基础，并对课程内容进行系统的、网状化的点状分割，为知识图谱的构建做准备。因而，元数据层的研究对象包含知识对象和数据对象。其中，知识对象包括：课程内容的知识点及其构成的课程知识体系，课程的题库、教学 PPT、教学视频等学习资源。

对知识对象进行如下研究工作：依据课程的自有知识体系与结构，在系统性、层次性的原则下划分知识点（通常分为三层：章、节、点，其中章和节可以看成高层知识点和中层知识点），为了更好地服务日常教学，主要匹配课程教学的章节体系来完成知识点的分割、标注。进一步地构建包含任课教师、熟悉知识图谱构建的研究人员组成的专家组，对课程的知识点体系进行审定、修改，并指导研究小组开展后续工作，即建立知识点的重要度标注、知识点之间的关联并确定知识点之间的前趋关系等，并在此基础上构建多个知识

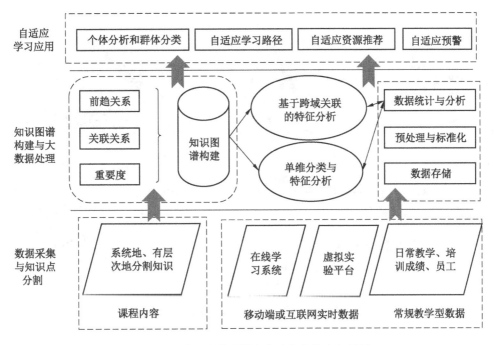

图 6-14 自适应教学模式构建与实施路径图解

图谱，主要包含知识点的关联图与前趋图及知识点的重要度列表等。

图 6-15 所示为操作系统课程第七章的关联图，表达出第七章的知识点在章内的相互关联，相连的知识点用线段相连，并在线上标出其关联的权重层次（数字越大，关联程度越高）。图 6-16 所示为操作系统课程知识点的前趋图，对所有课程的三级知识点进行顺序编号，并将知识点之间前趋后继关系通过连线呈现。

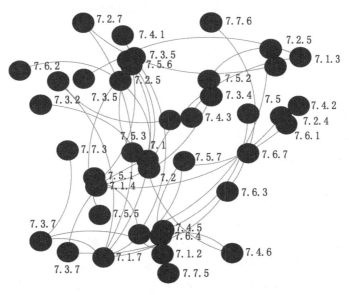

图 6-15 操作系统课程第七章知识点关联图

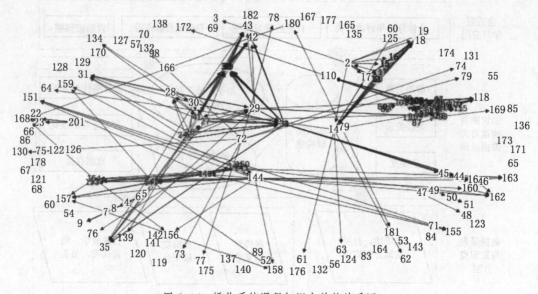

图 6-16　操作系统课程知识点前趋关系图

此外，针对培训课程的题库、教学 PPT、教学视频等多类型学习素材，进行知识点归属标记，当一个学习素材与多个知识点直接相关，则标记多点归属并设置其归属度（其和为 1）。如图 6-17 所示，该题考核内容归属到两个知识点，即"5.5.1"和"1.3.3"，其 90% 隶属于知识点"5.5.1"，其余 10% 隶属于知识点"1.3.3"。

> 8. 放射源的基础知识简述
> 5.5.1(90%)，1.3.3(10%)

图 6-17　对题库中的一道题目进行归属标注

2）对多源数据进行数据采集、预处理，并进行统计与分析

对数据对象方面进行如下研究工作：①获取多部门的常规数据：如培训处的员工信息与课程成绩，网络中心的员工卡刷卡详单，行政后勤部门的宿管数据；②通过智慧教学工具（如腾讯会议等）、在线虚拟仿真实验平台获取实时学习数据，包含在线平台上学习时长、在线习题答题情况、视频学习等相关记录（在线习题进入题库）；③通过日常教学单元测试获得员工阶段性成绩（相关习题进入题库）；④通过问卷调查等形式获取员工学习认知、心理动态等数据。

对以上多源数据进行数据分析，进而得出员工多方面的个性信息和行为属性，例如分析员工的刷卡记录可得出员工在培训处的学习时间，成为其努力程度的量化依据；在线学习平台中错题信息分析可以反映其薄弱知识点，其解答难题的次数可构成其学习韧性的量化依据；前后两个时间周期的学习记录的比较分析有利于判断学习趋势。

此外，从历年同工种/岗位员工的培训课程学业成绩进行采集并统计不同课程间的相关性。对本届员工群体的其他已授课程学业成绩进行采集，有利于对本届员工培训学业成

绩进行预测研究。

3）将课程知识图谱与培训大数据进行深度融合，构建新型自适应学习模式

新模式对课程知识图谱与培训大数据进行深度融合，实现员工行为特征分析与学习状态分析、规划个性化的学习路径、进行自适应学习资源推送并进行课程学业成绩预测等。

（1）将课程知识图谱与培训大数据进行深度融合。基于课程内容的知识图谱与课程常规教学实践进行匹配，依据培训大数据实时分析个体行为与状态，进而进行自适应学习，其实时数据可以匹配课程教学流程（时间匹配），其习题等教学资源具有知识点归属标记（空间匹配）。

（2）构建自适应学习路径规划与资源推送模块。在课程知识图谱的框架下，配合教学进度安排表，结合实时教学数据与前述行为特征模型，实时分析员工个体的当前学习状态。并遵循"错题—知识点—关联图–前趋图"的分析思路，进而为员工规划自适应学习路径，并推送相关已标注的学习资源（如题库中习题、在线教学视频、PPT）。

（3）构建预测与预警模块。在实时学习状态分析的前提下，将员工个体在整个培训学习群体中进行排名统计，结合其他已授课程情况，进而开展课程成绩预测与预警研究。

培训行为分析、自适应学习路径规划、自适应学习资源推送及课程学业成绩预测对培训大数据的处理提出了较高要求，其多源数据的采集是前提，数据关联与分析是有效手段，模式应用与调整是实验实证。

6.2.5 行为训练

在新模式支持下，开展自适应学习的应用研究与实践。例如：选择测井作业队××岗2016级员工2个平行培训班级为员工对象群体（测井1601、测井1602），选取具备多年数据积累的"操作系统"课程，开展新模式的应用与实践研究。针对每一个员工个体，结合实践教学进度与实时培训大数据，通过在线系统的做题信息与阶段性实测信息（重点是错题信息），分析培训个体的薄弱知识点，通过知识图谱的关联图与前趋图得到关联知识点和前趋知识点，进而进行自适应学习路径规划、自适应的资源推送，并提供相应的对策与建议和跟踪其后续学习。

图6-18所示为新模式实施路径的部分示例。如员工A在培训学习中，图6-17所示单选题做错，表示有相关知识点没有掌握好。以错题为出发点，从题目归属标记发现其属于知识点5.5.1（权重0.9）与1.3.3（权重0.1）；因此，优先推送第一权重点5.5.1的相关教学资源，再推送其他知识点1.3.3的相关资源。进一步地，结合知识图谱，查找关联知识图谱与前趋知识图谱，获得第一权重点的前趋知识点5.1.1与关联知识点5.6.1，考虑员工A的努力程度（通过在线学习与实验时间判断其努力程度）推送相应层级与相应数量的资源。此外，可结合课程成绩预测模块，分析员工A在培训班级群体中的课业掌握程度，如果属于预警员工，进行必要的教学干预与警示。

在智能培训迅速发展的时代背景下，本书浅析了一种知识图谱与培训大数据协同驱动的自适应学习模式的可行性，新模式不仅基于数据，也基于领域专家知识，是二者的有机融合。此外，新模式通过对规模化教育（课程教学）与个性化培养（培训大数据能有效识别员工的行为特征与个性）的有机结合来丰富自适应学习理论。在教学实践与应用方面，运用知识图谱对课程知识点进行系统化、网状化、层次化，结合培训大数据，可有效

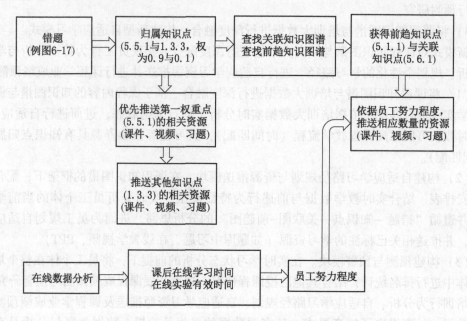

图 6-18　自适应学习模式实施路径示意图

促进自适应学习在课程教学中的应用，并提升其实践效能。在智慧培训路径方面，新模式提供了具有泛化能力的新型智慧教学思路，有利于开展自适应学习资源推送、自适应学习路径规划与自适应学习预警等智慧培训应用与实践。

　　"知识图谱+矩阵培训"新模式实现了规模化培训与个性化培养的有机结合，提供了具有泛化能力的新型培训教学思路，有利于开展自适应培训学习资源推送、自适应培训学习路径规划与自适应培训学习预警等智慧培训教学应用与实践。

课程延伸（思考题）：

1. 知识管理系统和信息管理系统在安全上的应用有何不同？
2. 知识管理系统如何和安全评价结合？
3. 简述现行安全培训的信息化手段应用效果。
4. 用安全行为学的理论解读未来安全生产教育培训的走向，请简述说明。

7 安全管理的模式与方法

本章提示：

在第一章对安全管理进行了断代分析，第七章对其首尾呼应。安全管理断代分为经验管理、要素管理、流程管理、系统管理、文化管理等五个时期，对应古代、近代、现代、当代和未来。本章旨在汇聚各时代安全管理的根本要旨、推介面向未来的安全管理模式与方法，称之为"未来安全管理"。在分析经验管理、要素管理、流程管理、目标管理、知识管理的内涵和外延的基础上，总结"未来安全管理"的系统特征、文化特征、信息化特征，设想"未来安全管理"面对的对象、涉及的内容、运用的方法。

本章知识框架：

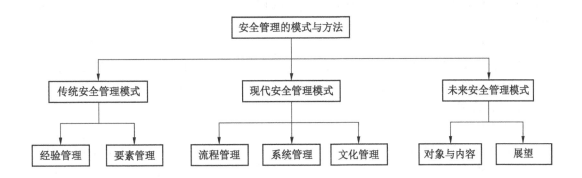

7.1 传统安全管理模式

7.1.1 经验管理

1. 什么是经验管理

经验是一种专门的知识，是主体通过解决问题积累起来的有价值的专门知识。经验管理是一种专门的知识管理，主要管理特定问题解决过程中积累起来的经验知识。经验管理涉及经验的收集、建模、存储、重用、评估和维护，研究连续的知识流及其可持续使用，为如下领域的研究提供环境，如：基于案例的推理、经验工厂、机器学习、知识发现、认知科学、信息检索等。

传统安全经验管理的轴心是经验论（事故理论），主要是以实践得到的知识和技能为出发点，以事故为研究的对象和认识的目标，是一种事后经验型的安全哲学，是建立在事故与灾难的经历上来认识安全，是一种逆式思路（从事故后果到原因事件）。

2. 经验管理活动

1）经验收集

经验也许已经以文档或数据库项的形式存在，但有很多经验只存在专家的记忆里，这部分经验必须经过收集才可能重用。此外，在特定问题的解决过程中还会不断产生新的经验，必须有机制保证来收集这部分经验。

2）经验建模

要管理经验，必须建模。经验建模是选择可重用经验的核心，找到适当的方式表示经验、格式化经验。不同解决问题的方式和不同的经验可能需要不同的建模方式。

3）经验存储

收集的经验经过存储才可以使用。经验库可以是集中存储，也可以是分布式存储。

4）经验重用

（1）获得经验并选择合适的经验重用。

（2）根据要解决的问题对选择的经验进行评估。

（3）必要时调整经验适合新的问题环境，最终利用经验解决新问题。

5）经验评估

前面提到经验重用时要根据新问题具体情况进行评价，评价可以是对所选经验的适用性评价，也可以是精确性和现实性评价。经验评估对持续改善经验重用过程是非常重要的。

6）经验维护

获得的经验必须不断维护更新。由于环境变化迅速，经验的生命周期可能很短，必须识别过时的经验并加以删除或更新，同时已有经验也要根据变化重新建模。

3. 经验管理的特征

1）优点

（1）缩短解决问题的时间。由于有经验可以依据，同样的问题不用反复解决，因而节约了时间，从而减少了解决问题的成本，如果是同类事故发生，减少了事中处置的时间。

（2）提高解决问题的质量。借鉴以往经验可以帮助发现好的、具有更高价值的解决方案，减少错误或不利的可能性。

（3）需要更少的技能。因为有现成的经验可以用，对解决问题的人、解决问题的技巧和个人经验要求降低，从而可以解决他们原来不能自己解决的问题，降低人员培训费用，从而降低解决问题的成本。

2）缺点

经验管理的主要特征在于被动与滞后、凭感觉和靠直觉，是"亡羊补牢"的模式，突出表现为一种头痛医头、脚痛医脚、就事论事的对策方式。当时的安全管理模式是一种事后经验型的、被动式的安全管理模式。

7.1.2 要素管理家

1. 什么是要素管理

要素管理实质上是对人、机、环、管四方面的不安全因素的管理，即对人员的不安全行为、机的不安全状态、环境的不安全因素、管理的不安全因素进行管理。

（1）人员的不安全行为：包括指挥不当、操作不当等。

（2）机的不安全状态：包括设备不符合要求、保养不到位等。

（3）环境的不安全因素：包括自然地质条件因素和工作环境因素。

（4）管理的不安全因素：包括机构职责不明确、制度不健全等。

2. 要素管理活动

1）强化人本安全管理

（1）强化安全教育培训，增强人本安全意识，为实现人本安全奠定素质基础。

人的安全意识强弱、技能高低直接决定着安全生产的具体过程和结果，而开展安全教育培训是增强职工安全意识、提高职工安全技术素质的有效形势和载体。

安全教育培训工作应本着"结合实际、突出重点、注重实效"的原则，每年以正式文件下发安全教育培训计划，大力开展职工安全教育培训工作。建立以岗前、技能、专业知识、本质安全理念为主要内容的安全教育培训制度，实行职工教育培训工作例会制度，健全教育培训抵押金制度，坚持"安全学谈"制度，对制度落实情况认真检查、严格考核，推动安全培训工作有序开展。充分发挥区队安全教育培训的主体作用，利用周一、周三学习日，组织技术人员结合生产实际，亲自授课、现场参观、案例分析、现身说法等生动形象和直观的教育方法，全面提升每名职工的安全技术素质。利用广播、电视、网络、牌板、刊物、安全文化长廊等有效载体，采取具有知识性、趣味性、寓教于乐，贴近实际、职工喜闻乐见的有效形势，开展安全形势、安全知识教育活动，让职工在参与活动中受到教育，在潜移默化中强化人本安全意识，逐步形成"人人讲安全，事事讲安全，时时讲安全"的良好氛围。

（2）培育企业安全文化，规范个人安全行为养成，为实现人本安全提供思想保证。

培育企业安全文化就是要从倡导安全文化观念入手，抓住塑造职业文明行为这个关键，达到规范职工操作行为的目的，借助安全文化管理特有的影响力、渗透力和扩张力，引发职工安全观念的变化，使广大职工逐步实现从"要我安全"到"我要安全"的思想跨越，进一步升华到"我会安全，自我管理"的境界。

倡导安全文化理念是培育企业安全文化的基础。以"关爱生命，安全发展"这一安全核心理念为引导，不断完善企业的理念体系，积极倡导"不安全不生产，努力创造安全条件去生产""安全压倒一切，安全重于一切，安全高于一切"，没有安全就没有干部的政治生命、没有安全就没有职工的幸福生活、安全文化走廊、候车室等地点，采取安全有奖问答等形式大力宣传。达到入耳、入脑、入心的效果，使职工是时时受到感染、教育、警示，使安全文化理念植根于每名职工的内心深处。

塑造职业文明行为是培育企业安全文化的关键。如违章蛮干、乱扔乱放、不讲卫生、聚众酗酒等不文明行为，既有损形象也不利于职工自身的身心健康，更给安全生产工作带来了隐患。因此，亟待塑造职工良好的文明行为，通过开展"告别不文明行为，争做文明员工"联合签名及"班前礼仪""五星级班组"评定等活动，营造"争讲文明话、争干文明活、争做文明人"的良好氛围，促使职工树立以高尚的人格力量彰显良好的职业道德、以优秀的职业形象弘扬高尚的安全文化。

规范职工操作行为是培育企业安全文化的目的。当前，部分职工的现场工作过程中存在着严重的侥幸心理和习惯性做法，总认为多少年都是这样做的，都没出事，也就出现了"三呼、三惯"作风，即马虎、凑合、不在乎，看惯了、习惯了、干惯了，长此以往企业安全生产将无法保证，而安全文化作为职工在安全生产实践中形成的共同的价值观念、行为习惯和行为准则，旨在指导规范职工操作行为，让侥幸心理、习惯性做法无处可存。可以采取考试、模拟演练、行为纠偏、示范引领、逐渐固化等方法，强化技能、智能、心理和作风纪律等方面的训练，如正在推行的"手指口述、岗位描述"工作法，其目的就是用来规范职工操作行为，杜绝违章作业、违章指挥现象，使广大职工养成遵章守纪、按章作业的良好行为习惯。

（3）建立和谐人际关系，共创团结、友好、舒畅工作环境，为实现人本安全营造良好氛围。

人际关系的好与坏不仅会影响个人的发展，而且会对企业安全发展产生重大影响。和谐的人际关系不仅可以提供一个团结、有爱、舒畅的工作环境，还可以营造人本安全的良好氛围。

建立和谐的人际关系，弘扬团结协作精神。古人云："人心齐，泰山移"，现在讲："团结就是力量"，都是在倡导一种团结协作精神，它对搞好人本安全、创建安全型企业具有极其重要的意义。对于企业来说，单枪匹马是不可能进行生产作业的，必须弘扬团结协作精神，发扬职工"特别能战斗"的团队精神，发挥集体力量，齐心协力，众志成城，破难闯关，实现安全生产的目标。

建立和谐人际关系，倡导互帮互助风尚。当一个人遇到坎坷，碰到困难，遇到失败时，往往对人情世态最为敏感，最需要关怀和帮助，这时哪怕是一个笑脸，一个体贴的眼神，一句温暖的话语，都能让人感到安慰，感到振奋。

建立和谐人际关系，舒展平和乐观情绪。人的情绪变化和安全生产有着密切的关系。如果一个人情绪稳定，心态平稳，心气平和，就会认真工作，专心干事，平平安安；如果一个人情绪浮躁，心绪不宁，烦躁不安，工作起来就会手忙脚乱，甚至导致安全事故发生。因此，在工作中必须学会控制情绪，掌握他人情绪，避免因情绪因素造成意想不到的悲剧和事故。另外，作为领导干部必须多深入实际，多帮助职工解决家庭、子女和生活中的实际困难，解除他们的后顾之忧，舒展他们的平和乐观情绪，使他们全身心地投入到工作中去，在愉悦的情绪中完成生产任务，实现安全生产。

2）发挥物的安全作用

工欲善其事，必先利其器。一个企业安全好坏，与其技术装备水平高低有着密切关系。国外和国内的一些大型的企业，事故率之所以低，与其现代化的设备设施、科技成果的应用有着重要关系。大部分生产安全事故的发生，都与设备的不安全状态有关，由于人员没有及时地查探并处理，从而导致事故的发生，造成人员与财产的损失。因此，新技术新工艺的应用、装备的更新换代、充分发挥先进的"机"的作用，是防止企业发生事故的重要手段。化工与能源行业更要把安全工作的重点放在新材料、新设备、新技术、新工艺的应用上。推广应用先进的采掘新设备新工艺，提高机械化程度，减少工人劳动强度。完善机电设备综合保护设施，努力避免因操作失误给人带来的危害。

3）营造安全环境

良好的安全生产环境是减少事故发生的客观条件。许多优秀的企业经过多年质量标准化的建设，促进了文明生产，安全生产环境不断优化，生产条件不断改善，减少了隐患，遏制了事故的发生。因而，企业应下大气力继续抓好企业质量标准化建设，为职工创造良好安全的生产环境。第一，强根固本大搞企业质量标准化建设。质量标准化是企业安全工作的基础。工作场所做到高标准严要求，增强工程的抗灾害能力。第二，大力实施文明生产，所有作业场所物料存放整齐；各种牌板图表规范、齐全，悬挂标准；各生产场所、固定岗位整洁、无粉尘、无淤泥积水等。保证工人在从事生产和工作时，身体动作不因受环境条件制约影响而发生事故。第三，严格工种岗位责任制，明确规定各工种岗位工的职责范围、各自的任务、各自的操作程序，使其各司其职，避免因串岗、脱岗、混岗操作，秩序混乱等而导致事故。第四，创造人文安全环境，人的群体性意识较强，追随性较强，往往是一个跟着一个学。根据这一特点，落实自保、互保、联保安全责任制，营造人人讲安全，人人保安全，处处反违章，群体抓安全的浓厚氛围。第五、努力创造党政工团齐抓共管的良好氛围，按照各自在安全生产工作中的分工，积极发挥各自的作用，形成浓厚的安全生产大环境。

3. 要素管理的特征

事故策略从"事后弥补"进入"预防为主"的阶段，特别是工业生产系统中，在设计、制造、加工、生产过程中都要考虑事故预防对策。由于强化了隐患的控制，安全管理的有效性得到提高，但割裂了人—机—环—管之间的系统性联系，导致各个要素管理之间分裂，从而在多要素事故发生后管理紊乱、手足无措的情形出现。

7.2 现代安全管理模式

7.2.1 流程管理

1. 什么是流程管理

1）流程管理的含义

流程管理的过程既是各司其职、权责明确、照章办事的过程，又是以顾客为焦点，合力实现组织战略目标的过程。流程应顾客需求而生，是手段而非目的，当环境发生变化时，流程也应当随之调整优化，避免本末倒置。上层管理人员应掌好舵，不偏不倚，做好协调引导工作；流程负责人或监管部门应提升理论素养与站位，当戒官僚主义、本本主义、圈子主义，避免以职权而非责任为中心，把握好严明管控和团结协作的辩证关系，确保流程得到有效落实；组织成员应照章办事，主动接受监管，及时回复质询，不卑不亢，有理有据，条理清晰，有则改之无则加勉，持续改善，不断提高业务水平与能力。通过正确的流程文化的培育，使组织实现从个体作坊式营运向基于流程与规则的现代化组织的跨越，令组织筋强骨健，为进一步发展壮大筑牢根基。

2）安全生产活动中的流程管理

安全生产活动中的流程管理对应的是风险管理，运用流程化闭环反馈循环的特性持续对安全生产各个环节流程改进与完善。

2. 流程管理活动

流程管理步骤：①流程是闭环的反馈循环，即流程、结果反馈、流程；②流程的循环顺序是流程形成、流程调试、流程固化、结果反馈、流程改善。

3. 流程管理的特征

作为一种由动力推进的系统方法，五步目标实现法包含运作系统和推进系统不断优化的动力源两部分，由学习、实践、检查、总结、改善五步组成，是实现流程管理目标的有效核心方法之一。

（1）学习。学习是自我完善、构建核心能力、获取成功的过程。学习始于模仿，在运用中反思检讨、总结提高。流程管理工作中应用到的知识多属于基础性、应用性、实践性的，且为目标导向，重在解决问题或实现目标，应选择对应书籍与案例中的经典学习。有针对性地通过学习掌握方法。通过创新设计出具体对策、方案、流程用于实践。

（2）实践。掌握实践的本领是关键，通过实践检验学习的效果，培育登高望远、一览众山小的水平。实践的手艺需要静心反复打磨才能掌握，要如切如磋，如琢如磨，乐在其中。实践中需搞清实践对象，明确要求及目标，运用"庖丁解牛""解剖麻雀"等方法以达到对实践对象了然于胸的目的；应系统思考，厘清组成部分、各部分的内容、部分间的关系。这些内容思考清楚后，剩余工作就是固化完善。

（3）检查。应对流程设置可定期检查的变量及进度节点，持续收集反馈检查的结果，用于改善流程。

（4）总结。流程实施的过程中应及时总结，发现问题、分析原因。在流程结束时，对成果进行绩效考核和总结。

（5）改善。作用于流程的各个环节。采取预防与纠正措施，对流程不断改善，根据反馈评估目标、变量或进度节点是否需优化。

7.2.2 系统管理

1. 什么是系统管理

系统安全管理是系统工程的一个分支，是应用系统科学和工程原理、标准及技术知识，去辨识、消除或控制系统中的危险性，运用工程设计、安全原理和系统分析的方法去解决安全问题，通过分析、评价并控制人—机—环境系统可能发生的事故，从而使系统达到最佳安全状态，最大限度地避免事故的发生。

2. 系统管理活动

（1）系统危险源辨识。危险源是指可能导致伤害或疾病、财产损失、工作环境破坏或这些情况组合的根源或状态。根据危险源在事故发生发展过程中的作用分为第一类危险源和第二类危险源。第一类危险源是可能发生意外释放的能量或危险物质，是事故发生的能量主体，决定事故后果的严重程度，是第二类危险源出现的前提；第二类危险源是导致能量或危险物质约束或限制措施破坏或失效的各种因素，是第一类危险源导致事故的必要条件，决定事故发生的可能性，主要包括物的故障、人的失误和环境因素。根据危险源的性质，危险源又可分为机械类、电气类、辐射类、物质类和火灾与爆炸类或物理类、化学类、生物类、心理生理类、行为类和其他类。

（2）系统危险分析与安全评价。现有的系统安全工程分析方法可分为定性和定量两大类。定性分析方法有安全检查表、因果分析图、危险性预先分析等；定量分析方法有事故树分析、作业条件危险性分析、火灾爆炸指数评价等，每一种分析方法都各有特点、相互补充，其中安全检查表、危险性预先分析、事故树分析在我国石油化工企业的安全管理上已得到广泛应用和推广，并取得了一定的效果。

（3）系统危险控制。根据安全评价结果，对系统进行调整，对薄弱环节加以修正和加强。安全措施主要是在事故未发生之前，尽可能抑制事故的发生，若事故已经发生，尽量把事故损失控制在最低限度。

3. 系统管理的特征

（1）综合性。系统安全管理由传统的只顾生产效益的安全辅助管理转变为效益、环境、安全与卫生并重的综合效果管理。

（2）超前性。系统安全管理是对系统整个寿命周期进行全过程的事故预防控制，变传统被动滞后的安全管理为主动超前的安全管理模式。

（3）动态性。系统安全管理是一个动态系统，随着企业任务的变化，不断修正安全目标、安全任务、安全计划，不断采取新的控制措施，保证系统全过程的安全，改变了传统的静态安全管理模式。

7.2.3 文化管理

1. 文化管理的主要功能

企业文化作为现代企业管理理论，由观念层（企业使命、愿景、精神、价值观等）、制度层（企业法规、经营制度、管理制度等）、行为层（工作作风、交往习惯、文化娱乐等）和物质层（产品服务、生产环境、企业容貌等）组成，成为一个有机整体，具有导向、凝聚、激励、约束、辐射等特定的功能作用。

1）导向功能

企业文化的导向功能，主要是指员工愿意接受企业文化的理念，并按照企业文化的要求指导自己的行为，使企业员工在潜移默化中形成共同的价值观念，与企业共目标、共奋斗。

2）凝聚功能

企业文化的基石或核心是核心价值观，企业核心价值观体现的是一个企业的信仰。通过企业文化的作用，培育出员工共同的认同感和归属感，不断增强企业的凝聚力和向心力。员工在企业中创造价值满足生活物质需要，和企业共同成长，推动企业发展，又使精神上的需求得到满足和实现，员工和企业朝着一个共同的目标努力。

3）激励功能

激励有物质激励和精神激励，其目的都是调动、激发人的主动性和积极性。物质激励到一定程度，就会出现边际递减现象，而来自精神的激励，则更持续、更强大。从马斯洛的需求层次来看，物质和精神的成分同时存在，其中包括人们被尊重的需要，特别是最高层面的自我价值实现的需要。企业员工努力工作，为企业发展做出贡献，会得到同事的青睐、领导的赞赏，以及组织的嘉奖，从而激发人们潜在的热情、干劲、能力和智慧。

4）约束功能

企业的控制行为可分为两类：一类是外部控制，即通过行政、法制、规章制度等手段来进行控制，它往往带有强制性；另一类是内部的自我控制，即调动人的自觉性。文化的约束，是一种不同于制度管理的全方位的约束。如果说一个企业的组织机构是企业内控的躯干，管理制度和管理流程则是企业内控的神经系统，那么企业文化则是企业真正实现内控的大脑和灵魂。企业文化对企业的行为及员工行为起到非常好的规范作用。良好的企业文化，会使员工自觉地融入企业文化中，使企业各种规范、约束的执行在自然中进行，又不会破坏员工的创造性和活跃性。

5）辐射功能

优秀的企业文化能对外展示企业的良好形象，发挥积极的辐射作用，还能在市场使消费者增加对企业品牌的信赖，从而得到"货币选票"。企业文化不仅可以在企业内部起作用，而且可以通过多种渠道在社会上扩大企业的影响。在市场竞争越来越激烈的环境下，企业通过传播、公关等活动，让本企业的文化对社会的辐射越来越大，企业的品牌价值也越来越高。

2. 文化管理的特性和功效

企业文化管理对内讲求企业宗旨、理念、愿景和价值观；对外讲求行为准则以及企业形象塑造和传播，标志着企业管理理论实现了新一轮管理创新和转型升级，提升了企业的核心竞争力。

1）企业文化的本质是以人为中心

传统的科学管理理论将企业中的人看成"经济人"；行为科学强调企业的人是生活在一定的社会环境中的"社会人"。而企业文化管理理论则提出更为深刻的"全面发展的文化自由人"的人性假设。他们认为，只有在一种全面的人与人之间的信任与平等关系环境中，劳动者才可能充分发挥自己的才智、潜能和创造性。企业文化理论的本质是以人为中心、以人为本，重视对员工的培养，重视开发员工的潜能，充分发挥员工的智慧，促进员工的全面发展。

2）企业文化的核心是共同价值观

中共十八大明确文化建设的重点任务，即加强社会主义核心价值体系建设，全面提高公民道德素质，丰富人民精神文化生活，增加文化整体实力和竞争力。思想决定行动，人们的行为取决于自己的思想观念。企业文化强调塑造企业员工普遍认同的价值观，规范员工行为准则，培育共同信仰。当员工与企业同呼吸、共命运，在企业愿景和使命的召唤下，把个人目标与企业目标结合起来，主动担当并进行自主管理，就达到了管理的最高境界。

3）企业文化强调管理中的"软要素"

企业文化所包含的精神因素、信念因素、道德因素等，是以一种文化心态和氛围弥散于特定人群之中的。其作用方式常常是借助于气氛熏陶、典型示范、群体行为引导和集体精神感染，意即"软约束""软管理""激发自主管理"，从侧重硬性的管理方法和制度转变为软硬兼备的管理技术和技巧。"软性管理"的核心是发现人才，爱护人才，调动人的积极性和创造性，即重视对人的管理，这是当今企业成功的宝贵信条。

4）企业的实力来源于文化的实力

纵观世界500强企业，他们能够成为全球卓越的公司，其中重要的一个原因，就是具有强大的文化实力。他们的企业文化主要体现在注重团队协作精神、以客户为中心、平等对待员工、激励与创新这些方面上。在全球无以计数的普通企业里，企业文化同公司理想状态的文化差距很大，但在卓越的公司里，实际情况的企业文化与理想状态的企业文化紧紧相连，员工对公司的核心企业价值观、行为准则等遵循始终如一，这是它们得以成功的基石。

3. 文化管理是现代企业管理的最高境界

文化管理是现代企业管理理论发展的最新成果，建立在科学（制度）管理、行为管理基础之上，是适应现代企业管理发展需求的最高境界。

1）文化管理的前提和基础是制度管理

制度化管理对保证企业正常运行是不可或缺的，一个企业，如果没有严格的管理，能否长期生存都是个严重的问题。因此，开展企业文化建设，要以完善管理制度为前提。好的企业文化的形成和传承，也需要制度化的形式进行固化。没有制度流程的企业文化太虚，而只有制度流程，没有企业文化则太僵，不能发挥员工的创造性。

2）文化管理是适应现代企业管理发展需求的最高境界

俗话说，小型企业管理主要靠经验，中型企业管理主要靠制度，大型企业管理往往要依靠文化。文化管理体现"人文关怀"，以激发员工内在潜力，营造和谐宽松的文化氛围，关怀员工身心，稳定员工队伍，增强企业的核心竞争力。实施文化管理，坚持以人为本，可以在一定程度上满足员工自我发展、自身价值实现的需求。市场竞争的真正成功者，往往是那些既有严明纪律、制度和超强执行力又具备人文关怀，有强大的凝聚力、向心力的团队。

3）文化管理有利于企业打造独特的竞争优势

良好的适合的企业文化能够在人才开发、生产管理、创新创效等多个方面对企业产生促进和完善作用，能够充分发挥员工的聪明才智，培育员工为企业发展奋斗的责任感、使命感，使企业在竞争中取得巨大优势。

7.3 未来安全管理模式

7.3.1 面向的对象

1. 三元空间交互的安全问题

根据空间理论，人类世界原本是二元世界，分为物理空间与社会空间。在传统安全科学中，重点关注二元空间（即物理空间与社会空间）交互的安全问题。例如，事故致因理论中经典的轨迹交叉理论指出，就事故的直接原因而言，事故是由物的不安全状态与人的不安全行为两条事件链的轨迹交叉所致。其中，物的不安全状态对应物理空间的安全问题，人的不安全行为对应社会空间的安全问题。同时，产生人的不安全行为或物的不安全状态的原因（即事故的间接原因）是安全管理缺陷（包括安全制度不完善、安全流程缺陷、安全教育培训不到位与不良的安全文化等），它亦可对应至社会空间的安全问题。再如，根据生产系统安全理论，需从人（生产组织、操作与维修等相关人员）、机（机器、设备和设施等）、环（自然环境与工作环境等）与管（管理）四方面着手开展生产系统安全工作。其中，人与管两方面重点关注社会空间的安全，机与环两方面重点关注物理空间的安全。

近年来，在现实世界中，随着信息技术的迅猛发展应用和信息革命的不断推进，世界已全面进入信息社会。在当今高度信息化的时代，一个庞大虚拟的信息世界已被建立。在此背景下，人类世界生长出了除物理空间和社会空间之外的一个新空间（即信息空间），越来越多的系统发展成为信息物理社会融合系统。由此，人类世界正从原来的二元空间进入三元空间（包括物理空间、社会空间与信息空间）。在信息物理社会融合系统中，安全信息成为连接信息、物理和社会空间的安全的重要载体，物理与社会空间的安全数据信息通过网络传输到信息空间，而信息空间经过安全计算与决策对物理和社会空间的安全状态和管理进行反馈。可见，安全信息可表征、预测和控制物理和社会空间的安全，安全信息是管理和保障物理和社会空间安全的基础要素。正因如此，在信息物理社会融合系统中，安全信息成了最重要的保障系统安全的要素，系统安全问题正从二元空间交互的安全问题逐渐发展演变为三元空间交互的安全问题。

2. 涉及安全管理多对象的安全问题

概括看，就安全管理而言，涉及四种不同对象，即安全、威胁、安全事件与危机，它们的含义依次是：①安全是指系统免受不可接受的内外因素不利影响的状态；②威胁是指对系统安全存在不利影响的系统内外因素（相当于危险因素），它往往是客观存在；③安全事件是指可能对系统造成负面影响的一起或一系列非期望事件，需明确的是，安全事件中的"事件"一词所对应的英文单词是"Incident（一般指不期望发生的、具有负面影响的事件）"；④危机是指安全事件对系统造成了巨大影响和根本性损害，它直接关系到系统的存亡和发展。

分析安全、威胁、安全事件与危机间的基本关系，具体如下：

（1）安全是相对的，它是指系统免受不可接受的威胁的状态，即在主观上威胁可接受并不存在恐惧，系统安全风险由威胁引起，可通过降低（甚至消除）威胁来实现系统安全。

（2）安全事件由威胁引起，若威胁被成功预防。系统则处于安全状态，但若威胁预防存在缺陷，威胁就有可能演变为安全事件。

（3）危机由安全事件引起，若安全事件被成功应急处置使其未对系统造成严重影响和毁灭性损害，系统仍可在事后回归至安全状态，但若安全事件应急处置失败并对系统造成严重影响和毁灭性损害，就会引发危机，可见，从安全事件的影响演化角度看，危机是指安全事件严重地危害到系统存亡和发展的关头。

（4）危机是系统安全的最大挑战和最紧要关头，处理危机的基本对策是化解危机，若化解危机失败，则系统就会面临消亡，但危中有机，若抓住时机就能转危为机（即危机被成功化解），系统仍可回归至安全状态。

同时，还可得出以下两点重要结论。

（1）概括而言，系统安全管理共涉及四种安全措施，依次为降低威胁（如消除威胁源、把高风险的威胁源替换为低风险的威胁源或降低威胁源本身的风险等安全措施）、预防威胁（如隔离、防御、控制与防护等安全措施）、应急处置与化解危机，四种安全措施相当于系统安全的四道"安全屏障"，共同维护系统安全和提升系统安全韧性，系统安全管理失败的主要原因是四种安全措施方面存在的缺陷（或称为"安全隐患"或

"安全漏洞")。

（2）以安全事件为分界点，可将系统安全管理阶段分为常态安全管理与非常态安全管理（即应急管理）：①在常态安全管理阶段，系统内未发生安全事件，系统处于正常运行和发展的安全状态。这一阶段系统安全管理的重点对象是安全与威胁，主要关注系统是否处于安全状态与如何保持安全状态，以及是否受到威胁与如何降低和预防威胁；②在非常态安全管理（即应急管理）阶段，系统内已发生安全事件或已造成严重影响，系统正常运行和发展被阻碍和打断，这一阶段系统安全管理的重点对象是安全事件与安全事件引发的危机，主要关注如何对安全事件进行应急处置及如何化解危机。

3. 复杂巨系统的安全问题

从系统角度看，系统安全涉及多要素、多主体、多层级、多环节，具有显著的复杂性（包括高维性、多尺度、非线性、开放性、整体性、交互性、耦合性、联动性与动态性等特征）。可见，安全问题本身就是复杂问题，安全科学本身就是复杂性科学。近年来，各种人类（人类活动）参与的系统日趋复杂而巨化，如从小工厂到大工厂，从单个工厂到工业园区、从小城市到大城市、从单个城市到城市群、从单个国家或地区到全球化。同时，近年来，随着信息和通信技术在各类系统建设、运行和管理中的广泛应用，各类系统所附属的信息系统本身就异常巨大而复杂，且信息技术联通了系统内各子系统之间的信息交流，使系统各子系统之间的互动、关联和互相影响更加紧密、繁杂和活跃。可见，信息化、数字化与智能化建设会使各类系统（如智慧城市）的复杂巨系统特征得到前所未有的充分体现，正因如此，各系统正变得相互联系、依存且巨化，单个系统或系统局部的安全问题有可能相互叠加与增强，从而威胁整个复杂巨系统的安全，系统安全问题的复杂性日趋增强，复杂巨系统的安全问题逐渐得到学界和实践界的高度关注。与传统系统安全问题相比，复杂巨系统安全问题呈现出一系列主要的新特征。

（1）安全风险涌现。安全风险因素变多，安全风险类型多元化，安全风险的关联性、相互转化性、叠加性和耦合性等不断凸显，安全风险沿着复杂网络的演化和传播加速，安全风险涌现现象和问题（包括一种安全风险多点涌现、一种安全风险引发多种安全风险涌现，以及多种安全风险一点集中涌现的现象和问题）变得越来越普遍和凸显，极易形成安全风险群（指安全风险在空间上群聚、在时间上群现的现象）并引发系统性安全风险。

（2）安全事件复杂化与严重化。安全事件的复杂性和严重性日趋增强。首先，安全事件的复杂性是由安全风险因子、安全事件孕育环境与安全事件影响对象（即系统）的复杂性所决定，在复杂巨系统中，安全事件的复杂性日益凸显，表现为群聚、群发和链发等特征，如多灾种现象、安全事件的级联或叠加现象。其次，在复杂巨系统中，人、财和物高度聚集，这使安全事件后果的严重程度显著增强，一旦发生安全事件，极易造成重大影响和损害，正因如此，系统的安全管理压力正在持续加重。

（3）系统安全要素复杂化。在复杂巨系统中，人流（行为）、经济流、物资流、能量流与信息流高度交汇，它们时刻影响着系统的安全运行。当然，它们亦是保障系统安全的基础资源要素。人流（行为）、经济流、物资流、能量流与信息流依次都是一个复杂巨系统，且它们相互间互动频繁、关联紧密。因此，若将复杂巨系统安全要素看成一个系统，它亦是一个复杂巨系统。

（4）系统安全不确定性增强。复杂巨系统内部矛盾及由此衍生出的安全变化和安全问题，都具有较强的不确定性，对其进行准确预测难度极大。因此，各类安全应对措施和策略，都不免滞后于复杂系统的安全变化与问题。可以想象，面对诸多的安全问题和安全变化，无论是科学家、公众，还是决策者，对于安全问题和变化不确定性的担忧，都将超过来自安全问题和变化事实本身的压力。

7.3.2　展望

近年来，随着新领域、新业态与新材料等的不断出现，各类新兴威胁（安全风险）、新兴安全事件、新兴危机不断涌现，安全管理的对象不断多元化，涉及系统安全管理多对象且内含巨复杂系统的安全问题频发。

在传统安全管理中，由于安全资源有限和安全管理的侧重点不同，往往未形成针对系统安全管理全对象的系统安全管理体系，且未研究处于三元空间及内含巨复杂系统的安全问题的管理模式及方法，导致系统安全管理难免存在薄弱环节和缺位。

未来的安全问题是融于一个三元空间中，涉及多对象且内含巨复杂系统。传统的安全管理模式及方法已无法完全应对此类问题，亟须找到一个"扰动点"，运用新的安全管理方法切入三元空间且解决此类问题。此外，还需提升系统安全保障能力和系统安全韧性，系统安全管理体系需针对系统安全管理全对象设计和实施。唯有这样，无论出现何种系统安全管理对象，系统安全管理都有具体相关准备和安全措施来保障系统安全，才能实现全环节、全天候、全方位全覆盖的系统安全管理。最后，研究解决复杂巨系统安全问题的新方法。复杂巨系统安全问题已成为当前安全科学领域的重点研究方向与任务之一，这应是21世纪安全科学的重大挑战之一。为应对复杂巨系统安全问题带来的安全挑战，安全研究者需更新研究理念、开拓研究思路，重点加强对复杂安全科学研究，将复杂巨系统（包括人类和人类活动在内）作为一个整体开展长期和系统整体性的安全综合研究。在此背景下，吴超指出，安全复杂性已成为客观存在和急需研究解决的重大安全课题，安全复杂性研究已成为安全科学研究的新领域和新难题，安全复杂学的建立可促使安全科学进入一个崭新阶段，对丰富和发展安全科学意义重大。针对复杂巨系统安全问题，需开展一些前沿具体研究，例如：①复杂巨系统安全方法论；②复杂巨系统各安全风险要素间的相互联系、作用、响应与反馈机制；③复杂巨系统安全协同治理；④系统局部和整体安全变化的预测、反应与应对；⑤系统性安全风险的防范化解；⑥系统安全风险涌现。

为更好地找到未来的安全管理模式，应把握以下几点：

（1）安全管理模式与方法是解决安全问题的源和本，强烈的问题意识和鲜明的问题导向贯穿于安全管理的发展，未来安全管理的科学创新与发展要坚持问题导向，唯有认真研究解决当下时代与未来时代交汇的重大而紧迫的安全科学问题，才能推动新时期安全管理模式与方法的创新和发展。

（2）立足安全科学高度看，未来安全管理面临的重大安全科学问题依次为三元空间交互的安全问题、涉及安全管理多对象的安全问题，以及复杂巨系统的安全问题。

（3）根据当下时代与未来时代交汇的重大安全科学问题，安全科学创新与发展的主要方向包括三元空间交互安全面向全对象的安全管理，以及复杂巨系统安全。

课程延伸（思考题）：

1. 未来已来，简述信息时代安全管理对象所发生的变化。
2. 未来安全学的基本概念、基本定理应该有哪些？
3. 如何掌握未来安全学在世界范围的话语权？
4. 未来安全学需要哪些信息学理论和方法来支撑？

参 考 文 献

[1] 罗云 . 安全科学导论 [M]. 北京：中国质检出版社，2013.

[2] 鲁运庚 . 英国早期工厂立法背景初探 [J]. 山东师范大学学报（人文社会科学版），2006（4）：122-125.

[3] 朱义长 . 中国安全生产史：1949—2015 [M]. 北京：煤炭工业出版社，2017.

[4] 罗云，黄西菲，许铭 . 安全生产科学管理的发展与趋势探讨 [J]. 中国安全生产科学技术，2016，12（10）：5-11.

[5] 曹琦 . 试论安全学科中的基本原理、命题及概念群 [J]. 中国安全生产科学技术，2008（4）：104-107.

[6] 熊胜绪，黄昊宇 . 企业伦理文化与企业管理 [J]. 经济管理，2007（4）：4-12.

[7] 陈庆云 . 公共管理研究中的若干问题 [J]. 中国人民大学学报，2001（1）：22-28.

[8] 徐向东 . 关于安全意识的哲学研究 [J]. 中国安全科学学报，2003（7）：4-6，84.

[9] 刘铁民 . 事故灾难成因再认识：脆弱性研究 [J]. 中国安全生产科学技术，2010，6（5）：5-10.

[10] 谢志刚，周晶 . 重新认识风险这个概念 [J]. 保险研究，2013（2）：101-108.

[11] 张江石，傅贵，刘超捷，等 . 安全认识与行为关系研究 [J]. 湖南科技大学学报（自然科学版），2009，24（2）：15-18.

[12] 汪应洛 . 系统工程 [M]. 北京：机械工业出版社，2015.

[13] 孙华山 . 安全生产风险管理 [M]. 北京：化学工业出版社，2006.

[14] 冯肇瑞，等 . 安全系统工程 [M]. 北京：冶金工业出版社，1993.

[15] 罗云 . 企业安全生产活动模式研究（上）[J]. 建筑安全，2000（8）：26-29.

[16] 罗云 . 企业安全生产活动模式研究（下）[J]. 建筑安全，2000（9）：14-17.

[17] 丁传波，关柯，李恩辕 . 施工企业安全评价研究 [J]. 建筑技术，2004（3）：214-215.

[18] 安懋，李文杰，丁玉兰 . 企业安全目标管理及其绩效评价 [J]. 中国工程机械学报，2005（1）：124-126.

[19] 魏丹 . 建筑企业安全评价指标体系的研究 [J]. 黑龙江科技信息，2012（33）：141-142.

[20] 季学伟，翁文国，倪顺江，等 . 突发公共事件预警分级模型 [J]. 清华大学学报（自然科学版），2008（8）：1252-1255.

[21] 焦晓尘，王霞，赵晖，等 . 浅析对《职业健康安全管理体系标准要求及使用指南》中的采购条款的理解和有效控制 [J]. 轻工标准与质量，2021（2）：34-36.

[22] 王显政 . 完善我国安全生产监管管理体系研究 [M]. 北京：煤炭工业出版社，2005.

[23] 刘伟，王丹 . 安全经济学 [M]. 徐州：中国矿业大学出版社，2008.

[24] 张骥，刘伟 . 管理学 [M]. 徐州：中国矿业大学出版社，2006.

[25] 韩小乾，王立杰 . 论市场经济体制下的安全生产监督管理工作 [J]. 中国安全科学学报，2001（5）：50-54，85.

[26] 王庆运 . 企业安全生产主体责任理论探讨 [J]. 中国安全生产科学技术，2008，4（6）：169-172.

[27] 施惠财 . 关于企业安全生产责任主体地位主要内容的思考 [J]. 中国经贸导刊，2004（24）：30-31.

[28] 刘湘丽 . 强化企业安全生产的主体责任 [J]. 经济管理，2006（9）：19-20.

[29] 柳劲松 . 行业组织市场监管职能研究 [M]. 武汉：华中师范大学出版社，2009.

[30] 彭瑞梅 . 知识管理：原理及最佳实践 [M]. 2版 . 北京：清华大学出版社，2004.

[31] 蒂瓦纳（美）. 知识管理十步走 [M]. 北京：电子工业出版社，2004.

［32］ 查尔斯·德普雷，丹尼尔·肖维尔．知识管理的现在与未来［M］．刘庆林，译．北京：人民邮电出版社，2004.

［33］ 汤姆·奈特、特雷弗·豪斯．知识管理：有效实施的蓝图［M］．蔺雷，李素真，译．北京：清华大学出版社，2005.

［34］ 姚伟，张翠娟，杨志磊，等．知识管理［M］．北京：中国人民大学出版社，2005.

［35］ 王春雷．建立 HSE 培训矩阵，有效提升 HSE 培训质量［J］．中国西部科技，2013，12（1）：60-62.

［36］ 汪中求．细节决定成败［M］．北京：新华出版社，2004.

［37］ 王刚，陈希燕，张丽明．提高培训质量的三大保障［J］．中国培训，2011（4）：7.

［38］ 孙永军．企业培训效果评估分析［J］．中国培训，2011（5）：45-46.

［39］ 许健．企业培训质量评估存在问题与改进［J］．中国培训，2011（4）：5-6.

［40］ 刘清春．内训师与企业一同成长［J］．中国培训，2011（1）：53-54.

［41］ 漆桂林，高桓，吴天星．知识图谱研究进展［J］．情报工程，2017，3（1）：4-25.

［42］ 黄新立．经验管理与 ERP 实施［J］．商场现代化，2007（33）：105-106.

［43］ 王培润，南化鹏，徐瑞银，等．浅谈"人-机-环"与煤矿安全生产［J］．矿山机械，2005（10）：151-152.

［44］ 岳澎，郑立明，郑峰．流程管理的定义、本质和战略目标［J］．商业研究，2006（9）：45-49.

［45］ 赵秀珍，徐德蜀，刘潜．从"系统安全"到"安全系统"发展的理论初探［J］．中国安全科学学报，1992（4）：46-50.

［46］ 胡世伟．文化管理：企业管理新思路［J］．江西社会科学，2015，35（12）：184-187.